里山学講義

村澤真保呂
牛尾洋也　編著
宮浦富保

晃洋書房

目次——里山学講義

序　章　「里山」という問題　村澤真保呂　1

第Ⅰ部　人々の里山

第１章　持続可能社会と里山の環境倫理
——里山学の展開——　丸山徳次　25

第２章　里山の環境教育　谷垣岳人　58

第３章　里山の民俗　須藤　護　72

第Ⅱ部　里山の多様性

第４章　里山の生態系サービス　林　珠乃　91

第５章　里山林の成立　大住克博　103

第６章　里山の生物多様性　横田岳人　119

第７章　野鳥を通して考える
里山・湿地保全のための道具類　須川　恒　136

第8章　里山の恵みが支えた日本の文化　江南和幸　159

第9章　里山のバイオマス
――生産と利用――　宮浦富保　175

第10章　里地の水辺　遊磨正秀　188

第Ⅲ部　暮らしのなかの里山

第11章　景観概念の変遷と景観保全の法整備　牛尾洋也　207

第12章　〈水利と米作の複雑系〉を読み解く
――河川と里山の社会史――　田中滋　236

第13章　里山の保全と「森林・林業再生プラン」
――里山地域の人工林をめぐって――　吉岡祥充　266

コラム　里山からコモンズ論について考える　鈴木龍也　282

あとがき　289

目次写真：奈良県曽《そ》爾《に》村《むら》大《た》良《ろう》路《じ》地区の茅場
（撮影：嶋田大作，2011年12月19日）

序章　「里山」という問題

村澤　真保呂

はじめに――ポスト3・11の社会を考える

（1）　3・11の衝撃

二〇一一年三月一一日（以下「3・11」）の東日本大震災で、福島県にある東京電力福島第一原子力発電所がコントロール不能の事故を引き起こし、大量の放射能汚染が引き起こされた。この原発事故により多くの人々が故郷に住めなくなり、避難先で苦しい生活を強いられている。また放射能汚染は、被災地の農業や林業などの第一次産業に壊滅的な被害を与えただけでなく、遠く離れた東京や大阪などの都心に住んでいる人々にとっても、食の安全性に対する不信を高めることになった。現在もなお、この事故を解決するメドは立たず、汚染水は垂れ流され、海に放出されつづけている。

今回の原発事故を契機に、これまで便利で快適な生活を追い求めてきた日本人の意識に、大きな変化が現れている。莫大なエネルギーを消費する私たちの生活は、はたしてこのままでよいのだろうか？　大都市が経済的発展をするために、田舎に対して危険な原子力発電所や廃棄物処理場を押しつけてきたのは、はたしてよいことだったのだろうか？　こうした疑問は、いまや多くの日本人に共有され、多くの都市で原発への反対運動を引き起こし、原発の是非が政治的争点にもなっている。つまり3・11の後、私たちは事故について反省するとともに、これまでの政治、社会、経済のあり方、そして私たちの生活のあり方を根底から考えなおす必要に迫られていることを、まざまざと実感するようになった。

（2）環境問題と「持続可能性」

日本を除く先進諸国のあいだでは、すでに脱原発への動きが始まっている。ヨーロッパでは、ドイツやベルギー、スイスなどの国々が「脱原発」を決定し、原子力エネルギーへの依存度がきわめて高いフランスにおいても「減原発」を目指すことが決められ、次世代エネルギーへの転換が目指されている。このような動きの背景には、チェルノブイリとフクシマという二度の大規模な原発事故を受けて、自国民の安全を図ろうとする各国の政治的思惑があるにとどまらない。そのような事故は地球規模の環境破壊を引き起こし、自国民のみならず地球上の生物全体の存続を危機にさらすことが懸念されるようになったことが大きな要因である。つまり、たんに原子力テクノロジーの是非や一国の国民生活が問題になっているだけでなく、地球環境と私たち人類の「持続可能性」が問題になっているのだ。

中世以後、産業革命を経て、私たち人類はより快適で便利な生活を謳歌できるようになったが、その裏で多くの自然環境を破壊し、汚染し、多種多様な生物たちを絶滅させてきた。もし自然環境が取り返しのつかないほど完全に破壊されれば、そのとき私たち人類も存在できなくなるだろう。そのような危機感から、八〇年代以後、とりわけ一九九二年の国連地球サミット以後、世界的に「持続可能性」が問われるようになり、環境保護や文化保護をはじめ、様々な取り組みがおこなわれるようになった。

(3)「里山」へのまなざし

本書で扱う「里山」にかんする様々な研究も、これからの社会と文明のあり方を考えるための取り組みの一つである。かつて私たちは、里山（里海・里湖）と呼ばれる自然環境と密接な関係を取り結びながら、長いあいだ生活を営んでいた。それは現在のように便利で快適な生活でもなければ、個人の自由が重んじられる社会でもなかったかもしれない。それでも、それは自然との「共生」をベースにした生活であり、現在のように大量のエネルギーや資源を消費し、大規模な環境破壊を引き起こすような生活ではなかった。かりに未来の社会が、自然環境との共生にもとづく社会であるべきだとしたら、かつての「里山」とそれとの関わりのなかで営まれてきた生活は、そのような社会を考えるためのヒントになるのではないだろうか？「温故知新」という言葉があるように、私たちは未来を考えるにあたり、古人の知恵に学びなおす必要があるのではないだろうか？

私たちの「里山学」の研究は、このような問題意識から始まった。それは現在の社会のあり方を捉えなおすとともに、失われた過去の社会の記憶を掘り起こし、よりよい未来の社会へとつなげるための挑戦である。最近「里山資本主義」［藻谷 二〇一三］という著作が話題になったのも、また世界的に「ＳＡＴＯＹＡＭＡ」という用語が注目されているのも、これまでの里山研究の重要性が広く認められてきたことを示している。この序章では、まず「里山」が学問的対象として重要性が高まってきた経緯と歴史から出発し、次いで「里山」をめぐる諸問題が現在の地球的課題とどのように関連しているかを明らかにしたうえで、最後に「里山学」の特徴とその挑戦課題を紹介したい。

1　都市の裏側としての「里山」

一般には、里山とは人間の住んでいる地域（里）に隣接し、人々に活用されてきた自然環境のことを指す言葉である。(1) おそらく、ふだん都会に生活している人にとって、「里山」は目にすることもなければ、足を踏み入れることもない場所である。もちろん、なかにはハイキングや昆虫採集、山菜採りなどをつうじて「山」になじんでいる人もいるだろう。しかし、その「山」が自分の生活と密接な関わりのある場所になっている人は、おそらくいないだろう。ほとんどの私たちにとって、里山はたんなる「山」であり、個人的な趣味や娯楽のために足を踏み入れることはあっても、生活のために日常的に足を踏み入れることはない。したがって都市で暮らしている人々は「自分の生活は里山とまったく関係がない」と考えるはずである。その考えはある観点からすると正しい。というのも、私たちが都市で生活するようになったのは、田舎の里山での生活との関係を（おそらく数世代前に）断ち切った結果であるからだ。しかし別の観点からすると、その考えは誤っている。というのも私たちは、かつては守られてきた里山の自然（正確には後述するように、人間との共存を前提とする「文化としての自然」）を、都市生活に役立つように改変したり（水力発電や大規模農地など）、逆に都市生活に不要なものとして切り捨てたり（放置森林など）しているからだ。このように、私たちは自分たちの知らないところで、つねに里山に何らかの影響を与えつづけている。つまり、都市に生活する私たちは里山と「見えない関係」をもちつづけているのだ。

（1）　都市化の歴史

いま述べた私たちと里山との「見えない関係」を考えるために、おおざっぱに都市化の歴史を振り返ってみよう。ギリシア文明でポリスと呼ばれた都市国家をはじめ、古代から都市は存在した。しかし、現在の都市につながるのは、ヨーロッパの中世に発生した「自由都市」と呼ばれるものである。農業中心の中世社会で、しだいに封建制と呼ばれる社会体制がつくられるようになった。そこでは王に従属する貴族たちが各地方の領主として、農村をとりまとめる役割を果たしていた。その当時は基本的に地域ごとに自給自足がおこなわれ、農村では耕作や牧畜からの収穫物と、里山をはじめとする自然からの恵みによって生活を営んでいた。農業技術の発展とともに生産余剰物を他の地域の品物と交換するようになると、貨幣を媒介とする「市場」が形成されるようになる。こうして各地域の農民がつくる第一次産物を加工して第二次産物をつくる職人たちと、それらを扱う商人たちが増加すると、商人と職人たちはともに、農業から独立した共同体を形成する。これが中世に発生した都市であり、そのなかから自治権を獲得した「自由都市」が生まれた。それらの都市は、農村のような自給自足経済ではなく、必要な物資を貨幣をつうじて市場から調達する「市場経済」と、分業した職人たちが営む「産業生産」に依拠することになる。現在の私たちの都市生活の基本的な特徴がはっきりと姿を現したのは、そのときである。

都市生活が広まると、都市の生活と産業に必要な物資を調達するための市場も拡大し、多くの地域の農村が市場経済に飲み込まれていくとともに、産業競争がはじまる。やがて産業革命が起こり、大規模な工場と多くの労働者たちからなる「工業」を発達させ、都市がますます力をつけてくると、王や貴族たちも農業経済から市場経済（産業経済）に足場を移そうとしたが、それも一時的に成功しただけで、しだいに王権は都市の人々にとって邪魔ものになっていく。こうして農業経済に依拠していた王権社会に対して、都市の人々（市民）たちは、自分たちを中心とする新たな社会を構想するようになる。こうして一八世紀末のフランス革命に象徴される近代市民革命が起こり、国民国家と呼ばれる新たな社会体制が打ち立てられた。それは工業と市場経済を中心とする新たな経済体制への移行であるとともに、地方の農村を大都市と市場の制御下に置くものであった。つまり農村は市場経済のもとで、他の農村との競争にさらされるようになったのである。

そのように出現した近代の都市と国民国家は、産業化と都市化を推し進め、そこで必要な物資を、まず周囲の農村から調達し、次にもっと安価な物資を求めて海外諸国から手に入れるようになる。そうなると当然ながら、国内の農村は衰退しはじめ、農村から都市への大規模な人口移動が引き起こされる。そして工業地域は公害に悩まされることになる。例えば工業化をいちはやく達成して「世界の工場」と呼ばれたイギリスでは、一九世紀半ばに世界史上初めて都市人口が農村人口を上回った。それは工場から出された亜硫酸ガスを含む霧がロンドンの街全体を覆い、一万人以上が死亡する「ロンドン・スモッグ事件」（一八五二年）が起こったのと同じ時期である。それからたった一世紀半後の二一世紀初頭には、世界全体で都市人口が農村人口を上回るようになり、先進国だけでなく途上国でも工場廃棄物や大気汚染の問題が深刻になっている〔国連人口基金 二〇〇七〕。こうした事態は、その裏で世界中の農村が衰退し、それを取り巻く自然環境も悪化していることを示唆している。

(2) 失われる里山の暮らし

次に里山の生活に焦点を当ててみよう。農業や林業、漁業を営んでいる人々は、現在でも里山(里湖・里海)との深い関係をもちながら暮らしている。近代に日本が工業国になるまで、日本人のほとんどはそのような生活を営んでいた。その生活は、基本的には村落共同体(ムラ)を基盤としたもので、自給自足と相互扶助を中心とするものであった。そのような村落共同体では、祖先と同様の生活を維持することが要求される。まず、代々受け継いだ田んぼや畑を守り、燃料や住居の原料になる木材や、田んぼに引く水を提供する里山を維持することが必要になる。また、仕事や作業には村の人々の協力が不可欠になることから、個人の勝手な振る舞いを抑え、仲間どうしの共同性を維持し、争いごとを調停するために、様々なルールや掟を守ることが要求された。さらに、祖先からの知恵を生かした食事やマナー、祭礼など、様々な生活習慣が、地域ごとの特色を反映しながら、伝統文化を織りなしていった。

例えば滋賀県の名産である「フナ寿司」にしても、現在ではたんなる「珍味」として食べられるにすぎないが、琵琶湖でとれる魚(貴重なタンパク源)を発酵させることによって長期間の保存を可能にするとともに、うま味(アミノ酸)を増やすことでおいしく食べることができるようにするという、伝統的な知恵が詰まった食べものである。また、丹後半島の山奥にみられる「笹葺き屋根」の家屋も、現在ではたんなる珍しい建築物として観光客の目を楽しませるにすぎないが、これも里山に多く生えている笹を利用することで、いろりから出る煙を屋根から排出するとともに、笹と煙の殺菌効果を生かして屋根の耐久性を高めるという、古人の知恵が詰まった伝統文化である。

しかし、こうした地域の里山のなかで培われてきた多種多様な伝統文化や伝統的景観は、それらの伝統的な文化や景

写真１　滋賀県・仰木地域における棚田の風景

（筆者撮影）

観を支えてきた人々が地域から消えていくことによって、また近代的な都市生活が田舎にも普及することによって、その多くが失われつつある。そして、それまで生活と密接に結びついていた里山も、最初に述べたように、たんなる「山」に変わっていくことになる。

2　里山が注目される背景

こうして現在の私たちの多くは、労働者として都市に住み、海外に輸出するための工業あるいは国内の人々のためのサービス業に従事しながら、木材もエネルギーも、また食料でさえも外国から輸入でまかなうようになった。また家族形態も、かつての農村の大家族に象徴されるような共同体ではなく、核家族でマンションや団地に住むようになり、隣近所に誰が住んでいるかもろくに知らず、各家族がバラバラに生活を営むようになっている。このような生活は、様々なしきたりやルールに縛られた伝統的な農村共同体の生活にくらべると、たしかに快適であり、また自由である。しかし、そこには問題がないわけではない。

（1）グローバル化する都市病理

第一に、経済と社会の問題がある。個人の自由を最大限に追い求める現代の都市生活は、市場システムに依存して成り立っているものであり、生活のために「お金」が必要になる。したがって、なんらかの事情で労働市場から排除され、お金を稼げない人々にとっては、きわめて生きづらい空間である。そのような経済格差と不平等は、貧困や犯罪などの様々な社会病理の原因になる。

第二に、環境問題（生態系の破壊）と資源・エネルギーの過剰消費が挙げられる。個人化が進めば進むほど、エネルギーや資源を多く使うようになる。例えば大家族で一台のテレビがある家と、核家族で各成員の部屋に一台のテレビが置かれている家をくらべると、明らかに後者のほうがエネルギーと資源を多く消費する。家族に一台の固定電話があるのと、家族の各人が携帯電話をもつ場合を比較しても同様である。そのようなエネルギーと資源の消費の増大は、当然ながら環境への負荷を増大させる。

第三に、共同性の喪失という問題がある。都市のバラバラな生活は、個人を孤独にさせる。私たちの多くは、生まれたときから都市に暮らしており、もはや「故郷」や「共同体」と呼べるものをもたず、家族や友人、恋人、職場の同僚がその代わりになっている。しかし何らかの事情でそれらの人々とうまくいかなくなると、とたんに誰にも頼れなくなってしまい、周囲から見捨てられたという疎外感と深い孤独感を抱くことになる。そこから心を病んでしまったり、ひいては自殺を考えるほど精神的に追い詰められたりする人は、いたるところに見られる。

このような都市化の病理もまた、先ほど述べた産業化と同じく、現在では世界規模に広がっている。第一の経済格差については、世界的な市場自由化が始まった八〇年代から拡大の一途をたどっており、(2) いまや貧困の問題は先進国においても深刻になっている。第二のエネルギーと資源の問題については、とりわけ九〇年代以降のＢＲＩＣｓ（ブラジル、ロシア、インド、中国）をはじめとする新興工業国の急速な経済発展により、大気汚染や土壌汚染などの公害が従来以上に深刻化しているとともに、石油や希少金属などのエネルギーや資源の枯渇、食料生産のための熱帯森林の過剰な伐採、産業排出に由来する炭酸ガスを原因とした地球温暖化、生態系の破壊が問題視されている。すでに七〇年代初頭のローマクラブによる報告書「成長の限界」［Meadows 1972］以後、ここで述べたような環境問題への対処と都市生活の見直しを求める運動が世界的に広がっている。かつては専門用語だった「エコロジー（生態学）」という言葉が、いまでは世界中で日常語になっている。第三の共同性の喪失について言えば、伝統的共同体の崩壊にともなう人々の生活の孤立化を背景に、精神疾患や自殺の日常化、市民生活における他者への不寛容など、社会生活の様々なところで目に見える形で広がっている。

このような世界規模の都市化にともなう様々な問題、とりわけ深刻化している地球環境問題を解決するためには、その原因となっている近代の都市生活のあり方を見直し、新たな生活様式へと移行することが必要になる。しかし、そのためにどうすればよいのだろうか、どこから考えればよいのだろうか？

（2）里山を見つめなおす

右に述べたような問題意識を背景に、二一世紀にさしかかるあたりから、日本では研究者たちが「里山（里海・里湖）」に着目するようになった。さらに日本政府も、生物多様性と生態系サービス（生態系から人間が受ける様々な利益のこと、第四章参照）の劣化を問題視するようになり、環境省を中心として「生物多様性国家戦略」が策定され（二〇〇七年）、里山と里海の再生と保全を進める考えが打ち出された。

ここで里山（里海）について、その一般的な定義を紹介しておこう。

「里山とは、人間の居住とともに二次林、農地、ため池、草地を含む異なる生態系からなるモザイク構造のランドスケープを表す日本語である。里山は、長期にわたる人間と生態系との相互作用を通して形成され発展してきたものであり、日本各地に見られ、日本の国土の四〇％以上を占めるといわれている…（略）…里海は、人手をかけることで生物多様性と生物生産性が高くなった沿岸海域を指す」〔国際連合大学高等研究所／日本の里山・里海評価委員会二〇一二：四〕。

つまり、里山（里海）とは人間の文明と無関係な原始的な自然ではなく、人間と自然の関係が維持されるように、昔から人間の手が加えられてきた「二次的自然」であり、人間の文化とともに存在する自然である。

このような里山（里海）の重要性にかんする認識は、当然ながら当該地域コミュニティの住民と都市住民とのあいだで異なる点がある。当該地域の住民は、里山（里海）からの直接的な恩恵、すなわち食料や薪・木材、水などにくわえ、里山のもつ洪水抑止や水質浄化などの機能を評価するだろう。他方、里山から遠く離れた都市住民は、里山からの間接的恩恵、すなわち里山による生態系維持や温暖化抑制などの機能にくわえ、当該地域コミュニティが育んできた文化や、里山の伝統的なランドスケープ（人々の暮らしと自然環境が密接に結びついた文化・自然的景観）を重視するだろう。それでも、里山を維持することが将来の私たちの子孫の暮らしにとって重要であり、都市と農村（漁村）の住民がともに協力していかなければならないという認識が広がっていることは、たしかな事実である。

（3）国際化する里山――SATOYAMAイニシアティブ――

里山（里湖・里海）と呼ばれるようなランドスケープは、なにも日本だけに存在しているわけではなく、世界中にみられるものである。ヨーロッパには日本語の「里山（里湖・里海）」に該当する言葉は見当たらないが、八〇年代から自然と人間との共存的関係の重要性の認識が高まり、例えばフランスのゲランド地方沿岸部では古代ローマ時代からの天然塩製法で知られる塩田のランドスケープが近年になって再評価され、維持・保全活動がおこなわれるようになったが、それ以外にも、多くの地域で自然環境の復元と伝統的生活の復活を試みる動きがみられる［コバヤシ二〇〇二］。さらにアジアにおいては日本と同じような「里山」に該当する言葉が各地にみられる（例えば韓国の mauel、インドネシアの pekarangan など）。その意味で、里山の維持・再生の取り組みは、日本のみならず世界的な視野から捉え直すことが可能である。

このような背景から、二〇〇七年に環境省と国連大学、各領域の研究者やNGOなどが協力して、「SATOYAM

A」の国際的な維持・保存を目的とする「SATOYAMAイニシアティブ」と名付けられた行動指針が提唱された。そこでは日本語の「里山」を国際的に通用する「SATOYAMA」概念へと発展させるために、「生物多様性を維持しながら、人間の福利に必要な物品・サービスを継続的に供給するための人間と自然の相互作用によって時間の経過とともに形成されてきた生息・生育地と土地利用の動的モザイク」としての「社会生態学的生産ランドスケープ」という、従来の「里山」より広いとらえ方が提唱された。そしてさらに二〇一〇年一〇月に名古屋で開催された「生物多様性条約第一〇回締約国会議（COP10）」では、「SATOYAMAイニシアティブ国際パートナーシップ」という形で国際的な協力体制が発足した。

この「SATOYAMAイニシアティブ」は、「自然共生型社会」への移行を実現するために、以下の三つの行動指針を掲げている。すなわち、①多様な生態系のサービスと確保のための知恵の結集、②革新を促進するための伝統的知識と近代科学の融合、③伝統的な地域の土地所有・管理形態を尊重したうえでの、新たな共同管理のあり方の探求、である。(3)

（4）多様な領域間の協力の必要性

右の行動指針を実行に移すことはそれほど簡単ではない。というのも、問題が先に述べたようにきわめて広範囲にわたり、それぞれの問題が複雑に結びついていることにくわえ、それらの問題が私たちの文明生活のあり方そのものに由来しているからである。したがって、それらの問題を解明し、解決策を考えるためには、生態学だけでなく法学、経済学、社会学など、多方面にわたる専門家たちと市民の協力が必要になる。そこからSATOYAMAイニシアティブでは、以下の五つの生態学・社会経済学的視点から取り組まれる必要があると主張されている。

▼環境容量・自然復元力の範囲内での利用

私たちの資源消費を自然環境にそなわる復元能力（環境容量）の範囲内に収めなければ、いずれ地球上の資源が尽き果て、破壊された自然環境が修復されなくなり、その結果、人類も他の生物も存続が危うくなるのは明らかである。しかし現在では、例えば世界人口のすべてが平均的アメリカ人と同様の暮らしをすると現在の地球が五つあっても足りず、平均的な日本人やドイツ人の暮らしをすると現在の地球が二つあっても足りない〔世界自然保護基金 二〇〇六：三〕。つまり、私たちは地球上の自然環境を過剰に消費しすぎている。したがって、どのようにしてその消費を減らしていくかを考えなければならない。

▼自然環境の循環利用

自然環境の過剰消費を抑えるために真っ先に考えられるのは、エネルギーと資源の循環的利用（リサイクル）である。資源については、紙やプラスチック、金属などのリサイクルはすでに取り組みが始まっているが、例えば日本のリサイクル率は二〇パーセント〔経済産業省 二〇一一：六〕であり、残りの八〇パーセントは資源として利用されずに廃棄されている。また、エネルギーについても同様に「省エネ」の取り組みはすでに始まっているが、それでも石油やガス、ウラニウムなどの天然資源の採取に依存したエネルギー消費を続けていけば、いずれ資源が枯渇することは明らかである。再生可能なエネルギー利用を進める必要があるだけでなく、そもそもエネルギー消費そのものを減らすための方策が考えられなければならない。

▼地域の伝統・文化の価値と重要性の認識

私たちが都市の生活や消費文化に大きな価値を与えるようになり、反対に田舎の生活や文化に価値を感じなくなるようになればなるほど、人々は田舎を捨てて都市へと向かうようになる。こうして地方では、「二次的自然」である里山・里海を維持するための担い手がいなくなっていく。この流れを断ち切り、反転させないかぎり、地方の過疎化が進み、里山・里海が荒廃していくのは明らかである。逆にいえば、人々が地方の文化や生活に大きな価値を置くようになれば、人々は都市から地方へと向かうようになるだろう。そのためには、何よりも地方の文化や生活にあらためて注目し、その価値と重要性を積極的に評価していく必要がある。それは同時に、近代における都市を中心とした文化的価値観の変革を図ることでもある。

▼多様な主体の参加と協働による自然資源と生態系サービスの持続可能で多機能な管理

リサイクルを進め、エネルギー消費を抑えるとしても、現在の技術では限界がある。地球環境にどれほど配慮しようと、私たちは資源とエネルギーを消費しなければ生存できない。そのためには限られた資源を無駄なく使い、配分する必要がある。しかし弱肉強食の市場原理に任せてしまうと、あっというまに地球上の環境資源は枯渇してしまうだろう。また政府に任せても、政権が交代するたびに方針がころころ変わってしまう可能性もある。さらに、地域にその役割を任せようとしても、すでに担い手がいなくなってしまった地域では実行できないだろう。とくに自然資源の採取と生態系サービスの維持は、互いに相反する側面があり、そのバランスをどのように取るかはきわめて難しい問題である。そうである以上、政府や市場、当該地域だけに資源管理を任せるのではなく、様々な専門家や団体が加わり、最適な管理をおこなう仕組みをつくっていく必要がある。そのことは、資源管理と生態系保存の領域に、政府と市場（産業界）だけでなく、市民が積極的に関わらなければならないことを意味している。

▼貧困削減、食料安全保障、生計維持、地域コミュニティのエンパワーメントを含む持続可能な社会・経済への貢献

こうした取り組みは、いずれも自然との共生を図ることによる持続可能な社会に向けた取り組みである。しかし、いくらそのような取り組みをしたところで、社会そのものの仕組みが持続不可能なものであれば、それらの取り組みは無駄になってしまう。とりわけ貧困や飢餓は、社会そのものの存続を危うくする問題である。それらの問題は、自然に生じたものではなく、社会そのもののあり方から生じている。

例えば飢餓を取り上げると、国連世界食糧計画（WFP）によれば、二〇一〇年から二〇一二年にかけて、世界人口の九人に一人（約八億五〇〇〇万人）が飢餓に苦しんでいる[4]。他方、日本国際飢餓対策機構によれば、世界の穀物生産量は一人あたり平均三三〇キログラム（一年あたりの平均的必要量は一人あたり一八〇キログラム）であり、食料そのものは十分に生産されているが、世界人口の五分の一に相当する先進国の住民によってその四割が消費されている[5]。つまり飢餓

は、社会的につくりだされている。これは貧困についても同様である。

それらの飢餓や貧困に悩む多くの人々が農村地域に在住していることを考えれば、持続可能な自然共生型社会を実現するためには、それらの人々が生きやすい社会をつくらなければならない。そのためには、世界的に広がる様々な格差の是正をおこなうとともに、社会・経済のあり方を見直すことが必要になる。

以上、五つの観点で取り上げられた問題は、いずれもきわめて多くの領域にまたがる問題であり、少数の専門家だけで解決策を示すことができるようなものではない。そのためにも、自然科学だけでなく人文・社会科学などの多様な領域間の学際的な取り組みがどうしても必要になる。そして、それこそは「里山学」の特徴でもある。

3　里山と私たち

これまでの説明で示したのは、まず里山問題が私たちの都市生活の発展の裏側で生じており、都市問題の解決と里山問題の解決は深く結びついている、ということである。次に、その問題は地球環境の危機が叫ばれるようになって、いまや世界的に共有されるものになっており、その解決にこれからの人類と地球上の生命の持続可能性がかかっていること、そのためには市民社会や研究者集団を含む多様な領域間の協力が欠かせない、ということである。

本書で概説をおこなう「里山学」もまた、そのような多様な研究領域のあいだの協力からなりたつもので、主として国内の里山にかんする事例を扱いながら、自然共生型社会への移行に寄与する研究を畜積している。それらの各分野における研究については本書の他の執筆者に委ねるとして、ここでは筆者の専門が社会思想史であることから、里山問題と私たちの関係および里山学の可能性について、思想史的観点と社会史的観点からいくつか問題を提起してみたい。

（１）近代科学と社会――新たな自然観の必要性――

「我思うゆえに我あり（私は考える、したがって私は存在する）」という一七世紀のフランス人であるデカルトの言葉は、それまでの中世の神学の伝統から脱却し、科学の時代にふさわしい新たな思考のあり方を決然と告げるものであった。この考え方は「心身二元論」と呼ばれる。つまり世界を精神（理性）と物質（身体）の二種類に分け、精神（理性）によって物質（身体）を支配しなければならないという考え方である。このようなデカルトの心身二元論は、物質にもある種の精神性や生命性を認める古代のアリストテレス的自然観とは大きく異なり、動植物や人間の身体を「物質から成り立つ機械」とみなす「機械論的自然観」にもとづいている。デカルトに代表される新たな自然観に依拠することによって、その後の近代科学が発展していくことになる。

他方、そのようなデカルトの思想は、同時代のイギリス人であるホッブスに継承され、続くロックやルソーといった思想家たちを経て「社会契約説」の思想として結実する。社会契約説というのは、自然のまま（自然状態）の人間は動物と変わらず、弱肉強食の論理にしたがって互いに奪い合う存在であるので、そのような自然状態を克服するために、理性的な個人が人為的に社会を構成しなければならないという考え方にもとづき、従来の王権社会を否定し、近代の民主主義国家の原理となった思想である。その根底に流れているのは、デカルト的な自然観、つまり自然（物質）と人間（精神）を区別し、自然（物質）は人間（精神）によって支配されるべきだという視点である。ここで示したいのは、近代社会の仕組みもまた、近代科学の自然観に由来している、という歴史的事実である。

しかし、このような出発点から始まる近代科学と近代社会は、肝心なことを忘却している。それは、生物がたんなる物質や機械に還元されるものではなく、生命体独自の活動をしているという点であり、また人間社会は自然と区別されるものではなく、それ自体も自然の一部をなしているという点である。そして里山が提起している問題の一つは、ここで述べた近代的自然観に付随する問題なのである。(6)

ここで琵琶湖のニゴロブナを例に挙げよう。ニゴロブナは、一方で物質としては滋賀県名物であるフナ寿司の原料という側面をもっているが、他方で生物体としては絶滅寸前にある。その理由としては琵琶湖の水質悪化やコンクリートによる護岸工事の普及、ブラックバスやブルーギルなど外来種の繁殖、などの様々な要因が考えられるが、いずれにせよ琵琶湖の複雑な生態系の変化によってニゴロブナの生命活動が危機に瀕していることは明らかである。たとえ人為的にニゴロブナを繁殖させ、放流したとしても、かつてのように増えることはないだろう。生物の世界は無限に多くの要素が複雑に依存しあって成り立っており、しかも各生物はそれぞれの種ごとに独自の振る舞いをしている以上、自然環境をあたかも機械のように手早く修理して元に戻すことはできないのだ。

また日本の各地に残されている棚田は、たんなるコメづくりの場所であるという以上に、その地域の人々の暮らしや文化を反映して、日本の里山に独特の、懐かしくも美しい光景をみせてくれる。そのような里山に広がるのは原始の自然でもなければ、人間社会と対立する自然でも、人間によって支配されるべき自然でもない。それは人間社会と共存共栄してきた自然の光景であり、そこでの社会生活は自然の恵みを享受しつつ、自然の営みを支えるものとなっている。

そのような人間と自然の共存的関係における自然は、近代的科学的の自然観におけるように人間とまったく区別されるものではなく、むしろ人間社会と密接に結びついた自然である。それを先に挙げた「ＳＡＴＯＹＡＭＡイニシアティブ」の用語である「二次的自然」と呼ぶこともできるが、この文脈ではむしろ丸山徳次の言葉を借りて「文化としての自然」［丸山 二〇〇九：一一三五］と呼ぶほうが適切であろう。いずれにせよ、私たちは近代科学と近代社会の基盤にある自然観をあらためて問い直す必要に迫られており、そこから人間と自然の関係の新たなあり方を構想していかなければならない歴史的時点に立っている。

（2） これからの社会――ＪＳＳＡにおける四つのシナリオをもとに――

次に社会史的観点から考えてみよう。すでに述べたように、古代から中世にかけては基本的には地域ごとに農業を中心とした自給自足的経済が営まれていたが、近代になると工業を中心とした市場経済体制へと移行した。そのような産

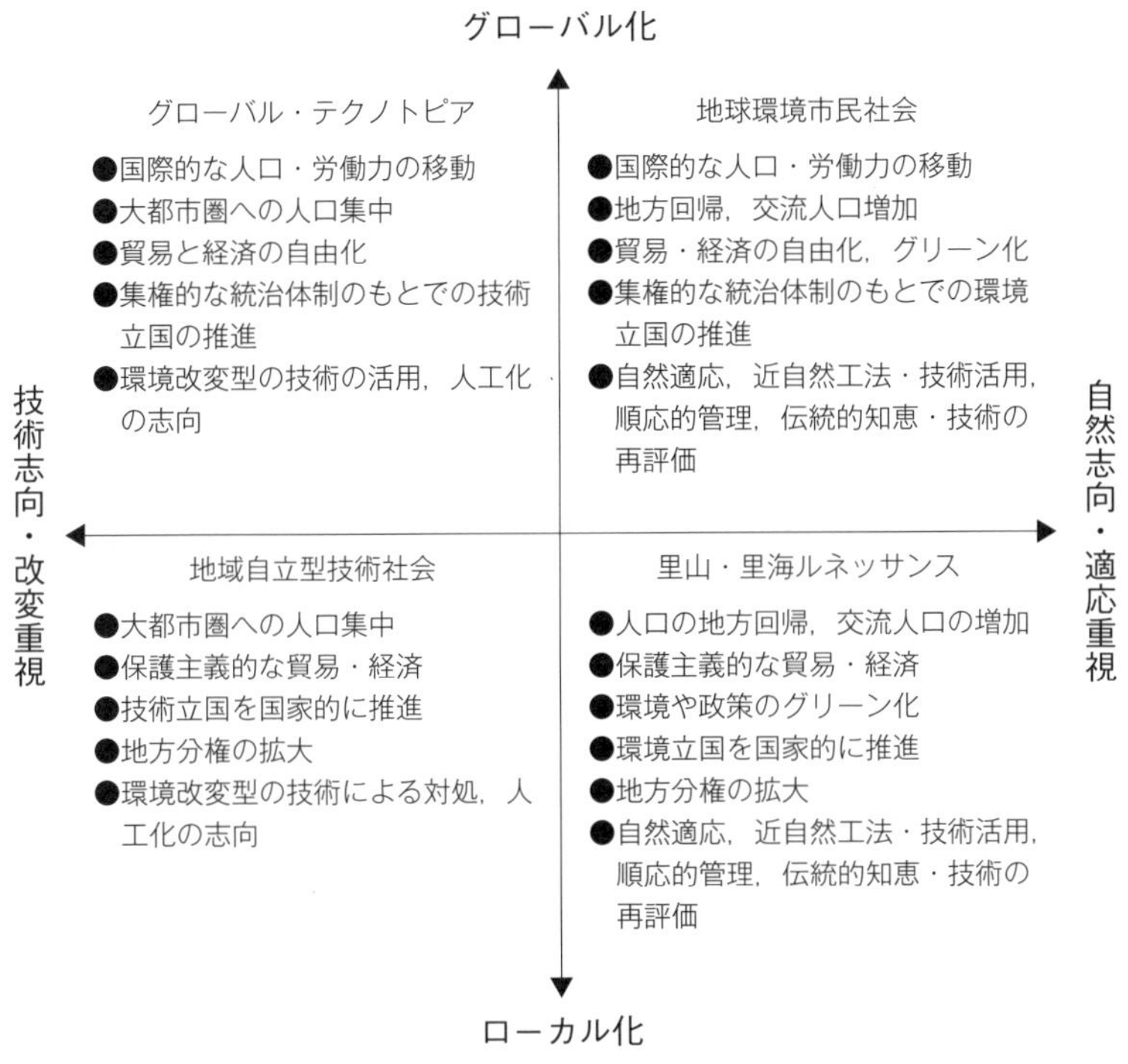
グローバル化
グローバル・テクノトピア
●国際的な人口・労働力の移動
●大都市圏への人口集中
●貿易と経済の自由化
●集権的な統治体制のもとでの技術立国の推進
●環境改変型の技術の活用，人工化の志向
地球環境市民社会
●国際的な人口・労働力の移動
●地方回帰，交流人口増加
●貿易・経済の自由化，グリーン化
●集権的な統治体制のもとでの環境立国の推進
●自然適応，近自然工法・技術活用，順応的管理，伝統的知恵・技術の再評価
技術志向・改変重視
自然志向・適応重視
地域自立型技術社会
●大都市圏への人口集中
●保護主義的な貿易・経済
●技術立国を国家的に推進
●地方分権の拡大
●環境改変型の技術による対処，人工化の志向
里山・里海ルネッサンス
●人口の地方回帰，交流人口の増加
●保護主義的な貿易・経済
●環境や政策のグリーン化
●環境立国を国家的に推進
●地方分権の拡大
●自然適応，近自然工法・技術活用，順応的管理，伝統的知恵・技術の再評価
ローカル化

図1　JSAAによる四つのシナリオ

（出所）国際連合大学高等研究所／日本の里山・里海評価委員会［2012：103］.

業社会化が世界的に広まり、現在では自然環境を過剰に消費すると同時に、自然環境の処理能力を超えた排出をおこなうようになった。そこから地球環境の危機が叫ばれ、持続可能な社会のあり方を目指す必要が生じた。それでは、これからの私たちの社会はどのような方向を目指すべきなのだろうか。

ここで参考までにJSSA（日本の里山・里海評価委員会）による四つのシナリオを紹介しておこう。そこでは二つの軸からこれからの社会のあり方がシミュレーションされている。第一の軸は、現在進行中のグローバル化を推進する方向性（グローバル化）と、それとは逆にローカル化を推進しようとする方向性（ローカル化）からなる。第二の軸は、現在の近代的生活を維持しつつ科学技術によって環境問題を解決しようとする方向性（技術志向・改変重視）と、それとは逆に、現在の生活を自然環境に適合した生活へと変えようとする方向性（自然志向・適応重視）からなる。その組み合わせから考えられた四つのシナリオを図1に示す。

①グローバルテクノトピア（グローバル化×技術志向・改変重視）

これは産業界を中心に、現在のグローバル化と産業化をさらに推し進めるような社会のあり方である。そこでは「科学技術立国」のスローガンのもと、原子力発電所など高効率のエネルギー政策が進められ、市場原理にもとづいた資源配分や農業生産がおこなわれる。その結果、大都市への人口集中が激しく進むとともに、生物多様性がもっとも激しく喪失されると推定されている。

②地球環境市民社会（グローバル化×自然志向・適応重視）

これは中央集権的政府の強いリーダーシップにより、社会保障や環境保護に多くの資源が投じられ、環境保全型の工業や農業の推進、バイオマスや再生可能エネルギーの利用が進められるとともに、エコロジカルな市民生活が強く要求される。その結果、大都市への人口集中は緩和されるものの、生物多様性がかなり失われると推定されている。

③地域自立型技術社会（ローカル化×技術志向・改変重視）

これは食糧自給率を高めるなど保護主義的な政策とともに地方への権限委譲が進められ、地方では科学技術を利用した効率的・画一的な社会運営がおこなわれるような社会のあり方である。その結果、大都市への人口集中はさほど緩和されないものの、生物多様性はある程度まで維持されると推定される。

④里山・里海ルネッサンス（ローカル化×自然志向・適応重視）

これは③と同じく保護主義的な政策と地方への権限委譲とともに、環境保護・再生を重視する経済・政治がおこなわれ、伝統的な技術と生活のあり方が再評価されるような社会のあり方である。その結果、経済的・科学技術的な国際競争には遅れをとるものの、人口の地方回帰が進み、生物多様性がもっとも維持されると推定される。

ここで補足しておくと、ＪＳＡＡによれば、「技術志向・改変重視」は科学技術の担い手が主として大都市の企業であること、およびその前提として効率的な経済生活が求められる社会風潮があることにより、大都市への人口流入と農漁村の過疎化が進むだけでなく、里山・里海の人為的な開発をつうじて生物多様性の低下を引き起こすことが懸念されている。また「グローバル化」についても、外来種の侵入が生じやすくなる点で、生物多様性への影響が懸念されている。

もちろん、ここで紹介した四つのシナリオがそのまま実現されるとは考えられず、実際にはそれぞれのシナリオが複雑に関連しあいながら、これからの社会のあり方が模索されることになるだろう。それでも、現在の日本はあからさまに「グローバルテクノトピア」に向かっており、生物多様性の観点からするともっとも懸念される方向性にある。その意味で、私たちが持続可能な自然共生型社会へと移行することを願うのであれば、私たち一人ひとりの生活だけでなく、政策や経済、価値観のあり方も含めて、この社会全体の枠組みを変えていく必要がある。そして、私たちがそのような新たな社会を構想するにあたり、ここで紹介したＪＳＡＡのシナリオは最初の入口になるように思われる。

おわりに――本書の構成と執筆経緯

以上で簡略ではあるが、里山の問題がたんなる自然環境の問題ではなく、私たちの社会のあり方とその諸問題と密接に結びついており、その解決のためには総合的な視野が必要になること、そして私たちに身近な「里山」の問題を考えることは、世界的な「ＳＡＴＯＹＡＭＡ」の問題を考えること、すなわち持続可能な地球社会をめざすための第一歩であることが了解いただけたかと思う。

最後に本書の概要を示しておきたい。本書は里山学に関心をもっているが詳しく知らない人々のために、その手ほどきとなる一種の教科書として編集されている。とはいえ繰り返しになるが、里山学は物理学や数学のように体系的に確立された専門的学術領域ではなく、多領域にわたる学術領域のあいだの協力からなる学際的研究、あるいは横断的学問であり、いまだ発展の途上にある。そこで本書は、各領域の専門家の立場から里山の問題について考察するスタイルをとることにした。さらに紙数の関係から、一部のテーマについてはコラムで紹介することにした。

本書の構成は、まず序章で里山学の背景とその意義について紹介し、第Ⅰ部では里山と人々の関係のあり方を哲学、環境教育、生態学の立場から論じる。第Ⅱ部では、里山の生態学的多様性について生物学・生態学・森林学の立場から論じる。第Ⅲ部では、里山をめぐる社会的背景や政策について法学・社会学の立場から論じる。さらに補足として、里山学において重要な主題にかんする論評（コラム）を配置してある。

なお本書の執筆者はすべて、龍谷大学里山学研究センターのメンバーあるいは協力者である。里山学研究センターは、龍谷大学が二〇〇四年度、文部科学省の私立大学学術研究高度化推進事業の採択を経て設立された里山学・地域共生学オープン・リサーチ・センター（略称「里山ＯＲＣ」）の活動期間終了後に、里山ＯＲＣの実績を継承するべく設立された研究組織である。里山ＯＲＣは、龍谷大学の瀬田学舎の隣にある「龍谷の森」と呼ばれる里山の保全活動を出発点としており、本書の執筆者の一人である丸山徳次による「里山学」の提唱を受けて、その精神は現在の里山学研究センターにも脈々と受け継がれている。執筆者としては、読者もまた本書をつうじて里山をめぐる問題の理解を深めてもらうだけでなく、里山への愛着と保全活動への関心を多少なりとも抱いてもらえることを心から願っている。

❀注

（1）「里山」ならびに「里山学」の定義については、丸山［二〇〇七］および本書第一章を参照。

（2）先進諸国における格差の現状については、たとえばＯＥＣＤ雇用労働社会政策局［二〇一四］を参照。

（3）里山イニシアティブ国際パートナーシップＨＰ（http://satoyama-initiative.org/ja/about/、二〇一四年一二月一〇日閲覧）より。

（4）国連世界食糧計画ＨＰ（http://ja.wfp.org/hunger-jp、二〇一四年一二月一〇日閲覧）より。

（5）日本国際飢餓対策機構ＨＰ（http://www.jifh.org/joinus/know/produce.html、二〇一四年一二月一〇日閲覧）より。

（6）近代的な機械論的自然観の成立とその問題をわかりやすく整理している著作として高木［二〇一二］などがある。

参考文献

経済産業省［二〇一三］『資源循環ハンドブック二〇一三――法制度と3Rの動向――』経済産業省産業技術環境局リサイクル推進課。

コバヤシ、コリン［二〇〇一］『ゲランドの塩物語――未来の生態系のために――』岩波書店。

国際連合大学高等研究所／日本の里山・里海評価委員会編［二〇一二］『里山・里海：自然の恵みと人々の暮らし』、朝倉書店。

国連人口基金［二〇〇七］『世界人口白書二〇〇七：拡大する都市の可能性を引き出す』。

世界自然保護基金（ＷＷＦ）［二〇〇六］『生きている地球レポート　二〇〇六』（http://d2ouvy59p0dg6k.cloudfront.net/downloads/lpr_2006_japanese.pdf、二〇一四年一二月一〇日閲覧）。

高木仁三郎［二〇一二］『いま自然をどうみるか』、白水社。

丸山徳次［二〇〇七］「今なぜ『里山学』か」、丸山徳次・宮浦富保編『里山学のすすめ』、昭和堂。

――［二〇〇九］「里山学のねらい：〈文化としての自然〉の探求」、丸山徳次・宮浦富保編『里山学のまなざし――森のある大学から――』昭和堂。

藻谷浩介・ＮＨＫ広島取材班［二〇一三］『里山資本主義――日本経済は「安心の原理」で動く――』角川書店。

ＯＥＣＤ雇用労働社会政策局［二〇一四］『特集：格差と成長』、ＯＥＣＤ（http://www.oecd.org/els/soc/Focus-Inequality-and-Growth-JPN-2014.pdf、二〇一四年一二月一〇日閲覧）。

Meadows, D., Meadows, D. L. and J. Randers et al. [1972] *The Limits to Growth*, Universe Press（大来佐武郎監訳『成長の限界――ローマ・クラブ「人類の危機」レポート――』、ダイヤモンド社、一九七二年）.

第Ⅰ部 人々の里山

福岡県うきは市．農林水産省の棚田百選に選ばれているつづら棚田

（撮影：嶋田大作，2013年10月５日）

第一章　持続可能社会と里山の環境倫理
――里山学の展開――

丸山徳次

はじめに――東日本大震災直後の三つの声

二〇一一年三月一一日に起こった東日本大震災は、日本の社会に大きな衝撃を与え、様々なことを根底から考え直すよう、私たちに多くの課題を突きつけた。戦後の日本社会に伏在していた諸問題が、巨大地震によって一気に顕在化したのである。

私はとくに、テレビの報道で伝えられた次の三つの声、三つの言葉に胸を打たれた。第一は、宮城県のある小学校の小さな教室で行われた卒業式で、校長先生が子どもたちに向かって、立派な卒業式ができなかったことをわびていた「ごめんなさい」の声。第二は、福島第一原子力発電所事故に伴った避難のなかで、「なぜ私たちが東京の犠牲にならなければならないのか」と怒りを込めた主婦の声。第三は、岩手県の漁師が、「海が怖くありませんか」という取材記者の質問に対して、「海は宝だ」と答えた声。

大地震と巨大津波の災害は、校長先生の責任ではない。しかし、子どもたちは、大人たちが造ってきた町で、大人たちの保護のもとに生きている。もっと言えば、現代の都市と科学技術の文明は、大人たちが作ってきたのであって、子どもたちはそこに生まれ落ち、そこで育っていく。校長先生が「ごめんなさい」と言ったのは、どのような不測の事態であっても、子どもが被害を受けた出来事については、大人に責任がある、という思いがあったからだろう。さらには、純粋な「自然災害」、まったくの「天災」などといったものはなく、どのような出来事についても、今日、誰かの責任、何かの責任が問われるし、問われなければならない。校長先生は、責任を感じたに違いない。ここには、「未来世代への責任」を考えることの意味が含まれている。「命のつなぎ」は大人たちの責任なのだ。

「なぜ私たちが東京の犠牲にならなければならないのか」という福島の主婦の声は、福島第一原発がもっぱら東京に電力を供給している東京電力の発電所であるのに、なぜ東京の人たちが被害を受けずに、電力供給を得ていない福島の人間が被害を受けなければならないのか、という怒りに満ちた問いかけである。それは不公平だ、不公正だ、という訴えである。福島では時間がたつにつれ、やがて事態がますます深刻であることが判明してゆき、数カ月後には、「原発さえなければ」との言葉を壁に記して自殺した酪農家の男性のことが報じられたりもした。ここには、過疎化の激しい地方に危険施設を立地し、その犠牲のうえに中央の都市住民が便益を受け、「豊かな生活」を享受するという、不公平・不平等・不正義の問題がある。

「海は宝だ」という声は、地震による巨大津波がどんなに恐ろしく、どれほど大きな被害をもたらしたとしても、海を生業（なりわい）の場として生きてきた漁師にとっては、海が「自然の恵み」をもたらしてくれる「宝」であることを指摘している。そして、そう語った漁師の顔は、これからも海に頼って暮らしていきたい、という希望と決意に輝いていた。漁業という職業をみずから選択し、海で働くことの喜びを味わってきた漁師は、誇りをもって携わってきた自分の仕事が、今後も続けていけるものであることを、海を前にして確信しているように見えた。漁業に携わる人がいる。農林業に携わる人がいる。そうした人たちを介して、都市の人間も「自然の恵み」を受け、それによって生きているし、生きていくことができる。

以上三つの声は、いずれも「持続可能社会」を求める私たちの願いと結びついている。持続可能社会とは、まず何よりも、私たちが未来世代への責任を担いながら、命をつないでいくことのできる社会である。しかし持続可能社会は、ただ人間の生存が継続されるだけの社会ではない。人間らしく生きるに値する社会、真に人間的な「豊かな生活」を維持することのできる社会である。そこには、一部の人の犠牲のうえに成り立つ「豊かな生活」は不正だ、という考えも含まれている。だから、未来世代を犠牲にすることも、現在世代の一部を犠牲にすることも許されない。世代間の公正、世代内の公正は、持続可能社会の条件である。さらに、地球上の「自然の恵み」、それぞれの地域の「自然の恵み」を維持し、育むことがなければ、持続可能社会はありえない。「自然の恵み」とは、食糧のことだけではない。清浄な水と空気、さらには、心を和まし、豊かにしてくれる美しい自然の景観も、恵みである。人間は自然に依存して生きているのだし、人間も自然の一部なのである。

私は、こうした持続可能社会の実現をめざす努力の一環として、「里山学」を提唱してきた。そしてまた、主としてアメリカで発達してきた環境倫理学を批判しつつ、「里山の環境倫理」を追究する新しい環境倫理学を提案してきた。本章では、持続可能性をめぐる議論を検討し、「持続可能な社会」を追求することの意味を明らかにし、その追求努力の一環として「里山学」を提案してきたことを論じる。さらに、里山学の基礎に「里山の環境倫理」があることを明らかにし、里山学と持続可能社会論との関連について論じる。

1　「持続可能な開発」をめぐる議論

(1)　ブルントラント委員会報告

「持続可能性」を意味する英語の sustainability は、一九八〇年以後の国際政治の舞台において sustainable development という概念によって提示されたが、これを外務省は「持続可能な開発」と訳してきた。「持続可能な開発」とは何か。その定義として最も著名なものは、一九八七年、環境と開発に関する世界委員会の報告書『われらの共通の未来』（*Our Common Future*）が与えた定義である。この委員会は、委員長だった当時のノルウェー首相の名をとってブルントラント委員会とも呼ばれるが、この委員会報告が次のような定義を与えたのである。すなわち、

「持続可能な開発とは、将来の世代の欲求を充たしつつ、現在の世代の欲求も満足させるような開発をいう。持続的開発は鍵となる二つの概念を含んでいる。

一つは、何にも増して優先されるべき世界の貧しい人々にとって不可欠な〈必要物〉の概念であり、もう一つは、技術・社会的組織のあり方によって規定される、現在及び将来の世代の欲求を満たせるだけの環境の能力の限界についての概念である。」［環境と開発に関する世界委員会 一九八七：六六］

大変わかりにくい文章だ。まず第一に、developmentを「開発」と訳すと、矛盾しているように思える。「開発」というのは、「荒れ地の開発」とか「電源開発」とかいった用語に見られるように、自然資源を生活に役立つようにすることを意味している。さらには、「新製品の開発」といった表現にあるように、何らかのものを新たに発明し、実用化することを意味している。そうだとすると、「持続可能な開発」という言葉は、新たな技術を絶えず実用化しながら、どこまでも自然資源の利用を無際限に推進してゆくことを意味しているように思われる。そのようにして私たちの富を増大していくことが、また「経済開発」だと言っているように見える。つまり、「開発」は自然資源や人的力の量的拡大、量的増大を意味しているように思われるのだ。

しかし、そもそも「持続可能性」が求められるべき課題として注目を集めたきっかけは、何よりもまず、地球環境の「有限性」について明確に認識されるようになったことだった。一九六〇年代から一九七〇年代にかけて、地球規模での環境汚染・環境破壊が進み、石油をはじめとする自然資源の「枯渇」が問題視されるようになった。つまり、廃棄物問題と資源問題が人類共通の重大問題となった。地球の自然環境は、人間がもたらす廃棄物を受け入れる点で限界があ

り、また、利用する資源の面でも限界があり、有限なのである。

「持続可能性」というテーマに直接きっかけを与えたのは、一九七二年に出されたローマ・クラブのレポート『成長の限界』（*The Limits to Growth*）だった。このレポートは、今後求められるべき世界システムのモデルとして、「突発的で制御不可能な破局」をもたらさない「持続可能な」（sustainable）世界、そして、「すべての人々の基本的な物質的要求（the basic material requirements）を充足させることができる」世界を提案した［Meadows (D. H.), Meadows (D. L.) and Randers et al. 1972：邦訳 一四二］。このレポートは、一〇〇年以内に人口増大、資源枯渇、環境汚染が生態系の限界を超えることを予測したものであり、多くの論議を呼び、批判にさらされもした。しかし、同じ年に、第一回国連人間環境会議がスウェーデンのストックホルムで開催され、やがて国連自然保護連合（ＩＵＣＮ）・国連環境計画（ＵＮＥＰ）・世界自然保護基金（ＷＷＦ）が共同で『世界環境保全戦略』を提出し、そこで初めて「持続可能な開発」（sustainable development）という言葉が打ち立てられた。こうした議論の流れのなかで、先に述べた一九八七年のブルントラント委員会報告における「持続可能な開発」の定義が提起されたのである。

それゆえまず第一に、「開発」（development）は「成長」（growth）とは違う、ということがはっきりと認識されなければならない。growth は量的拡大・増大であり、development は質的改善である。だから、development は「開発」と訳すよりは、「発展」と訳すほうがよいだろう。そこでブルントラント委員会報告による sustainable development の定義の文章を、あらためて私自身が訳せば、次のようになる。

「持続可能な発展とは、未来世代が彼ら自身のニーズを充たすための彼らの能力（ability）を損なうことなしに、現在のニーズを充たす発展である。そこには二つの鍵概念が含まれている。すなわち、

・〈ニーズ needs〉の概念であり、とりわけ何にもまして優先されるべき世界の貧困者の本質的ニーズである。

そして、

・現在および未来のニーズを充たすための環境の能力（ability）には、科学技術および社会組織の状態によって規定される限界（limitations）があるという考え方である。」［The World Commission on Environment and Development 1987：42］

この定義には、持続可能性の条件について、いくつか重要なポイントが述べられていることが、これではっきりする。まず第一に、現在世代のニーズを充たすことが、未来世代のニーズを充たす可能性を破壊してはならないということ、未来世代を犠牲にして現在世代の発展を追求することは許されないということ、つまり、世代間の公正（正義）が保持されなければならない、ということである。

第二に、ニーズを充足させるにあたっては、世界の貧困者の「本質的ニーズ」（the essential needs）が優先されなければならない、ということ。「本質的ニーズ」というのは、清浄な水と空気、最低限の栄養など、それなくしては生きていくことのできない生存の必要物であり、その要求である。食衣住の最低限の必要物といってよい。つまり、同時代を生きている同じ世代内においては、貧困者の本質的ニーズをまずもって充たすべきであって、それを無視した富裕者のニーズの追求は許されない、ということである。すなわち、世代内の公正（正義）が保持されなければならない。一部の人を犠牲にした豊かさの追求は許されないのである。

第三にしかし、この定義は、環境そのものの限界を語っているというよりは、環境の限界が「科学技術（technology）と社会組織（social organization）の状態」によって「規定される」（imposed）と述べている。この点に曖昧さがあり、問題がある。つまり、「限界」があるとしても、それは地球の自然環境そのものの限界というよりは、その時々の科学技術と社会組織の状態にあると考えられている。逆に言えば、環境の利用に関するどのような限界も、科学技術と社会組織の画期的な革新よって原理的に乗り越え可能だ、と見られているのである。

(2)　新・世界環境保全戦略の定義

一九九一年、IUCN・UNEP・WWFは新・世界環境保全戦略として『かけがえのない地球を大切に』(*Caring for the Earth*)を出版し、ブルントラント委員会報告による「持続可能な開発」の概念を次のように批判した。すなわち、「この術語はあいまいであっていろいろな解釈が可能であり、しかもそれらの多くは互いに矛盾すると批判されてきた。こうした混乱は〈持続可能な開発［発展］〉〈持続可能な成長〉あるいは〈持続可能な利用〉があたかも同じことを意味するかのように、互換的に使用されてきたことに起因している。これらは同じではない。〈持続可能な成長〉というのは矛盾した術語であって、自然界では無限に成長できるものではない。〈持続可能な利用〉というのは、再生可能な資源に対してのみ適用できる術語であり、その意味は、各資源のそれぞれの再生能力を越えない程度で利用するということである。」［国連自然保護連合他　一九九二：二五］

したがって、新・世界環境保全戦略では、「持続可能な開発［発展］」は、「人々の生活の質的改善を、その生活支持基盤となっている各生態系の収容能力限度内で生活しつつ達成すること」と定義される［国連自然保護連合他　一九九二：二五］。そのうえで、次のように述べられている。「〈持続可能な経済〉は〈持続可能な開発［発展］〉の結果得られるものであり、これによって〈持続可能な開発［発展］〉のための自然資源基盤は維持される。この〈持続可能な経済〉は、環境に適合し、かつ知識、組織、技術的な効率、あるいは知恵の各面での改善努力を重ねることで、発展を続けることができるのである。」［国連自然保護連合他　一九九二：二五］

2　「持続可能な社会」とは何か？

(1)　「持続可能な社会」の基本原則と「世界倫理」

新・世界環境保全戦略は、誤解と混乱を招きやすい「持続可能な開発［発展］」という言葉よりは、「持続可能な生活様式」（sustainable living）という言葉に焦点をあて、はっきりと「持続可能な社会」（sustainable society）という言葉を使って論じている。そして、持続可能な生活様式によって維持される「持続可能な社会」の基本原則を、次の九点にまとめて明らかにしている［国連自然保護連合他 一九九二：二〇―二三］。すなわち、

①生命共同体を尊重し、大切にする
②人間の生活の質を改善する
③地球の生命力と多様性を保全する
④再生不能な資源の消費を最小限に食い止める
⑤地球の収容能力を越えない
⑥個人の生活態度と習慣を変える
⑦地域社会が自らそれぞれの環境を守るようにする
⑧開発と保全を統合する国家的枠組みの策定
⑨地球規模の協力体制を創り出す

右の九つの基本原則は相互につながりあっているが、新・世界環境保全戦略は、一番基礎の部分に「世界倫理」（a world ethic）がなければならないと見ている。世界倫理の根幹をなしているのは、「生命共同体」（community of life）の概念である。すなわち、人間はあらゆる生命の共同体の一部であり、この共同体によって、現在世代と未来世代の人間とが結びあっているし、人間社会と自然世界とが結びついている。文化と自然の多様性は、こうした生命の共同体において育まれる。それゆえ、人間の個々人相互とそれぞれの社会を相互に尊重し、基本的な権利を保護する責任が保持されなければならないし、すべての生命が人間の利害を超えて尊重されるべきだし、人間による自然に対する影響について人間は責任をもたなければならない。だからまた、生態系の働きと自然の多様性が守られなければならない。こうし

て、「どの世代も、自分たちが引き継いだものと同様の多様で生産的な世界を未来の世代に残さなくてはならない。一つの社会や一つの世代による開発が、他の社会や未来の世代の機会を犠牲にするものであってはならない」と主張され、「人権の擁護と自然の保護は、文化と思想、地理的境界線を越えて、世界中の人間の責任である。その責任は個人と集団の両方にある」〔国連自然保護連合他 一九九二：二九〕、と言われるのである。

「世界倫理」は、世代間と世代内の公正（正義）を求め、世界中のすべての人間の責任を要求する、という意味で世界倫理であるばかりではない。自然の世界、あらゆる生命の世界に対する人間の責任を要求する、という意味でも世界倫理である。だから世界倫理は、環境倫理を含んでいるし、自然倫理を含んでいる、と考えてよいだろう。環境倫理および自然倫理については、あとで詳しく述べるが、要するに、環境に対する人間の行為を規律するのが環境倫理であり、とくに自然に対する人間の正しい行為を規律するのが自然倫理である。

世界倫理はしかし、具体的には、それぞれの地域で発揮されなければならない。このことを新・世界環境保全戦略が強調していることは重要である。持続可能な社会は、まず何よりも、持続可能な地域社会（sustainable community）である。「持続可能な地域社会とは、その社会の環境を大切にすると同時に、他の社会の環境を損なわない社会である。また、資源を節約し持続的に使用し、物質を再利用し、廃棄物を最小限に抑え、かつ安全に処分するものである。さらに生命維持システムと地域の生態系の多様性を保全し、また自身のニーズに対しては、その地域社会内での自給自足を極力図るが、当然、他の地域社会との協力の必要性も認識している社会である。」〔国連自然保護連合他 一九九二：九八〕

したがって、③の「地球の生命力と多様性を保全する」ということも、それぞれの地域社会でなされなければならない課題を意味している。開発〔発展〕の真の目標は、生活の質を改善し、人々の健康な生活と充実した人生を実現することだが、その基盤には自然環境の保全がなければならない。つまり、「生命圏〔生物圏〕の生産性、回復力、多様性」(the productivity, resilience and variety of the biosphere) を維持することが基礎となる〔国連自然保護連合他 一九九二：四八〕。地球上の自然環境のなかで生命が誕生し、進化の過程を経て現在の生命体の多様性が成立しているのであって、自然には生命を支え、維持するシステムが作動している。それはまた、生物種の多様性と同一種内の遺伝子の多様性、さらには生態系の多様性という三つの多様性と関連している。そこにまた、自然がもっているレジリアンス（resilience）、すなわち回復力・復原力も働く（ちなみに、東日本大震災のあと、政府はこのレジリアンスを国土「強靱化」と訳し、例えば巨大防潮堤を建造することで自然の猛威に対抗する土木工事を進めている。これはエコロジカルな本来のレジリアンスの発想とまっこうから対立するものだと言わざるを得ない）。

（2）再生可能資源の持続的利用

自然そのものが有している生産性・生産力は、あらゆる生命体の生存基盤であって、とりわけ人間にとっては、再生可能資源（renewable resources）は、「すべての経済の根本」であり、人間はそれなくしては生きていけない。新・世界環境保全戦略によれば、再生可能資源には土壌と水が含まれ、自然界から採取される木材、堅果類、薬草、魚貝、野生動物の肉と皮革などの産物のほか、農業・牧畜・林業・水産養殖などによって栽培育成される生物種、さらには牧草地や森林、河川などの生態系が含まれる［国連自然保護連合他　一九九二：五二］。これらが持続可能な仕方で利用されるならば、その資源は永続的に再生されるだろう。

実は、「持続可能性」を意味する英語の sustainability はドイツ語では Nachhaltigkeit（「ナッハハルティヒカイト」と発音する）と訳されているが、この語は本来、一八世紀初期のドイツ林学と森林管理に淵源する。しかも英語の sustainability そのものが、もともとは一九世紀半ばにドイツにおける「持続的林業」（nachhaltige Forstwirtschaft）を sustained yield forestry としてイギリスに移入したことに由来するのである［Grober 2010：20］。つまり、三〇〇年の歴史をもつドイツ林学こそは、「持続可能性」概念の源泉であり、同時に持続可能性をめぐる成功と失敗の諸経験の最も豊かな蓄積である。明治初期以来の日本の林学・林業が決定的に影響を受けたのもまたドイツ林学からであったが、日本の林学では Nachhaltigkeit は「保続」ないし「保続性」と訳され、初めて国有林の経営方針を示した一八九一（明治二四）年の「施業案編成心得」で「保続原則」に立つ森林経営が謳われて以来、戦後の森林法や国有林野経営規程に至るまで、繰り返し森林の「保続」の必要性が主張されてきた〔丸山 二〇一一：二〇一二〕。

宗教戦争（とりわけ三十年戦争）とその戦後復興、鉱山開発と鉱業の拡大などを原因として壊滅した中部ヨーロッパの森林を再生し、いかに永続的に維持していくかの研究と実践こそ、ドイツの林学・森林管理の誕生であった。近代林学の先駆をなしたカルロヴィッツ（Hans Carl von Carlowitz）は一七一三年『林業経済学』（Sylvicultura oeconomica）を著し、「国家の存続」にとって不可欠な森林の「絶えず安定した持続する利用」（nachhaltende Nutzung）が可能となるよう「林木の保全と育成」の技術について論じた〔Grober 2010：113–16〕。ここに「持続可能性」概念の起源があった。

すなわち、森林こそは、持続可能な再生可能資源の典型であり、代表である。森林を持続可能性のモデルとしてとらえるならば、持続可能な社会は、「森林コミュニティ」として構想できるだろうし、稲作文化を中心に展開してきた日本にあっては、それはまさに里山をモデルとした「里山コミュニティ」と呼ぶべきものとなるだろう。

3　里山学の提唱

（1）　里山学の定義と「里山」の意味

日本の自然を考えると、当然、田んぼやため池などが隣接森林と組みあわさった「里山」が、再生可能資源として重要な意味をもってくる。地域生態系に注目し、地域社会の持続可能性を追求する努力の一環として、私はこれまで「里山学」を提唱してきた〔丸山・宮浦 二〇〇七：二〇〇九〕。「里山学」についての私の一応の定義は、次のとおりである。

「環境問題の解決に寄与し、持続可能な社会を追求する一環として、〈里山的自然〉とは何かを明らかにし、里山維持の伝統的な技法と作法を解明してそれを現在に生かすヒントを探求するとともに、現在と将来にわたって里山的自然を保全していくために諸科学（自然科学、社会科学、人文科学）が協同し、専門家と市民や行政が連携・協働する実践学」［丸山 二〇〇七ａ：二〇―二一］。

「里山」とは何であり、「里山的自然」とはどのような自然であるのかについては、一九八〇年代以降、保全生態学、景観生態学、環境考古学、歴史学、民俗学、環境社会学など、いくつもの分野の科学的な調査・研究がなされてきた。こうした学問的努力はさらに継続される必要がある。一九九〇年代後半、里山保全活動を行う市民グループが全国各地に誕生し、「里山ブーム」とでも呼びうる動きが起こってきた。一九九三年に環境基本法が成立し、それに基づいて翌年出された環境基本計画は、「自然地域」として、「山地」「平地」と並んで「里地」という言葉を初めて提出したが、二〇〇一年になると、環境省は「日本の里地里山の調査・分析（中間報告）」を提示し、「里地里山」という言葉を明確に使うようになった。その中間報告において環境省は、「一般に、主に二次林を里山、それに農地等を含めた地域を里地と呼ぶ場合が多いが、言葉の定義は必ずしも確定しておらず、ここでは全てを含む概念として里地里山と呼ぶことにした」、と言っている。この意味での「里地里山」は、日本の国土の四割ほどをも占めているが、やがて環境省自然環境局のパンフレット『いのちは創れない』（二〇〇二年）は、日本の「絶滅危惧種のじつにほぼ五割は里地里山に生息していることを指摘し、日本の自然保護にとって里地里山がいかに重大な意味をもっているのかを示唆したのである。同自然環境局は、二〇〇四年には、『里地里山パンフレット――古くて新しいいちばん近くにある自然――』を出し、「里地里山とは、奥山と都市の中間に位置し、集落とそれを取り巻く二次林、それらと混在する農地、ため池、草原等で構成された地域概念です」と明言している。

実は「里山」という言葉は、遅くとも江戸時代中期には使われていた言葉だ。元来は、人里近くのヤマを意味した［丸山 二〇〇七ａ］。この場合ヤマとは、山岳のことではなくて、森林である。関西地方では、薪や炭を供給する「割木山」とか「塩木山」（製塩の薪を供給する森林）という言葉が使われることが多く、中部地方では緑肥を提供する「刈敷山」が点在したし、関東地方では「雑木林」と呼ばれる場所が多かった。「かりしき（刈敷）」は地域によっては「かっちき」とも呼ばれ、広葉樹の若葉を田にすき込む緑肥であって、刈敷は、薪炭と並ぶ里山利用の代表的なものである。滋賀県の琵琶湖西岸地方で「ホトラ山」と呼ばれたのは、刈敷山の変種であって、若葉を寝かせ牛糞などを混ぜて堆肥を作るその若葉が刈り取られる山林である［丸山 二〇〇九ａ］。

スギ・ヒノキのモノカルチャー化を推進する拡大造林政策が全国で展開されるなか、一九五〇年代後半以降、高度経済成長時代を通して、次第に里山は放棄されるようになった。薪炭の利用が化石燃料、とりわけ石油やガスへと置き換えられるエネルギー革命と、化学肥料・化学農薬を大量に投入し、田んぼを圃場整備し機械を導入する農業改革が進むと、里山は見捨てられ、それまではコナラやクヌギの落葉広葉樹が優占していた里山が自然遷移にまかされて、次第に暗い常緑広葉樹の森林に変化していくケースが増加した。

一九六〇年代、里山は失われていくことで新たに発見され、一九八〇年代に入って研究されるようになった。そして、日本の自然の多様性を維持してきた仕掛けとして、里山が重要な機能を発揮してきたことが改めて知られるようになった。とくに、実験的手法をも取り入れた守山弘の研究や［守山 一九八八］、京阪奈丘陵の自然保護運動を一つのきっかけとしてなされた田端英雄の研究が重要な意味をもっている［田端 一九九七］。田端は、雑木林や割木山・マツ山などと呼ばれる二次林を「里山林」と規定し、里山林・田んぼ・畦（あぜ）・用水路・ため池・茅場などのセットを「里山」と呼ぶ。生物のライフサイクルは、異なった生態系を行き来することで成り立っていることが多く、日本の生物多様性を維持するためには、里山をそのような全体としての農業景観としてとらえ、保全する必要があるからである。

日本の農村が「ムラ―ノラ―ヤマの三層構造」で成り立っていることは、すでに民俗学の研究によって知られていたが［福田 一九八二］、その三層構造が、日本の生物多様性にとって果たしていた機能が、守山や田端らの生態学者によって確認されたことになる。やがて、自然科学分野からだけではなくて、歴史学や社会学などの諸分野からも日本の里山の研究がなされるようになった。そして、先にも述べたように、二〇〇〇年代に入って、環境省は「里地里山」という概念をはっきり使うようになった。

（2）「里の山」と「里と山」

以上のように見てくると、「里山」には、広狭二義があることがわかる。第一に「里の山」、つまり林学で「農用林」とも呼ばれる、農地に続く森林であり、たやすく利用できる二次林である。第二に「里と山」のセット、つまり第一のものを「里山林」と規定するならば、その里山林と農地（田んぼ、畦、用水路、ため池など）とが組み合わさった複合生態系としての農業景観である。環境省は、第一のものを「里山」と呼び、第二のものを「里地里山」という複合語で呼んでいる、と理解することができる。

このような定義の仕方には、たんに理論的な関心ばかりか、実践的な関心も作用している。つまり、日本の生物多様性を維持・促進するためには、セットしての里山、「里地里山」の複合生態系を保全することが極めて重要である。しかし、とりわけ都市部では、すでに農地との接続が断たれてしまって、孤立した里山林の場合も多い。私は、その背後に奥山と連接することのない、孤立した里山林を「都会型里山」と呼んでいるが、「都会型里山」も都市住民や子どもたちにとって自然と交流する重要な場所であるし、都市のアメニティを高める役割も果たしているし、多様な意義を有している。

私自身が直接関わってきたのは、まさに「都会型里山」である。しかも哲学教師として私自身が勤めている大学（龍谷大学）が所有する里山であって、隣接山林をグラウンド開発しようとした大学に対して里山保全の運動が起こり、二〇〇一年以来、大学教職員が市民と連携しながら保全活動を行っている里山である。この里山保全の運動を通して、私は「里山学」を提唱し、二〇〇三年以後、実際に「里山学」の講義が龍谷大学で開講されることになったのである［丸山二〇〇九b］。

4　里山を守るとはどういうことか?

(1)「人の手が入った自然」と「文化としての自然」

里山学は、「里山的自然」とは何かを明らかにし、「里山維持の伝統的な技法と作法」を解明してそれを現在に生かすヒントを探求することを、中心課題としている。私自身は里山的自然を、まず第一に「人の手が入った自然」と定義し、第二に「文化としての自然」と定義している［丸山 二〇〇七b、二〇〇九a］。これはかなり抽象的な定義であるが、とりわけアメリカ型の環境倫理学および自然保護の思想を批判的に意識した定義である。というのは、従来、アメリカでは「手つかずの自然」としての「原生自然」(wilderness)の保護が自然保護の中心ないし基本前提とされることが多く、人の手が入った自然は価値が低いと見られやすいからである。また、近代西欧の思想伝統では、文化と自然が二項対立的にとらえられることが多く、これとつながって、人間と自然、社会と自然が、やはり二項対立的に見られる。

よく知られているように、カルチャー(culture)はもともと「耕す」ことを意味するラテン語の colere に由来する。土地を耕し、農作物を作るという意味から転じて、人間精神を教化し、創るという意味につながる「文化」になった［柳父 一九九五］。西洋近代の発想では、文化は自然と絶対的に対立するから、里山を「文化としての自然」と呼ぶのは、あえてそうした絶対的対置に逆らって、自然と文化の二項対立図式ではとらえられない事態を表現するためである。「二次的自然」とか、「半自然」とか、「半栽培」とかいった概念によって、同じことを表現しようという試みもあるが、私はあえて「文化としての自然」と呼ぶことで、自然と無関係に成立する文化は存在しないこと、そして、人間の生活と文化の形によって規整される自然が存在する、ということを主張したい。あるいは、人間の積極的な働きかけが、自然のあり方を規定するという意味で、人間の積極的・能動的な働きの面を強調すると同時に、そこで人間が出会うのは人間が「創った」ものではない自然であり、野生の生きものたちである、ということを強調するために、里山を「文化としての自然」と呼ぶのである。

「人の手が入った自然」という定義において、私は、人の「手」ということで、「技法」と「作法」を考えている。この場合、「技法」は里山管理の伝統的な技術を意味し、「作法」は里山管理の伝統的なルールを指している。かつての里山は、例えば、コナラやクヌギの薪炭林では、落葉広葉樹の萌芽更新を利用して、一五年から二〇年という比較的短期間の周期で部分的な伐採が繰り返され、持続的に利用されたし、今も一部では同じことがなされている。こうすることで、林内は伐採された場所、萌芽した若木が生長しつつある場所、十分に生長して生い茂った場所といった異なった性格の林がモザイク状に併存し、多様性を高めるとともに、伐採等の作業のしやすい低木の林が維持されることになる。これが里山管理の最も典型的な技法の一つである。また、かつての里山は、多くの場合、「入会山」として地域住民の慣習的なルールによって利用が規制され、守られてきた。

里山を「人の手が入った自然」および「文化としての自然」というように定義することで、国際的な比較の可能性も増すだろう。すでにSATOYAMAというローマ字表現が欧米で知られるようになっている。人の手が入った自然が必ずしも劣化した自然ではなく、実際には、生物多様性を保持する機能を有していたことが気づかれ、それが地域ごとの伝統的な農業文化と関連していたことが改めて認識されるようになってきた。例えば、スイスやオーストリアのアルプスでは、傾斜の激しい牧草地で繰り返されてきた草刈りが途切れると、ハイマツが下りてきて暗い森が広がり、それまで生息していた草花や昆虫が激減する事態が危惧されるようになった。これは日本の里山問題とまったく同様の問題である。ついには、景観保全と生物多様性保全のためには農業を再活性化しなければならないと考えられて、そのために政府が農業への補助を実施する動きもある。

近年、「里山」と類似の言葉として、「里海」や「里川」「里湖」といった言葉が使われるようにもなってきた。これは、海辺や川や湖が、やはり「人の手が入った自然」であり、「文化としての自然」として見ることができる場合があるからだ。人の手が入ることが環境破壊にはならず、むしろ自然を豊かにする場合がありうるのである。そうだとすると、そのように人の手が入る仕方（技法と作法）が、どのような文化として継承されてきたのか、何がそのような文化を形成させ、育んできたのかを調査し、研究することには意味があるだろう。

（2）社会生態学的生産ランドスケープ

里山的自然の国際比較という場面では、とりわけ二〇一〇年に名古屋で開催された生物多様性条約第一〇回締約国会議で提起されたＳＡＴＯＹＡＭＡイニシアティブが大きな意味をもっている。二〇〇〇年に当時の国連事務総長だったコフィ・アナンの呼びかけで始まったミレニアム生態系評価（Milenium Ecosystem Assessment: MA）におけるサブグローバル評価（Sub-global Assessments: SGAs）の枠組みを適用して、日本でも同様の地域的な生態系評価ができないものかと研究者たちを中心に検討がなされた結果、「日本の里山・里海評価」（Japan *Satoyama Satoumi* Assessment: JSSA）が二〇〇七年に組織されることになった。その延長上で、環境省と国連大学高等研究所が進めてきたＳＡＴＯＹＡＭＡイニシアティブが提起されたのである［国連大学 二〇一〇］。

そもそも国連のミレニアム生態系評価は、「生態系サービス」（ecosystem services）の変化と、それが「人間の福利」（human well-being）にどのような影響を与えているのかを調査し、評価しようとしたものである［Millennium Ecosystem Assessment 2005］。この地球規模での評価のためにも、それぞれの地域、国家、国家内の各地方といったサブグローバルな評価がなされなければならない。それが日本の場合には、「里山・里海評価」として提起されたわけである。そして、この場合、里山的自然は「社会生態学的生産ランドスケープ」（socio-ecological production landscapes）と規定されている［国連大学 二〇一〇］。「里山・里海」は、人間の生活の営みである社会が、その地域の自然生態系の恵み（サービス）を得ながら、その自然生態系を一定の仕方で積極的に育むことで、自然の生産力を高めてもいる、それによって人間による生産も持続的になっている、そういう景観である、というのが、「社会生態学的生産ランドスケープ」の意味だろう。ランドスケープ、すなわち「景観」とは、一定の視覚的なまとまりをもった風景を意味するばかりではなくて、生態学的には、性格の異なった複数の生態系が一つにまとまった複合生態系である。里山林と田んぼや用水路やため池などがセットになっている、先に「広義の里山」と呼んだものは、まさに農的な生産「景観」であり、社会生態学的生産ランドスケープの典型である。

5　環境倫理学の展開と「里山の環境倫理」

(1)　環境倫理学の始まり——人間中心主義批判——

先に、新・世界環境保全戦略が「世界倫理」を基礎に置いていると述べた際に、世界倫理が環境倫理を含んでいるし、自然倫理を含んでいる、と論じた。

環境倫理を追究する環境倫理学（environmental ethics）は、一九六〇年代の後半から議論が始まり、一九七四年には、オーストラリアの世界的な哲学者ジョン・パスモアが、『自然に対する人間の責任』を著した。これは、一人の哲学者が一冊の本として出版した、環境倫理学の最初の本である。やがて一九七九年には、アメリカで『環境倫理学』（*Environmental Ethics*）と題した専門雑誌が創設され、アメリカを中心にして環境倫理学の議論が盛んになされるようになった。

「倫理」は、ここでは「道徳」と同じものだと理解してよいが、倫理とは、法律とは別に、あるいは法律以前に、人と人の関わりを規律する社会規範である。倫理の問いは、「私はいかに生きるべきか」、「私たちはいかに生きるべきか」、「社会はどうあるべきか」という三つの問いにまとめることができるが、これら三つの問いは相互に関連しあってもいる。個人倫理だけではなくて、社会倫理という側面もある。つまり、倫理の問いと倫理的行為の主体は、個人ばかりではなくて、集団としての人間、社会的な組織、団体、機関などでもある。こうした倫理についての哲学が、倫理学である。

とりわけ近代以降、倫理は人と人との関係を規律するものとして考えられてきたが、環境倫理は人間と環境との関係を律するもの、自然に対する人間の関わり（行為・態度）を律するものとして、一九六〇年代後半、その必要性が論じられるようになった。そのきっかけは、もちろん、環境汚染・環境破壊が地球規模で拡大し、とりわけ先進国において環境問題が社会問題化したことによる。環境問題は、当初、「生態学的危機」（ecological crisis）と呼ばれることのほうが多かったが、エコロジカルな危機の根源を考察し、それを根本的に解決するという課題に、哲学者たちも応えたいと思ったのであって、その応答と努力が「環境倫理学」と呼ばれたわけである。ドイツなどでは「自然倫理学」（Nature-thik）と呼ばれることも多く、やはり哲学者たちが自然倫理を追究するようになった。一九七九年に出されたハンス・ヨナスの『責任という原理』がその代表的なものである。

近代以後の科学技術と産業社会を推進させてきた基底に「人間中心主義」（anthropocentrism）の態度と行動があり、それこそが生態学的危機の根源だ、という見方が最初の環境倫理学的議論を築いた。人間中心主義とは、自然を人間が利用するたんなる「資源」としてとらえ、自然の価値を人間にとっての「道具的価値」としてしか見ない態度である。環境倫理学の議論は、人間中心主義を克服し、自然がそれ自体で価値があるという、自然の「内在的価値」（intrinsic value）の存在を認める、「人間非中心主義」（non-anthropocentrism）の主張を何とか根拠づけようとしてきた。人間非中心主義の主張は、人間を中心に置くことを批判して、自然を中心に置き、自然それ自体の価値を認めようとするから、「自然中心主義」（physiocentrism）と呼ばれることもある。

もし自然そのものの価値の存在を証明することができれば、人間にとって有用・有益であるという意味で、自然を間接的に倫理的考慮の対象にするのではなくて、直接、倫理的配慮の対象にすることができるだろう。そこでまず、倫理的配慮の対象の範囲が、人間を超えて、人間以外の自然にまで拡張されるべきことが論じられる。この場合、候補にあがる人間以外の自然の範囲に関わって、三つの立場に分かれる。すなわち、①パトス中心主義（pathocentrism）、②生命中心主義（biocentrism）、③生態系中心主義（ecocentrism）の三つである。

パトス中心主義は、痛感中心主義と呼んでもかまわない。つまり、人間が苦痛を感じるのと同じように痛みを感じる動物がいるのだから、苦痛を感じることのできる動物たちも、人間と等しく倫理的配慮の対象にしなければならない、と主張される。苦痛から解放されたいという利害関心をもっているという点で、人間と動物とを区別する道徳的な理由はまったくなく、むしろそのような区別をすること自体、道徳的に許されないことだと主張される。

生命中心主義は、あらゆる生命体、生きとし生けるものをすべて倫理的配慮の対象にすべきことを主張する。その典型的な発想は目的論的な生命観に基づいている。つまり、あらゆる生命体は、それぞれにとって良好な生活を送るということを目指して生きているのだから、それぞれにとって「よい」状態、幸福な状態がある、と見ることができる。そして、それぞれの生命体がそれぞれの幸福を追求する可能性があるということを認めることは、すべての生物が平等にそれぞれ自身の固有の価値をもっていると見ることであり、そのような見方に立てば、すべての生きものを「尊重する」という倫理的な態度が生じるだろう、と考えられる。

さらに生態系中心主義は、生態学がもたらした生態系についての洞察、すなわち、あらゆるものは他のすべてのものとつながっているし、相互依存の関係にある、という洞察から、人間の倫理的行為の意味を引き出そうとする。つまり、個々の生物の幸福ではなくて、全体の良好さや健全さが倫理的な価値をもっている、と考える。生態系という全体のなかでは、すべては同等であり、人間もそうした同等のものとして、全体の一部をなしているにすぎない。だから、自然の全体がそれ自体で尊重されなければならない、と主張されるのである。

（3）　環境正義論と環境プラグマティズム

以上の人間非中心主義（自然中心主義）の議論は、結局は、「自然の価値論」を追究してきたわけであるが、アメリカではやがて一九九〇年ごろから、こうした主流の環境倫理学の議論に対して、いくつかの強い批判が投げかけられるようになった。それはまず第一に「環境正義」（environmental justice）の運動であり、第二に「環境プラグマティズム」

(environmental pragmatism) の主張である。

日本では一九六〇年代に水俣病を代表とする公害事件が頻出し、地方都市における環境汚染・環境破壊が社会問題となったが、アメリカでは一九八〇年代になって、類似の問題が人種差別と深く関連していることが指摘され、ようやく社会問題化した。住民の多くがアフリカ系アメリカ人で占められている地域に産業廃棄物の処分場が多く立地していたり、石油化学工場が密集していたりする。また、アメリカ先住民の一つであるナバホの人々が、長年、安全教育も情報も与えられないままウラン鉱山の採掘労働者として使役され、さらにウラン廃坑の鉱滓の問題や地下水汚染の問題が深刻になり、地域住民に健康被害が起こっているケースなどが伝えられるようになった。つまり、住民のきわめて低い社会的・経済的な地位が、政治的影響力の弱さとなり、例えば有害廃棄物に関する行政上の認可や規制が不公平になっていたりする。このような環境汚染・環境破壊と人種差別との関連は、一九九〇年代に入って「環境正義」を求める社会運動となり、調査・研究もなされるようになった [Dowie 1995：本田・デアンジェリス 二〇〇〇]。

環境正義の問題を考えるとき、人間中心主義の批判を改めて考え直す必要に迫られる。私は「公害」を、「比較的明瞭に因果関係と責任関係が確定できる環境汚染・環境破壊による人的被害であり、人の生活の安全性・安寧性の阻害である」[丸山 二〇〇五ａ：七〇] と定義している。環境倫理学の立場からみると、公害が人の健康や生活環境、あるいは人的被害に関わっている限り、環境問題の「公害」としてのとらえ方は、どこまでいっても人間中心主義にみえる。しかし、環境への被害を媒介にした人的被害こそが「公害」である以上、環境を保全することが人間の健康や生活を守ることになる。「他者に危害を与えるな」という規範は、倫理の基本である。人間中心主義がただちに環境破壊を意味する、と考える必要はまったくない。

さらに、日本の公害の研究者たちも、「差別のある所に公害が発生する」と主張してきたが、実際、社会的経済的な力の強弱が、加害と被害の関係を隠蔽させ、根本的な解決を阻害するばかりでなく、そもそも地域の住民と自然環境を無視する結果を招くことが多い。環境正義の基本は、よいモノ (goods 財) だけでなく、悪いモノ (bads)・負担 (burden

負荷）も公平に分配されるべきである、という分配の正義の主張だが、「公正」で「公平」な分配のためには、社会的政治的な決定に対する「平等」で「対等」な参加がなければならないし、地域生態系の恵みによって生きている地域住民の「正当」な承認がなければならない。環境正義は、こうした分配・参加・承認の正義の連合である［丸山　二〇〇四：六六―六九］。

また、環境倫理学は最初から、世代間倫理を中心課題の一つとして考究してきた。持続可能社会の追求の基礎に世代間倫理があることはすでに述べたが、未来世代に良好な自然環境や資源を残すべきだとか、現在世代の豊かな生活のツケを未来世代に負わせるべきではないとか主張しているのだから、世代間倫理の主張はあくまでも人間中心主義だ、と見ることは可能である。さらに、景観問題などにも現われてくる美的価値についても、結局は、自分の子どもや未来世代に美しい自然を残したい、と考えているのだから、やはり人間中心主義だと言えるだろう。

しかし、そうだとすると、人間中心主義と人間非中心主義とを絶対的に区別して、人間非中心主義（自然中心主義）の立場に立たなければ環境は守れない、と考えることこそおかしい、と思われる。まさに、環境プラグマティズムは、そう主張するのである。環境プラグマティズムの方向をとる哲学者たちも多様であるが、いずれも従来の主流の環境倫理学が「自然の価値」論に集中するあまり、哲学者たちによる哲学者たちのための抽象的議論に閉塞してきたことを批判する。そもそも環境倫理学の議論を開始した哲学者たちは、環境問題の解決に寄与することを目指したはずである。ところが現実には、彼らの議論は、いくつもの立場と理論を提出しはしてきたものの、環境科学者や環境保護運動家や政策立案者たちにほとんど何の影響も与えてこなかった。だから、環境プラグマティズムの哲学者たちは、もっと環境問題の個々の現場で実際に何が論議されているのかに注目し、現場の議論に参加していくことを求める。つまり、環境倫理学の議論を、環境問題の実際の解決に向けて努力している広範な人々の輪（環境保護に関わる運動家・科学者・政策立案者、環境問題に関心をもつ市民たち等々）に組み入れることを要求し、環境倫理学が実践的な公共哲学になることを求めるのである［Light and Katz eds. 1996］。

環境プラグマティズムによれば、「人間中心主義」とは、自然破壊を容易に正当化したり、必然的に正当化したりする価値形式だ、というように主流の環境倫理学は決めつけてきた。しかし、これはあまりに独断的である。先にも述べたように、人間中心主義が、直ちに自然破壊を正当化するとは限らない。実際に問題なのは、きわめて短期的な経済的利益の観点からのみ自然の道具的価値を決定してしまうことであって、実は人間は非常に多様な仕方で自然を経験するし、自然の多様な価値を見いだしているのである。だから、道具的価値（instrumental value）と内在的価値（intrinsic value）とを絶対的に区別し、自然の内在的価値の論証を求める人間非中心主義の環境倫理学は、実際には、きわめて限定された人々にしか訴えることができないだろう。

また、人間に「とっての」自然の価値は、人間が自然を対象化し、客体としての自然を他の目的のための手段として一方的に利用することにおいて見いだされる道具的価値ばかりではなくて、人間と自然との「関わり」の内に人間が見いだす多様な価値を含んでいる。価値は私たちの経験とともに生成してくるものであり、経験が価値を発見するということができる。それゆえ、多様な経験の可能性を提供するものは、新たな価値の発見を可能性として開くものとして、それ自身、価値があると考えることもできる。原生自然や生物多様性の価値には、そのような側面があるだろうし、そもそも自然との「関わり」の多様性は、そうした多様な経験の可能性を意味している［Norton 1996］。

このように考えると、人間にとっての自然の価値と自然そのものの内在的価値とを絶対的に区別して、人間中心主義と人間非中心主義とを対決させてみても、多くの人を納得させることはできそうにない。また、自然に関わる私たちの倫理的な態度や行為に根拠を与える価値や原理が、たった一つしかないと考える必要があるのか、疑問に思われる。この疑問そのものがまた、哲学者たちの論争の種になっている［丸山　二〇〇五 a］。道徳上の一元論（monism）と多元論（pluralism）との論争である。一元論者は、あらゆる状況のなかで、それぞれに応じた適切な倫理的判断を可能にしてくれる単一の原理がある、と考える。あるいは、様々な価値の間で対立や葛藤があっても、それを解決してくれる単一の価値原理もしくは価値尺度がある、と考える。

これに対して、環境プラグマティズムの哲学者たちは、道徳多元論を主張する。まず、自然の価値や価値の可能性は、あまりにも多様だから、単一の価値論で説明できない、と主張する。つまり、一元論は理論的に無理がある。次に、人々は非常に異なった理由から自然に価値を見いだしているのだから、倫理的配慮を自然にまで向けるように人々を動機づける環境倫理は、単一の価値論によって基礎づけられるよりももっとずっと広範な価値の直観に訴えなければならないだろう、と論じる。具体的には、人間の利害と、ある意味では自然の利害と、その両方を認めることができるし、その両者が必ず対立するというよりは、むしろ両立できる場合が多い、と考える。また、現代の民主的な自由主義社会は、一般に価値多元論を前提にしている。つまり、多様な価値観をもった人々が、それぞれ価値観を異にしながらも、一定の問題解決に向けて協働することは可能だし、むしろそれが望ましい。だから、特定の価値観だけを一元的に主張することは、かえって人々の協働を阻害するだろう。

環境プラグマティズムの代表的な哲学者であるノートン（Bryan G. Norton）は、自分自身の立場を「弱い人間中心主義」（weak anthropocentrism）と呼んできたが、環境倫理の探求の過程で、結局私たち皆が支持できる原理は、「持続可能性原理」（the sustainability principle）をおいてほかにはないだろう、と主張する。つまり、未来の人間の自由と福利にとっての必要な様々な選択肢の基盤となる生産的な生態系と物質過程を保護することが、私たちの義務だ、と考えるのである。そして、未来の世代のために環境を保護することが義務だと主張することが可能なのは、正義が貫かれ、公正であり、持続可能な、そのような人間共同体を形成することに参加していこう、という「共同の意志」を私たちが肯定しているからである。それゆえ、持続可能性原理そのものは、一元論の原理ではなくて、環境をめぐる活動に統一性を与えはするが、持続可能性に向けて様々な課題を開くものだし、様々な社会集団に開かれたものである。

実際、多くの人々にとって、環境保護を望む理由として直観的に強力なのが、未来世代への義務もしくは責任である。結局、環境プラグマティズムは、長期的な視野に立った環境の持続可能性を支持することに向けて人々の態度、行動様式、政策選好を変えるように人々を動機づけるのは何なのか、という問題を取りあげることが、環境倫理学にとって重要であることを強調するのである［Norton 2003］。

（４）自然と社会との相関関係

環境正義論と環境プラグマティズムは、私のいう「里山の環境倫理」が基礎とし、連携するものである。環境正義論および環境プラグマティズムの議論が明らかにしたように、アメリカを中心とした主流の環境倫理学は、自然と人間を最初から二元論的に対置し、自然を人間のために利用するあり方を単純に「人間中心主義」として批判し、自然のそれ自身の価値（内在的価値）を認めることに基づいた「人間非中心主義」の態度と行為を要求してきた。ここにはまた、原生自然をモデルとした発想が見られる。つまり、「手つかずの自然」をそのまま保護することを主眼とし、しかもその保護は、自然そのものが内在的価値をもっているということによって根拠づけられることが多い。手つかずの自然を手つかずのままに保持することが「保存」（preservation）であり、手をつけつつ賢く利用することが「保全」（conservation）である、と通常考えられている。この発想の基盤をなしているのは、自然と人為（人工）、自然と文化、自然と人間（社会）といった一連の二項対立図式である。こうした二項対立図式を克服するのが「里山の環境倫理」の発想である。

里山とは「人の手が入った自然」である。しかも長期間にわたって人の手が入ることによって、そうした環境に適応した多様な生きものたちを結果的に育んできた二次的な自然環境である。人の手が入ることによって結果的にむしろ高度の生物多様性を維持してきた、ということは、自然と人為、自然と文化という二項対立図式を自明とする西洋近代の視座からは理解し難いことである。人の手が入った自然としての里山をモデルに自然保護を考える、というところに、手つかずの原生自然をモデルにするアメリカ型の環境倫理とは決定的に異なった点がある。

里山の環境倫理は、「人の手が入った自然」であり「文化としての自然」である里山的自然が、人間にとって様々な観点から多様な価値をもっているし、さらには、自然の生きものたちにとっても重要な価値をもっていることを認める。また、里山的自然の保全は、利用しないこと、手をつけないことによる保存ではなくて、利用することによる保全であることを強調する。つまり、「過剰利用」による環境破壊だけではなくて、「過少利用」による環境劣化がありうることを認めるのである。

(5) 探究としての「里山の環境倫理」

先に見た環境正義論と環境プラグマティズムの立場が示唆していたことだが、倫理を考えるうえで私たちに必要なことは、実際にいま眼の前で起こっていることを直視し、その由来を尋ねる冷静な知性である。むしろ問題となっている現実を冷静に見つめ、その問題の由来を考えることそれ自身が、倫理的な態度である、と言うことができるだろう。なぜならば、倫理的な態度と行為を要求してくるのは、他ならぬ問題となっている現実そのものだからである。

倫理そのものが知性であり、研究・探究であることを主張したデューイ（John Dewey 1859-1952）は、プラグマティズムの主唱者の一人であるが、一九一九年、日本での講演で次のように言っている。

「道徳生活の中心が、規則への服従や固定的な目的の追求から、特殊なケースに即して救済されねばならぬ諸悪の発見へ、諸悪を処理するための計画や方法の作製へと移れば、これまで倫理学を論争に投じて、実践的緊急時への助力という関係から引き離して来た原因は除去されるのである。」〔Dewey 1920：邦訳 一四四〕

「私たちの道徳的欠陥は、溯れば、気質の弱点、共感の欠如、具体的なケースについて軽率な誤った判断を下させるような一方的な偏見に帰着する。豊かな共感、鋭い感受性、不愉快なことに直面した場合の不屈の態度、分析や決定の仕事を知的に行なうだけのバランスのとれた関心、これらは道徳的な特性である——徳であり、道徳的な美点である。」〔Dewey 1920：邦訳 一四三〕

里山は人の手が入った自然であるから、里山の保全は、人の手を入れることによってしかなされ得ない。しかし、昔の生活に単純に戻ることはできないし、どのようにして、どのくらいの程度に、人の手が入るべきなのかについて、あらかじめ明確な一般的答えがあるわけでもない。里山は地域生態系であり、それぞれに地域の特性がある。個々の地域の特性を見ながら、里山的自然がどのような自然であったのか、あるのかを、調査する必要がある。そしてそれぞれの地域の人々を中心として、私たちがどのような自然を望むのかを話し合わなければ、私たちがいったい何を目指すのかの答えは出てこない。里山保全にとっての必要条件の一つは、参加民主主義である。

しかしさらに必要なことは、現代の里山農業環境が置かれている状況を、まずもってきちんと認識することである。エネルギー革命と農業革命によって放棄されてきた都市近郊の里山、さらに過疎化・高齢化によって休耕田が拡大している地方の里山、手入れがなされない棚田が土壌崩壊の危険をかかえ、また獣害で苦しめられてもいる中山間地域の里山、食料の自給率が四〇パーセントに満たない日本農業の状況、木材の自給率が二〇パーセントほどしかない日本林業の実態、しかも現在極めて豊かに緑に満ちながら手入れができていない「森林大国」日本の森林状況、大量生産・大量消費・大量廃棄の生活に反省の眼を向けずに手近な利便性のみを追求する私たちの生活スタイル、相変わらず経済成長至上主義の路線を進む政治経済政策、こうした現実を直視し、認識することによってのみ、私たちは、いったい何が問題なのか、何をすべきなのかを考えることができるし、「未来世代への責任」を果たし、「持続可能な社会」を実現する一歩を踏み出すことができるだろう。

おわりに——里山的自然と持続可能社会を求める理由

二〇一一年三月の東日本大震災による東京電力福島原発事故は、一九八六年四月のチェルノブイリ原発事故と並ぶ、人類史的な出来事としてとらえられなければならない。「人類史的」というのは、人類の生存の基盤である自然環境を、他ならぬ人間そのものが破壊する可能性をもっているという事実を、この出来事が改めて突きつけたからである。このような言い方を大袈裟だと思う人に対しては、私は、「フクシマ的自然」という言葉で想像をめぐらすようお願いしたいと思う。すなわち、私たちは放射性物質によって汚染された「フクシマ的自然」のなかで生きつづけることはできないのである。

しかしそれはごく限られた「地域」にすぎないではないか、と反論する人がいるとするならば、私はさらに、人間は決してグローバルには生きられない、と言おう。つまり、個々の人間は、一定の時間空間を生きるのであって、決して地球上に延び広がって生きるわけではないし、人間のあらゆる構築物は地球上のどこかに位置づけられなければならないのである。そして、他者の犠牲の上に「豊かさ」を享受する権利を、何人も持ってはいない。故郷を奪われた福島の人々のことを考えてみるがよい。

私の言う「フクシマ的自然」とは、周囲の自然環境から隔離されることによって安全性を保持することが可能であるかのように見える装置や機械を媒介とする人間の活動によって、実際には汚染されたり破壊されたりしている自然を表わす象徴語である。もちろん、「フクシマ」という片仮名表現が記号化して一人歩きし、被害者差別の道具になる可能性に対しては自覚的でなければならないし、注意しなければならない。そして、事故処理に向けて懸命に働いている多くの人々のことを忘れてはならない。しかし、人間活動の影響を受けた自然が生命の原理に反するものとなってしまう状況を象徴するものとして、「フクシマ的自然」という言葉を使うことは、必ずしも不適切ではないだろう。

この「フクシマ的自然」との対比において、私は、人間の活動による影響が地域の自然の循環的営みを阻害することなく、むしろ人間がそれと良好に共生しうるような自然を、ここで改めて「里山的自然」と呼んでおきたいと思う。二一世紀の課題である持続可能社会の追求は、「里山的自然」の上に成り立つものとして考えなければならない。現代の科学技術文明のなかにあって、地球上の自然が、すでに人間による影響作用を無視できない仕方で受けている以上、そもそも人間による影響作用が「フクシマ的」なものではなくて、「里山的」なものである可能性とは、どのようなことなのかを考えることが、持続可能社会を追求するうえで、決定的な意味をもつだろう。

「持続可能性」の概念の起源が、一八世紀初期のドイツの林学・森林管理にあったことを指摘したが、そこにおける

「持続可能性」は、もともと経済的な理想であった。すなわち、森林の生産物の持続的な利用の追求である。しかしこの場合、森林の生産物とは、伝統的には薪炭利用および建材や坑木などの木材利用のための立木である。森林の持続性とは、簡単に言えば、森林の成長量と立木の利用量とが平衡的に定常状態であることだ。このことが原理的に可能であるのは、森林そのものがなす「生産」とは、個々の樹木が生長し、繁茂することであり、さらに繁殖することでもあるからだ。すなわち、森林のような生命的自然の「生産」は、たんに一方的に消費されるような生産ではなくて、それ自体が「再生産」でもある。自然の「生産」は同時に「再生産」なのである。すると、人間が自然資源を利用して生産と消費を行う経済活動は、自然の生産と再生産のエコロジカルな過程を破壊しないで、むしろ維持する、という限りにおいてのみ持続可能だ、ということになる。持続可能な経済は、自然の生産＝再生産のエコロジカルな過程である第一次的な生産過程を維持・推進するような形に整えられなければならない。

こうした人間の経済活動の最も基盤的で具体的なものは、広い意味での「農の営み」である。ここでは、「農の営み」ということで、広く農業、林業、漁業を意味するものとする。しかしさらに、生命的自然の生産と再生産のエコロジカルな過程を破壊しない限りで経済の持続可能性が成り立つという意味では、人間のあらゆる経済活動が、自然の生産＝再生産のエコロジカルな過程を基盤としてのみ存立し、持続可能でありうるのである［丸山 二〇一二］。

里山イニシアティブが「里山的自然」を「社会生態学的生産ランドスケープ」と規定していることを論じた。ここでの「生産」は、私がいま述べたような、自然の生産＝再生産のエコロジカルな過程という、自然の「第一次的な生産過程」のうえに成立するものであることを、よりいっそう明確化しておかなければならない。

ところで、「再生産」を意味する英語は reproduction であるが、reproduction は生物学上の概念としては「生殖」ないし「繁殖」と訳される。もちろん、私たち人間の社会も、子どもを産み、育てる、生殖の活動なしには存続しない。再生産活動なしには持続しないのである。しかしながら、従来、この再生産活動は、社会のなかの「自然」な部分として正当に評価されることなく、実際上は多く女性に割り当てられてきた。この意味での再生産労働は、出産・育児のみならず、教育、看護、介護といったケア労働を含んでいる。市場のための資本主義的生産は、自然の再生産システムを前提することで成り立っているのと同様に、「女性」という再生産システムをいつでも前提することによって成り立っているが、同時に、それらを無視することによって存立している。「国内総生産」（ＧＤＰ）を政治経済の目標とすることに象徴されているような、「経済」を「生産的なもの」に還元する現在の経済学的思考は、「命のつなぎ」である再生産活動を基盤とする「社会の営み」を軽視し、生産＝再生産のエコロジカルな過程を無視することで、結果的に、持続可能でない社会構造を生み出しているのである。持続可能社会を追求する努力の一環としての里山学は、今後さらに、里山環境経済学を包括して、ケア労働の公正・公平な持続可能性を追求するとともに、自然の生産＝再生産のエコロジカルな過程を基盤とする経済の可能性を追求しなければならないだろう。

持続可能な社会を追求する私たちの努力は、世代内と世代間との両方において「正義」が確保されるべきだとする規範によって基礎づけられている。未来世代への責任こそが、私たちを突き動かしているのである。しかし、そればかりではない。私たちは皆、たとえ「来世」に対する信仰を持たないとしても、自分が死んだあとの「後世」が人間として生きるに値する世界として存続することを信じることができなければ、自分の人生に意味を見いだすことはできないだろう。すなわち、「持続可能社会」を追求することは、私たち自身が人間らしく善く生きるための課題でもあるのだ。

参考文献

加藤尚武編［二〇〇五］『新版　環境と倫理』有斐閣。

国連大学［二〇一〇］『日本の里山・里海評価、二〇一〇、里山・里海の生態系と人間の福利――日本の社会生態学的生産ランドスケープ――概要版』（http://isp.unu.edu/jp/publications/files/1685108_JSSA_SDM_Japanese.pdf、二〇一五年一月二八日閲覧）。

鈴木龍也・牛尾洋也編［二〇一二］『里山のガバナンス――里山学のひらく地平――』晃洋書房。

田端英雄編［一九九七］『里山の自然』保育社。

福田アジオ［一九八二］『日本村落の民俗的構造』弘文堂。

本田雅和、風砂子・デアンジェリス［二〇〇〇］『環境レイシズム——アメリカ「がん回廊」を行く——』解放出版社。

丸山徳次［二〇〇五ａ］「人間中心主義と人間非中心主義との不毛な対立」、加藤尚武編『新版　環境と倫理』有斐閣。

——［二〇〇五ｂ］「文明と人間の原存在の意味への問い」、加藤尚武編『新版　環境と倫理』有斐閣。

——［二〇〇七ａ］「今なぜ「里山学」か」、丸山徳次・宮浦富保編『里山学のすすめ——〈文化としての自然〉再生にむけて——』昭和堂。

——［二〇〇七ｂ］「里山の環境倫理——環境倫理学の新展開——」、丸山徳次・宮浦富保編『里山学のすすめ——〈文化としての自然〉再生にむけて——』昭和堂。

——［二〇〇九ａ］「里山学のねらい——〈文化としての自然〉の探究——」、丸山徳次・宮浦富保編『里山学のまなざし——〈森のある大学〉から——』昭和堂。

——［二〇〇九ｂ］「「森のある大学」をつくる〈物語〉」、丸山徳次・宮浦富保編『里山学のまなざし——〈森のある大学〉から——』昭和堂。

——［二〇一一］「持続可能社会と森林コミュニティ」、日本哲学会編『哲学』六二。

——［二〇一二］「持続可能性の理論と里山的自然——フクシマ以後の里山学——」、鈴木龍也・牛尾洋也編『里山のガバナンス——里山学のひらく地平——』晃洋書房。

丸山徳次編［二〇〇四］『岩波応用倫理学講義　2　環境』岩波書店。

丸山徳次・宮浦富保編［二〇〇七］『里山学のすすめ——〈文化としての自然〉再生にむけて——』昭和堂。

——［二〇〇九］『里山学のまなざし——〈森のある大学〉から——』昭和堂。

守山弘［一九八八］『自然を守るとはどういうことか』農山漁村文化協会。

柳父章［一九九五］『一語の辞典　文化』三省堂。

Dewey, J. [1920] *Reconstruction in Philosophy*, New York: Henry Holt（清水幾太郎・清水禮子訳『哲学の改造』岩波書店、一九六八年）.

Dowie, M. [1995] *Losing Ground: American Environmentalism at the Close of The Twentieth Century*, Cambridge, Mass.; London: MIT Press（戸田清訳『草の根環境主義――アメリカの新しい萌芽――』日本経済評論社、一九九八年）.

Grober, U. [2010] *Die Entdeckung der Nachhaltigkeit*, München: Kunstmann Verlag.

IUCN-The World Conservation Union/UNEP-United Naitons Environment Programme/WWF-World Wide Funde For Natrue（国連自然保護連合／国連環境計画／世界自然保護基金）[1991] *Caring for the Earth: A Strategy for Sustainable Living*, Gland, Switzerland: World Wide Fund for Nature（世界自然保護基金日本委員会（WWF Japan）訳『新・世界環境保全戦略――かけがえのない地球を大切に――』小学館、一九九二年）.

Jonas, H. [1979] *Das Prinzip Verantwortung: Versuch einer Ethik für die technologische Zivilisation*, Frankfurt am Main: Insel Verlag（加藤尚武監訳『責任という原理――科学技術文明のための倫理学の試み――』東信堂、二〇〇〇年）.

Light, A. and E. Katz eds. [1996] *Environmental Pragmatism*, London; New York: Routledge.

Meadows, D. H., Meadows, D. L. and J. Randers et al. [1972] *The Limits to Growth: A Report for The Club of Rome's Project on The Predicament of Mankind*, New York: Universe Books（大来佐武郎監訳『成長の限界――ローマ・クラブ「人類の危機」レポート――』ダイヤモンド社、一九七二年）.

Millennium Ecosystem Assessment [2005] *Millenium Ecosystem Assessment: Ecosystems & Human Well-Being: Synthesis*, Washington, D.C.: Island Press（横浜国立大学21世紀ＣＯＥ翻訳委員会責任翻訳『生態系サービスと人類の将来――国連ミレニアムエコシステム評価――』オーム社、二〇〇七年）.

Norton, B.G. [1987] *Why Preserve Natural Variety?*, Princeton, N.J.: Princeton University Press.

――― [1996], "Integration or Reduction: Two approaches to environmental values," in A. Light and E. Katz eds., *Environmental Pragmatism*, London; New York: Routledge.

――― [2003] "Environmental Ethics and Weak Anthropocentrism," in A. Light and H. Rolston III eds., *Environmental Ethics*, Malden, Mass.: Blackwell.

Passmore, J. A. [1979] Man's Responsibility for Nature, London: Duckworth（間瀬啓允訳『自然に対する人間の責任』岩波書店、一九七九年）.

The World Commission on Environment and Development［1987］*Our Common Future*, Oxford；New York：Oxford University Press（大来佐武郎監修『地球の未来を守るために』福武書店、一九八七年）.

第2章 里山の環境教育

谷垣岳人

はじめに

初夏の田んぼ。たも網を持った大学生が草茂る昔ながらの水路の深みをガサガサと掬う。引き上げると歓声が湧く。ドジョウやオタマジャクシやヤゴなどの多くの生き物が見つかる。それらの生き物を狙うサギ類が田んぼや水路から飛び立つ。農の営みが多くの生き物を支えていることを実感する。次に圃場整備された四角く大きい田んぼを歩く。コンクリートに囲まれた水路には生き物の息吹は少ない。農作業の効率追求と生物の減少の関係を身をもって感じる。木々が葉を落とし明るくなった冬の里山林。里山保全の市民ボランティアと大学生が薪割りやシイタケのほだ木作りに汗を流す。熊手で落ち葉を集め腐葉土を作る。一年前に仕込んだ腐葉土からはカブトムシの幼虫がごろごろ出てくる。春になれば、足下ではスミレやショウジョウバカマが咲き、かつては燃料の柴として利用されてきたコバノミツバツツジの花が林に彩りを添える。タラノキやコシアブラの新芽は春の気配を食卓にも届ける。木々が生い茂るただの林に見えていた場所は里山と呼ばれ自然の恵みに満ちていることを都会育ちの学生達は直接体験する。また里山を持続的に利用してきた技法や作法があることを年配の里山保全ボランティアから教えてもらう。里山は、日常生活では接することのない世代どうしの交流と地域の伝統的知恵の伝達の場となる。

近年このような里山をフィールドとした環境教育が各地で展開している。里山とは集落近くの田畑やその周辺に広がる山すそを含む地域のことを指す。里山は農耕文化と深く関わり、薪や柴をとったり、炭を焼いたり、落ち葉を集めて肥料にしたり、山菜を採ったり、生活のために日常的に直接利用されてきた身近な自然である。人が自然に働きかけることで、二次林や農地やため池や草地が作り上げられ、そこには人の意図を超えて多様な動植物が生息している。この里山の環境教育は従来の環境教育の範疇に含まれるが、これまでに日本で展開されてきた人が手をつけずに自然を守るという従来の自然保護の発想とは大きく異なる。森林伐採や干潟の埋め立てなどの開発行為が自然破壊を引き起こすという自然保護教育を受けた者には、人が関わることで生物多様性が維持されるというパラダイムの転換が起きる場が里山である。

そこで本章では、近年増加している里山で展開される環境教育について、まず環境教育の国際的な動向と日本国内の動向を紹介し、次いで、「龍谷の森」での環境教育の事例を取り上げ、これからの環境教育を考えるための手がかりとしたい。

1　環境教育の国際的な動向

狭義の環境教育は、第二次世界大戦後に先進国を中心に急速に広がった環境問題を解決するための人材育成を目的として始まった。それは持続可能な社会の実現に向けて貧困・人口・人権・平和などの幅広い社会問題の解説も含む、広義の環境教育へと発展し、現在に至っている。

環境教育の国際的な動向について『環境教育辞典』〔環境教育学会 二〇一三〕を参考に紹介したい。第二次世界大戦後の先進国では化石燃料や鉱物資源などの地下資源を基盤とした工業化が急速に進み大量生産・大量消費・大量廃棄型のライフスタイルが広がった。それに伴い資源の有限性が指摘され、大気汚染・水質汚濁などにより人類の生存基盤である環境の悪化が進んだ。

そこで地球の資源問題や環境問題に対処するため科学者や経済人などが一九六八年にイタリアのローマで開いた会合を契機に、一九七〇年にシンクタンクである「ローマクラブ」が設立された。一九七二年に「ローマクラブ」が発表した「成長の限界」という報告書は、人口増加と資源多消費型の経済成長による環境破壊がこのまま続けば、一〇〇年以内に成長が限界に達することを指摘し世界に衝撃を与えた。同じく一九七二年には、環境問題の解決方法を検討する「国連人間環境会議」がスウェーデンの首都ストックホルムで開催された。「国連人間環境会議」は開催場所にちなんで「ストックホルム会議」と一般的に呼ばれている。この会議の成果としてまとめられた「人間環境宣言」には、環境問題を解決するには環境教育が必要だと明記されており、環境教育が国際的に推進される契機となった。

一九七五年に旧ユーゴスラビアのベオグラードにて環境教育の専門家による国際環境教育ワークショップ（通称「ベオグラード会議」）が開催された。この会議で採択された「ベオグラード憲章」には、「人間と自然との関係、人間相互の関係を含めた生態学的関係を改善すること」、そのためには「各国民がそれぞれの文化に基づいて、「生活の質」や「人間の幸福」といった基本的概念の意味を、すべての環境との関係において明らかにすることと、いかなる行動が人間の可能性の保全と発展を確保し、環境と調和させうるのかを明らかにすること」が重要であると述べている。さらに環境教育の目標は、「環境とそれに関する諸問題に気づき、関心を持つとともに、当面する問題を解決し新しい問題の発生を未然に防ぐために、個人および社会集団として必要な知識、技能、態度、意欲、実行力を身につけた人材を育成すること」。つまり、環境教育の目標を、環境問題の知識の取得や理解にとどまらず、環境問題の解決に参加し取り組む人材の育成に定めた。さらに一九七七年には、旧ソビエト連邦グルジア共和国のトビリシにて「環境教育政府間会議（通称「トビリシ会議」）」が開催された。「トビリシ会議」の成果として「トビリシ宣言」および「トビリシ勧告」が採択された。「トビリシ宣言」では、「ベオグラード憲章」の理念を引き継ぎ、環境教育の目標を達成するための五つの段階（①気づき：環境と環境問題への気づきと感受性、②知識：環境に関連した様々な経験と環境および環境問題についての基礎知識、③態度：環境への配慮と環境のためという価値観、環境改善と保護に積極的に参加する動機付け、④技能：環境問題を解決するための技能、⑤参加：環境問題の解決に向けた積極的な参加）を示した。また、環境教育は学校教育内外や年齢を問わず、生涯学習として取り組むべきとした。「トビリシ勧告」は、「トビリシ宣言」を具体化したもので、環境教育について四一の勧告がまとめられている。具体的には、環境教育の役割、目的、指導原理、対象、国家レベルの環境教育推進戦略について、環境教育の内容と手法、教師教育や教材などについての勧告である。その中には直接体験の重視や批判的思考および問題解決能力の育成など、現代の環境教育の基本となる考え方がすでに示されている。「トビリシ宣言」および「トビリシ勧告」は、国際協力により初めて正式に作成された環境教育の枠組みであり、その後の世界の環境教育の方向性に大きな影響を与えた。

前記の「国連人間環境会議」（一九七二年）の二〇周年を機に一九九二年にブラジルのリオデジャネイロで「地球サミット」（正式名称「環境と開発に関する国際環境開発会議」）が開催された。「地球サミット」では、人類共通の課題である地球環境の保全と持続可能な開発の実現のための具体的な方策が話し合われた。この会議では、持続可能な開発に向けた地球規模での新たなパートナーシップを構築するための「環境と開発に関するリオデジャネイロ宣言」（リオ宣言）および本宣言を実行するための行動計画「アジェンダ21」が合意された。「アジェンダ21」第三六章では、持続可能な開発を推進し、環境と開発の問題に対処する市民能力を高める上での教育の重要性が指摘されている。この「持続可能な開発」とは、国連が設置した「環境と開発に関する世界委員会」（通称「ブルントラント委員会」）が一九八七年に提出した報告書「われら共通の未来（Our Common Future）」において「将来世代のニーズを満たす能力を損なうことなく、現代世代のニーズを満たすような開発」と定義されている。この「地球サミット」を契機として各国は環境に関する法制度の整備を進め、さらに現在の持続可能な開発ための教育（ESD：Education for Sustainable Development）の国際的な流れが始まったのである。

一九九七年にはギリシャのテサロニキにて「環境と社会に関する国際会議：持続可能性のための教育と意識啓発」(通称「テサロニキ会議」)が開催された。会議の成果としてまとめられた「テサロニキ宣言」では、環境教育を「環境と持続可能性のための教育」と表現しても構わないとした。この持続可能性の概念には、環境だけでなく貧困・人口・健康・食糧の確保・民主主義・人権・平和のように相互に関連する諸問題も含むことを明示した。さらに持続可能性は、道徳的・倫理的規範であり、そこには尊重すべき文化的多様性や伝統的知識が内在する、と述べている。つまり「テサロニキ宣言」により環境教育の射程は従来の環境問題の解決から、より幅広い社会問題の解決へと広げられたといえる。

環境教育からESDの動きをさらに促進させたのが、二〇〇二年に南アフリカのヨハネスブルグで開催された「持続可能な開発に関する世界首脳会議」(通称「ヨハネスブルグサミット」)である。本会議は「地球サミット」から一〇年を機にその後の諸課題を議論することを目的として開催され、「アジェンダ21」をより具体的に進める行動計画や各国政府首脳の持続可能な開発への政治的意思を示す「ヨハネスブルグ宣言」が採択された。本会議にて日本のNGOの連合体「ヨハネスブルグサミット提言フォーラム」と日本政府は「持続可能な開発のための教育の一〇年(DESD：Decade of Education for Sustainable Development)」(二〇〇五―二〇一四)を提起し国連総会で採択された。後述するように「持続可能な開発のための教育の一〇年」の取り組みにより、日本では環境教育関連の法整備が進み、より多くの主体との連携が起こり、持続可能な社会の構築へ向けた教育があらゆるレベルの学校教育の中へも浸透していくきっかけとなった。

2　環境教育の日本国内の動向

日本の環境教育には大きく二つの流れがある。一つめは、一九五〇年代から全国で進んだ開発に伴う自然破壊への危機感から生まれた自然保護教育である。尾瀬沼（群馬県利根郡片品村と福島県南会津郡檜枝岐村《ひのえまたむら》にまたがって位置する沼）の保全運動をきっかけとして発足した日本自然保護協会は「自然保護教育に関する陳情書」を一九五七年に国に提出したが学校教育の中で明確に位置づけられたことはなかった［鈴木二〇一三］。一九七〇年代には、全国に広がる自然破壊に対する自然保護運動から様々な自然観察会が誕生した。日本自然保護協会による自然観察指導員制度（一九七八年）や日本ナチュラリスト協会による子ども向けの自然観察会、そして日本野鳥の会を中心とした探鳥会、バードウォッチング運動などとして発展した［降旗二〇一三］。この背景には、自然保護運動への行政や企業などの抵抗があったため、地域の自然に関心を抱く住民の後ろ盾なしに自然保護運動を推進できなかったことがあげられる。二つ目は、一九六〇年代から激甚な被害をもたらした公害への対処として始まった公害教育である。高度経済成長期の日本でも、急速な工業化と大量生産・大量消費・大量廃棄型のライフスタイルが広がり、水質汚濁や大気汚染などの公害が顕在化した。とりわけ、四大公害病である水俣病、新潟水俣病、四日市ぜんそく、イタイイタイ病は大きな問題となった。この公害問題を解決するために、被害地住民や彼らを支援する人々により公害反対運動が行われ、その中でできたのが公害教育である。地域的な取り組みとして始まった公害教育は、一九七一年に小中学校学習指導要領の社会科にも取り入れられ全国に広がった［鈴木二〇一三］。

一九八八年に環境庁は自治体の環境教育指針の策定を支援する『みんなで築くよりよい環境』を求めて』と題する環境教育指針をとりまとめた。これは日本の政府機関による初めての環境教育計画に位置づけられる［阿部二〇〇八］。これを受けて都道府県・政令指定都市は、環境行政の一つとして環境教育を位置づけ、環境教育を推進するための各セクターの役割、パートナーシップのあり方などに言及した環境教育指針の策定を進めた。

一九九二年の「地球サミット」で採択した「アジェンダ21」では「持続可能な開発」の概念に即した国際協力や環境保全の具体的取り組みが示され、市民参画や環境教育の重要性も盛り込まれた。このサミットの影響を受けて、日本の諸政策の根幹となる基本法群（森林法、河川法、国土計画法など）の目的や理念に環境の保全が盛り込まれはじめ、各省庁の環境保全型諸施策が増えた。また市民の参画や協働に対してより深い理解が示されはじめた［藤二〇〇八］。

一九九三年制定の環境基本法は、従来の公害対策基本法に代わる日本の環境保全に関する基本理念を定めた法律であり、日本の環境行政に大きな影響を与えた。環境基本法第二五条「環境保全に関する教育、学習等」には、日本の法律で初めて環境教育が取り入れられた［阿部二〇〇八］。

一九九六年には第一五期中央教育審議会が、これからの子どもたちに必要な能力は「生きる力」であることを指摘し、体験学習の推進と同時に情報化・国際化・環境問題などの現代的課題への取り組みの重要性を打ち出した。その結果「総合的な学習の時間」を小学校三学年以上、高校までの必修授業として位置づけ、環境教育に取り組む学校が急増した。二〇〇六年に改正された教育基本法では「環境の保全の態度を養うこと」が教育目標に加わり、これを受けて二〇〇七年に改正された学校教育法でも義務教育の目標の一つとなった。

ヨハネスブルグサミットでの「持続可能な開発のための教育の一〇年」の提案を受けて二〇〇三年に制定されたのが「環境の保全のための意欲の増進及び環境教育の推進に関する法律（通称「環境教育推進法」）」である。同法は環境省、文部科学省、農林水産省、経済産業省、国土交通省の五省が所管しており、従来は環境教育を主要な政策として取り組むことのできなかった農林水産省、経済産業省、国土交通省が環境教育に正面から取り組みことが可能となり、環境教育の幅を広げることになった［阿部二〇〇八］。二〇一一年には環境教育推進法が改正され「環境教育等による環境保全の取組の促進に関する法律（通称「環境教育等促進法」）」と名称変更された。同法の目的としてNPOやNGOとの協働による取り組みの推進が追加され、基本理念として生命を尊ぶことや循環型社会の形成などが追加された。また、旧法に比べて学校教育における環境教育の充実が図られた。

前記のように日本国内においても環境教育を促進する法整備や教育体制が近年急速に整えられてきた。環境教育の取り組みは、あらゆる教育課程において必要とされ、とりわけ体験学習が重視されている。体験学習論の背景には、情報化やグローバル化、価値観の多様化など、変化の激しい社会にあっては、知識量を増大させようとする受動的な学習よりも、学習者自らが活動を通して主体的・積極的に学ぶことにより、その人自身の態度・行動の変容を促す方がより重要で意味がある、とする経験主義的な学習観がある［水山二〇一三］。

3　里山の変遷

里山とは、日々の暮らしに必要な薪炭や山菜やキノコや農作物などを得るために長きにわたり利用されてきた自然である。人が自然に働きかけて、二次林や農地やため池や草地を作り上げ、限られた資源を枯渇させずに使うための共同利用の規律が生み出された。さらに人が自然と関わることで自然の働きへの畏敬の念や農作物の豊穣への祈りや信仰や祭りなどの儀礼や風習を生み出し、里山は日本人の精神世界や生活文化のゆりかごでもあった。また里山の森林・草地・水路・ため池といった人が作り出したモザイクな環境は、人の意図を超えて多様な動植物の生息を可能にした。このような里山の景観や生活文化は、人が自然との長い関わりの中で作り上げてきた歴史文化遺産ともいえる。

しかし一九五〇年代から日々の暮らしのエネルギーは、薪炭のような自然資源からガス、石油、電気などの地下資源へと置き換わり里山は経済的価値を失った。これは人と身近な自然との関係を大きく変化させた。都市近郊の里山は住宅地やゴルフ場へと開発され、中山間地の里山は管理放棄された。また多くの人口が都市に集中するようになり、総務省がおこなった二〇一〇年の国勢調査では都市的地域の人口は一億七七万人と全人口の七八・七パーセントを占める。また厚生労働省によると一次産業従事者（農林水産業）割合は、一九五〇年の四八・〇パーセントから二〇〇九年には四・一パーセントへと大きく減少した。このように長きにわたり続いてきた人と自然との関わりはこの半世紀で著しく縮小し、多くの市民にとって自然との関わりは非日常的となった。また穀物などの食料の多くは輸入に頼り、カロリーベースの自給率は約四割に過ぎない。しかも農林水産省の二〇一〇年の調査によると輸入される食料の約三割にあたる一七二八万トンもの食品が廃棄されている。国際エネルギー機関（ＩＥＡ）によると二〇一一年の日本のエネルギー自給率は四パーセントにすぎない。日本人の暮らしは、化石燃料や鉱物などの枯渇性資源に大きく依存しているのが現状である。このように燃料や食料という生活基盤の多くを枯渇性の地下資源や輸入に頼っている限り、持続可能な社会とは言いがたいのが現状である。そこで、持続可能な社会のモデルとして自然資源を持続的に利用してきた里山での暮らし方に注目が集まっている。

この里山の価値は、人と里山との関わりが失われていく中で生態学者らによって発見された。例えば、守山［一九八八］は、里山は最終氷期を生き延びた落葉樹林帯に適応した生物が暮らしている場所であり、伐採などの人為がそれらの多様な生き物を温存させていたことを指摘した。また田端［一九九七］は、里山とは里山林、ため池、用水路、田んぼと畦がセットになった景観であり、それぞれの要素間での生物の移動があることが大切であると述べた。

一九九五年に初めてまとめられた「生物多様性国家戦略」には、日本の生物多様性の危機の一つに里山問題をあげている。里山問題とは、「生物多様性国家戦略 2012–2020」では里山の自然に対する働きかけの縮小による生物多様性の危機である、とされる。例えば、薪炭林では伐採による更新や、下草刈り、落ち葉かきなど定期的な管理が行われることで、カタクリやギフチョウなど明るい林床を好む動植物が生息・生育できるが、管理がされなくなると森林の遷移等が進み、林床が暗くなり、動植物相が変化していく。また、里山のような二次林、人工林、農地、ため池、草原などといった様々な生態系から構成されるモザイク状の景観をまとまりとしてとらえ、生態学の視点から地域における人間と環境のかかわりを考えていくことが必要だと指摘している。

二〇一〇年に名古屋で開催された生物多様性条約第一〇回締約国会議（COP10）では、環境省がＳＡＴＯＹＡＭＡイニシアティブを提唱した。ＳＡＴＯＹＡＭＡイニシアティブの長期目標は「自然共生社会」の実現、すなわち人と自然の良好な関係が構築されている社会の実現である。環境省によると「生物多様性の保全にとっては、原生的な自然の保護のみならず、人々が古くから持続的に利用や管理してきた農地や二次林など、人間活動の影響を受けて形成・維持されている二次的自然環境の保全も同様に重要である。これらの二次的自然環境には、多様な種がその生存のために適応・依存しており、その維持・再構築が生物多様性の維持・向上に重要な役割を果たす。しかしながら、これらの自然環境やそれが象徴する持続可能な慣行や知識は、都市化、産業化、地方の人口の急激な増減等により、世界の多くの地域で危機に瀕している。これらの二次的自然環境を持続可能な形で保全していくために、その価値を世界で広く再認識するとともに、早急かつ効果的な対策を講じていくことが求められる」と述べられている。二次的自然環境を保全するには、より持続可能な形で土地および自然資源の利用と管理が行われるランドスケープの維持・再構築を目指し、以下の三つの行動指針を提案している。①多様な生態系のサービスと価値の確保のための知恵の結集、②革新を促進するための伝統的知識と近代科学の融合、③伝統的な地域の土地所有・管理形態を尊重した上での、新たな共同管理のあり方の探求。さらに環境省によると、前記の行動指針に沿って、それぞれの地域において社会生態学的生産ランドスケープの維持・再構築、すなわち持続可能な自然資源の利用と管理を実践していく際には、以下の五つの生態学・社会経済学的視点が重要であると考えられる。①環境容量・自然復元力の範囲内での利用、②自然資源の循環利用、③地域の伝統・文化の価値と重要性の認識、④多様な主体の参加と協働による自然資源と生態系サービスの持続可能で多機能な管理、⑤貧困削減、食料安全保障、生計維持、地域コミュニティのエンパワーメントを含む持続可能な社会・経済への貢献。

4　「龍谷の森」での里山環境教育

以上を踏まえて、多くの体験学習が行われている里山の環境教育の現状についてまとめたい。

龍谷大学瀬田学舎のある滋賀県大津市南部の瀬田丘陵は地元住民の薪炭林であった。しかし、プロパンガスなどの化石燃料の利用に伴い、薪炭林は経済的価値を失った。龍谷大学が瀬田学舎に隣接した森（通称「龍谷の森」）を一九九四年に入手したときは、倒木が道をふさぎ薮が生い茂った状態であった。しかし、龍谷大学の所有を契機に、従来の伝統的な利用とは異なる新たな里山利用が始まった。まず、大学、行政、市民や地元小学校などとの協働作業で倒木を取り除き、薮を苅り払い、森の道を整備した。道ができたことで、市民を対象とした自然観察会や龍谷大学の大学生向けのフィールドワーク実習の舞台となった。さらに、市民と大学教員らのボランティア団体である「龍谷の森」里山保全の会も結成され、より実践的な里山保全活動が始まった。

里山とは、人と自然との相互作用により成立した文化としての自然である。このため、里山での環境教育には、人と自然との関わりの歴史の視点が不可欠である。さらに里山の現代的利用を考えるためには、持続可能な利用つまり未来への視点も大切である。そこでまず瀬田丘陵の山と周辺地域の里の過去の利用について、地元の住民への聞き取り調査を行った。瀬田丘陵の山では、燃料としてやコナラなどの雑木類や地元でアヤと呼ぶツツジ類を利用していた。またヒノキやアカマツは建材として利用された。アカマツ林で落葉かきをしていたためマツタケも多く発生した［芝原聞き書きグループ二〇〇九］。このように人々は多様な用途に里山を利用していた。その後、昭和三〇年代半ばにアカマツをパルプ材にするため伐採したうえ一部にヒノキ・スギを植林し、現在の「龍谷の森」に至る。

一方、瀬田丘陵周辺の里では、丘陵北側の瀬田地区と南側の田上地区において土地利用の変遷や自然利用についてを調査した。丘陵北側の瀬田地区では、土地利用の変遷について、南大萱資料室がまとめた資料調査や地元住民への聞き取り調査を行った。そこから、江戸時代から昭和中期にかけて、林地を切り開き、ため池と水路を築いて、瀬田丘陵に向かって水田を広げていったことがわかった［吉村二〇〇九］。このような歴史を理解してもらうために瀬田地区を歩く大学生向けフィールドワーク実習や市民講座を行っている。他方、瀬田丘陵の南側の田上地区では、民具に関する聞き取り調査を行い「もの」を通して生活の歴史や植物の多様性を利用する暮らしの知恵を再発見した。この調査結果は、

「暮らしの中の造形展――田上絣と手拭――」として一般公開し、また小学生向けの講座も企画した［須藤・蔭山 二〇〇九］。また田んぼの生き物を観察する野外実習もおこなった。田んぼとは、本来とても多くの生き物を養うことのできる農地である。農と自然の研究所・桐谷圭治編の「田んぼの生きもの全種リスト」によると、田んぼの動植物は五六六八種にもなる。田上地区には、昔ながらの不定形の小さな田んぼと圃場整備のされた大きな田んぼの両方がある。不定形の田んぼは、木の板が打ち込まれた土畦の水路のため、ホタルをはじめとする多くの生き物が見られる。またこの田んぼの脇には、小さな一坪ほどのため池がある。実は、このようなため池こそ、冬季に水がなくなる田んぼの生き物の避難場所なのである。つまり、田んぼとため池の両方があることで、はじめて命をつなぐことができる生き物がいる。一方、圃場整備された田んぼでは、水路がコンクリートの三面張りのため生き物の息吹をあまり感じることができない。さらに圃場整備された田んぼでは、田んぼと水路との間に落差があるため、周辺河川から遡上してきたナマズやフナなどの魚が産卵場所である田んぼに入ることができない。魚にとって琵琶湖・河川・田んぼとは、本来一つながりの生息環境なのである。また薪炭林の生き物と田んぼの生き物もつながっている。「龍谷の森」に生息するオオタカは薪炭林の樹上に営巣し、生き物豊かな田んぼでコサギなどの鳥類を捕まえる。もちろん、この田んぼと我々人間も米を食べるという日常行為を通じてつながっている。どんな田んぼで作られたお米なのか、それを日々意識して購入することで、その先にある豊かな生き物たちの世界が作られる。別の言い方をすれば、どんな農作物にいくら払うのかという商品選択は、私たちの周りの環境を作り出す、まるで選挙での投票行為のようなものである。生き物の豊かな田んぼが広がると、そこは子どもたちの格好の遊び場にもなる。田んぼの豊かな生き物どうしの関係性に思いを巡らせながら食べることこそ、豊かな暮らし方かもしれない。生き物どうしの関係をつなぎ直すとともに、人と農地とのつながりも見つめ直す必要がある。人間と自然との関係、そして自然界の生き物どうしの関係を見つめることで豊かな生態系が形作られ、そしてその中にいる私たちの豊かな暮らしが実現される可能性がある。

現在、瀬田丘陵の山である「龍谷の森」は、大きく二つのエリアに区切られ、北側三分の二を研究エリアとし、南側三分の一を市民活動エリアとしている。研究エリアでは、おもに大学生・大学院生・里山学研究センターの研究スタッフがフィールド調査をしている。市民活動エリアでは、二〇〇三年に結成された市民や大学教員によるボランティア団体「龍谷の森」里山保全の会が、より実践的な里山保全活動を行っている。保全の会の活動には、龍谷大学の文系学生も落ち葉の腐葉土作りやシイタケほだ木作りなどのフィールドワーク実習として参加している。このように「龍谷の森」では、多様な主体による協働型の里山保全を実践しており、これは現代社会では貴重な世代を超えた協働作業の場となっている。

保全の会の活動内容は、コナラ原木を利用したシイタケ・ナメコなどのキノコ栽培、落葉を集めた腐葉土作りや森の道整備などである。コナラは切り株から再生する能力があるため、うまく利用すれば持続可能な木材資源を提供してくれる。季節になると多くのシイタケ・ナメコが収穫でき、それを食べることも里山利用の楽しみの一つである。また落葉かきをアカマツ林の林床で行うことでマツタケの発生を期待することができる。腐葉土は、参加者で持ち帰り家庭菜園などで利用している。さらに腐葉土からは、カブトムシの幼虫も多く見つかる。そこで、龍谷大学の市民向け講座である龍谷エクステンションセンターの親子自然観察会では、このカブトムシの幼虫を含む「龍谷の森」の昆虫を探す講座を二〇〇一年から毎年数回行い、好評を博している。このように落葉かきという人の営みが、森の生き物を豊かにし、子どもの遊び文化も支えている。二〇一〇年からは龍谷ジュニアキャンパスと名称を変え、「「龍谷の森」の里山の生き物と自然利用の知恵を知る」をテーマに年四回にわたる小学生向けの里山講座を開講している。

これらの講座で大切にしてきたのは、自然との関わりが自然観察講座という非日常だけで終わるのでなく、日常の暮らしの中でも生き物から季節の移ろいを感じるという視点である。里山保全活動においても、たんにかつての里山利用を模倣して、過去の植生に戻すことを目標としてはいない。腐葉土を作り利用する、またはキノコを栽培して食べるという日常化できそうな取り組みの結果として里山保全ができるよう心がけている。これは、現代的里山利用を続けるために大切な視点である。また、里山を活用している大学との交流会「大学間里山交流会」を毎年開催し、里山保全活動や環境教育プログラムについて情報交換している。

このように「龍谷の森」では、土地を所有する大学だけでなく、行政、市民など多くの主体との協働型里山管理を実践し、里山保全活動を日常化する方法を模索している。さらに、かつての里山での資源循環型の暮らしや自然利用の知恵を再発見することで、現代の暮らしの持続可能でない面に気づき、その解決方法を考える環境教育を展開している。

参考文献

阿部治［二〇〇八］「世界と日本の環境教育の歩み」、日本環境教育フォーラム編『日本型環境教育の知恵』小学館。

芝原聞き書きグループ［二〇〇九］「聞き書き・芝原の里山暮らし」『龍谷大学里山学・地域共生学オープン・リサーチ・センター二〇〇八年度報告書』。

鈴木善次［二〇一三］「日本が求めた環境教育」、水山光春編『よくわかる環境教育』ミネルヴァ書房。

須藤護・蔭山歩［二〇〇九］「暮らしの中の造形展――田上絣と手拭――」『龍谷大学里山学・地域共生学オープン・リサーチ・センター　二〇〇八年度報告書』。

藤公晴［二〇〇八］「官民協働の意義と課題」、日本環境教育フォーラム編『日本型環境教育の知恵』小学館。

降旗信一［二〇一三］「自然体験活動」、環境教育学会編『環境教育辞典』教育出版。

田端英雄［一九九七］『里山の自然』保育社。

守山弘［一九八八］『自然を守るとはどういうことか』農山漁村文化協会。

吉村文成［二〇〇九］「「畠田」の発見――大津市瀬田地区のため池調査から――」、丸山徳次・宮浦富保編『里山学のまなざし――〈森のある大学〉から――』昭和堂。

ウェブサイト

SATOAYAMA INITIATIVE（http://satoyama-initiative.org/wp/wp-content/uploads/2011/09/satoyama_leaflet_web_jp_final.pdf、二〇一五年二月二三日閲覧）。

第3章 里山の民俗

須藤　護

はじめに

龍谷大学瀬田学舎は琵琶湖南部の丘陵地帯に位置している。これに隣接する地域に大津市上田上という地域がある。里山の民俗の稿をおこすにあたりこの地区に焦点をあてることにした。その理由は二つあった。今から二五年余り前に、上田上の皆さんが昔の暮らしを語り合い、その物語を冊子として発行していたこと、さらにそれ以前に、この地域で使用されてきた数百点の民具を有志の方々が蒐集され、立派な民具収蔵庫を設立されたことである。これらの民具を分類してみると、農耕（畑作、稲作）、湖と川の漁撈、養蚕、紡織、衣食住にかかわる道具類が揃っており、地域の人々の手によって保存されている。

龍谷大学里山学・地域共生学ＯＲＣ（現里山学研究センター）の民俗班は、二〇〇七年以来この民具調査を継続的に行なってきた。民具の名称や使用方法、素材や製作年代について地域の方々から話をうかがい民具カードの作製を続けている。このことにより、農を生業にしてきた人々は里山と密接に関係しつつ暮らしを立ててきたことが理解でき、また農耕や山仕事などに使用した民具の素材の多くを里山から採集していたことを知った。この度はこの民具を手掛かりにして、里山と人との関わりをみていきたい。

1　稲作をめぐる暮らし

(1)　上田上というところ

上田上は南東に太神山（六〇〇メートル）、東に金勝山地をひかえ、前面（西側）には水田地帯が広がっている。いわゆる山裾に形成された集落である。信楽地方に源を発する大戸川が水田地帯の中を西へ向かって流れ、やがて琵琶湖から流れ出る唯一の川である瀬田川にそそぐ。山と川、それによって形成された平野が上田上を取り巻く環境であり、人々の生活の場である。古くは藤原京の造営（七世紀末）を発端に、東大寺、石山寺など、多くの宮殿や寺院建立のために田上山の木が伐採され、大戸川は幾度となく氾濫して人々を悩ませた地域であった。石山寺造営の際にはこの地に田上山作所（木材伐採・運財の現地作業所）が置かれ、伐採された檜の大木は大戸川・瀬田川・宇治川・木津川を流送し、奈良盆地まで運ばれたことが知られている［福山 一九八〇：三〇九―一六］。

またこの地は山に接していることから、琵琶湖に近い瀬田や草津の人々から「田上の山奥」といわれてきた。自動車が普及するまでは瀬田丘陵が大きな障害となって、人々の交流が思うに任せなかったからである。琵琶湖の沿岸と上田上の標高差は一〇〇メートルほどである。そのため「田上の山奥」は、琵琶湖沿岸の町や村とは異なった生活文化を築いてきた。上田上は民具収蔵庫のある牧町を含めて九つの集落からなり、総世帯数七九一、人口三四〇三人（昭和四七年当時）で、このうち牧町の世帯数は一〇〇戸あまり、人口は五七〇人ほどであった［東郷 二〇〇七：二］。稲作を中心に生活を立ててきた人々が多く、明治時代には九〇パーセント前後の家が農業を営んでいたという。今日では勤めに出る人が多くなってはいるが、稲作に従事しつつ自然環境を守り続けている人も多い。また道路が整備され自動車が普及した今日では、便利で豊かな田園地帯に変わっている。この報告は機械化が始まる以前、つまり昭和三〇年以前の話が中心になる。

（2）稲作・裏作・農具

上田上は背後に山をひかえた典型的な農村である。しかしながら、日本の農村の多くがそうであったように、水田の基盤整備が完成するまでは一枚の田の面積が狭かった。上田上では田の大きさを一俵取り、二俵取り、五俵取りなどといい、一俵取りの水田は五〇坪（一五〇平方メートル）ほど、二俵取りは一〇〇坪ほどであった。なかには蓑隠し田といって、一枚の蓑をかぶせると見えなくなってしまうような小さな田もあったという。

▼水田から畑への切り替え

この地域の主要な生業は稲作であり、その裏作として大麦、小麦、菜種、古くは綿の栽培があった。戦後は新たにビール麦、グリーンピース、レンゲなどの栽培がおこなわれた。これらの収穫が終わる初夏から本格的な稲作の作業がはじまり、晩秋までに作業を終える。水田を二毛作田として活用すること、畑作物に工夫を加えること、そして里山の資源を活用することで一年間の生活をたててきたところである。

裏作がさかんに行われたのは昭和三〇年代までであった。稲が実をつけ、稲刈りの二週間ほど前に水田から水を抜いて乾田の状態にする。そして稲の収穫作業が終わると、一一月から一二月にかけて稲株を裏返しにするように鋤き起して畝を作る。天地返しである。稲株を土の中に埋め込むことで腐食を早め、有機肥料として活用するのである。また天地がえしすることにより、土の中の虫が外に這い出してくるが、寒さのために死んでしまう。そのため冬が寒い年ほど豊作が期待できたという。

農具は牛にひかせて使用する犂《すき》であった。この犂は明治以降日本で改良された短床犂《たんしょうすき》で、上田上では三重県名張市で製作された「高北式」という犂が使われていた。犂轅《りえん》がまっすぐ伸びており古い形の犂よりも床が短い。また耕土が常に左側へ寄せるように犂先（犂ヘラ）が傾斜しており、その角度が調節できるようになっている。さらに新しいものになると、犂先が上下に二枚ついていて、下のヘラで犂起し、上のヘラで土を砕くことができる。そのためカラスキ（古い型の長床犂）よりも数段使いやすく、耕作の能率も上がったという。この短床犂が普及する以前には長さが二メートルもあろうかという大型の長床犂《ちょうしょうすき》が使用されており、「古式カラスキ」として収蔵庫には五台ほどが収蔵されている。この型の犂はすでに明治、もしくは大正時代に使用されなくなっていたという。

▼稲作の作業

一般に稲作のための農作業が始まるのは三月中旬ころからであるが、上田上では種籾《たねもみ》の選定、苗代田の整備、種まき、畔や土手の草刈り、道普請などが中心であった。ほとんどの農家が裏作をしていたため、本格的な本田の作業は麦や菜種の収穫が終わる五月から六月上旬からはじまった。裏作物の収穫が終わると畑作用として盛り上げた畝を崩す作業をする。畝の幅は作物によって異なるが四〇センチメートルから八〇センチメートルほど、高さは四〇センチメートルほどある。この畝を牛にひかせた犂を使って崩していく。その後レーキという農具で平らにならしていく。レーキは数本の歯がついた鍬のようなものであるが、後に鉄製の農具が登場し、これは牛にひかせたので作業能率が上がるようになった。水田の面がほぼ平らになると水を入れ、畔の内側に泥をはりつけて水が漏らないようにする。そしてマグワで土を細かくして田植えにそなえるのである。

本田の準備ができると、苗取り、次いで田植えが始まる。田植えは一家総出で行う作業であり、「結（ゆい）」を結んでいる家々では、毎日どこかの家で田植えを行うので忙しい日々が続く。田植えに使う道具は水田の面を平らにならすエブリ、間尺と縄、苗籠などである。間尺と縄を使って苗を植える間隔を決めていくが、これはエブリ掻きと共に男がする仕事である。苗取りと田植えは女の仕事で、子どもたちは野良に弁当を運ぶ役であった。

とくに牧町は良質米を産する米どころであって、田植えは祭りにも似た華やかさがあった。早乙女は真新しい絣の半纏にあざやかな帯を締め、真紅のたすきを締め、前垂れの上から赤い尻当てをつける。手拭もテオイ（手甲）もハバキ

（脛当て）もすべて新しいものを身につけた。それぞれが衣装をあつらえて田植えに臨んだのである。この田植え衣装、絣の見本帳をはじめとして、糸繰りや織物関係の民具は、収蔵庫に手厚く保管されており貴重な資料になっている。

▼稲刈り・脱穀・調整

田植え後に三回ほどの田の草取りを経て、九月中旬になると早稲種の稲刈りがはじまり、十月上旬には中生種、中旬には晩生種の稲刈りが行われる。稲刈り、脱穀・調整には稲刈りガマ、脱穀機、トオシ、モミスリ、トウミ、米選機などが使用される。稲刈りガマはのこぎり状の刃がついた小型の鎌で、この鎌が普及するのは新しく、以前は草刈りガマを使っていたという。脱穀機は近世以来千刃扱きが使われていたが、昭和の初めころに足踏み脱穀機が普及し、大幅に作業がはかどるようになった。脱穀した籾はトウシに通して籾とゴミを選別してから天日乾燥する。その後大型の扇風機で殻や実の入っていない籾を飛ばしてモミスリにかける。その後トウミにかけて米と殻を分離させ、玄米状になった米を米選機にかけて供出用、自家用、家畜用、アラモトに分ける。アラモトは十分脱穀できていない籾で、再度モミスリにかけて玄米にする〔越田 二〇〇八：一二〕。

モミスリは籾摺《もみす》り用の臼《うす》のことで専門の職人が製作した。筋目を付けた上臼と下臼をまわして摺っていくことで籾をはずし玄米にする道具である。近世の比較的早い時期に考案された道具とされているが〔大宮 一九八六：二二四〕、その土臼は発動機付き籾摺機が出現する近年まで長い間使用されてきた。子どもの頃に籾摺りの手伝いをしたというお年寄りの話が『上田上の生活体験談集』に載せられている。「土臼の上に天井から吊るされた横棒を二人の大人がまわしていきます。一回転するごとに上臼にもられた籾は減っていき、上下臼の間から摺られた玄米と籾殻が出てきます」というもので、秋の夜に夜なべ仕事で籾摺りをしていたことが記されている。この時期から裏作のために水田の鋤起《すき》こしと夜なべ仕事、そして焚き付けの採集、割木作り、炭焼きなどの作業がはじまる。

脱穀・調整用に用いる農具類は専門の職人や農具製作所で製造したものが多い。籾摺臼がその例であるが、千刃扱きや唐箕《とうみ》も同様である。精巧な工作が求められたからであろう。千刃扱きは鉄穂（串状の鉄棒）を台木に組み付けたもので、近世・近代における生産地は鳥取県倉吉、福井県敦賀、美浜町、新潟県佐渡羽茂などが知られている。これが近江や出雲の商人が行商によって各地に販売していたという〔朝岡 一九八六：二一四―一七〕。鉄穂つきの台木を購入した人は、台木を支える脚、踏板などを自分で作り、また地域内の器用な人に頼んで作ってもらう。昭和初期に足踏み脱穀機が普及すると、ほぼ完成品としての農具が届けられる。人々は保守管理が主になり、非常にゆるやかなテンポではあったが農具の改良が進んでいった。農作業の労力が少しずつ軽減されやがて機械化の時代を迎えるのである。

2　里山の資源利用

上田上では共有林野のほかに、個人が農用林として使用する山を持っていた。いわゆる里山である。農具の保守管理に必要な材料もこの里山で採集した。山の面積は各家によって異なるが、一年間の農作業や生活資材として必要な資源を確保するには、五〇アール（約五反歩）ほどが必要であったという。現在個人有の山の多くはスギ・ヒノキの植林が行われている。それ以前は松山が多かった。マツは主に自家用の建築材として使用し、また材木商や家大工などに販売もしていた。近江地方では長い間、建築材としてマツが多用されてきたが、マツは強靭な素材であり水に強いことがその理由であろう。しかしマツは虫に弱く、松脂がでるため柿渋や弁柄《べんがら》を塗ることで防いた。それがまた美しい民家の外観を保つことにつながっていた。この地方で、柱や桁などに弁柄を塗った古い民家をよく見かけるが、その多くは松材を使用しているとみていい。

建築材のほかに、里山の松林は焚きつけ用として必要な大量のマツバを供給し、また今では高級食品であるマツタケが自生するなど、人々にとって貴重な山の資源を提供してきた。古田悦造さん（昭和一〇年生）は、上田上の暮らしを語ってくださった一人であるが、持ち山の松林は戦後間もなく販売し、その後ヒノキの植林をした。樹齢二〇〇年ほどの立派なマツであったという。松林を伐採した理由は物入りがあったこと、そして当時は建築材としてヒノキの価値が高かったからだという。里山の樹木は定期預金のような役割もしてきたのである。同じ頃にスギ・ヒノキを植林した人は多かったという。それが今日の上田上の里山景観の特徴となっている。

里山には松林のほかに、カシやホス（ナラ）などの落葉樹が自生しており、これらは割木（薪）として使用した。ホスは良質な炭の原木として価値の高いものであった。樹木のみでなく、落葉樹の落ち葉は畑作物の肥料として大事にされたもので、山で落ち葉を集め大きなかごに詰めて畑まで運んできたという。前出の古田さんは、「畑のすぐ脇には五〇アールの持ち山があり、山から落ち葉を掻きだしてくればすぐ畑に入れることができたので、ほかの人たちよりも楽な思いをさせてもらった」と語ってくれた。里山は多くの資源を提供してくれる一方で、それを活用するには多大な労力を必要としたのである。以下、上田上の人々がどのようにして里山を活用してきたかをみていく。

（1）　農具に用いた木

先に稲作と裏作を行うために必要な農具についてみてきたが、基本的にこれらの農具は金属の部分は鍛冶屋が加工し、木部については使用する人が材料を山から採取して加工することが少なくなかった。または材料を提供すると鍛冶屋が加工してくれることもあった。したがって、農耕に携わってきた人々の多くは、道具の修理はもちろん、それに用いる樹木の性質と使い方は認識していた。自家製の農具がある一方で、クワ台と柄、スキデッポウ（江州鋤）、天秤棒などは柄屋（カラヤ）、または棒屋という職業があって、鍛冶屋と分業していた時代が続いた。鍛冶屋は柄屋から鍬柄や鋤柄を取り寄せて、クワ先やスキ先を取り付けて農家の需要にこたえていたのである。

耕作用に使用したカラスキ（改良以前の長床犂）の木部は、大きく犂身、犂轅、犂底、犂柱に分けることができる。収蔵庫にあるものは犂轅はクリ、その他の部分はヒノキを使用している。クリもヒノキも上田上の山に自生しているもので、犂轅は適度なカーブを描いている。これは山の斜面に自生し、自然に曲がったものを人工的に矯正し、使いやすい形にした可能性があるという。材料は自らの山に自生しているものを使い、木部の加工は専門の職人が行うことが多かったようである。しかし改良犂（短床犂）の時代になると犂先も木部も工場で生産されたので、先に述べた千歯扱き同様農具の販売店から完成品を購入することになった。

収蔵庫にはヒラグワはオオグワ、チュウグワ、コグワが数種類収蔵されているが、木製の台がついているものと、すべてが鉄製のものとがある。前者は柄・鍬台・鍬先が組み合わされており、収蔵品のヒラグワの木部は柄屋や専門の職人が作ったものが多い。鍬台と柄の加工と接合部分に狂いがないからで、精巧なものは材料の調達から加工まで職人が行なっていたことがわかる。木部はカシの木を使用している。鍬台の先にはU字型の鍬先が入るが、鍛冶屋は鍬柄職人から台付の柄をとりよせ鍬先をはめて完成させる。このほか鉄製のヒラグワ、ミツグワなどの鍬の柄は棒状のものなので、使用する人が入れることが多く、収蔵庫にもそのような鍬がみられる。材料はほとんどがカシの木で、割れにくいことから芯を外したものを用いた。これに対して、同じカシの木を用いた天秤棒は芯持ちの材が適していた。

ジョレンは水路などの泥やごみをかき出す道具であるが、これも鉄の部分と竹を編んで組み合わせたもの、そして鉄製のものとがある。前者は鉄の部分は鍛冶屋が作るが、竹の部分は使用する者が編んだものを使う。鉄製のものよりも軽くて使いやすかったという。収蔵庫のジョレンの柄はカシ、およびヒノキを使っている。ヒノキは植林後に間引きしたものを使用した。このほか重要な耕作用具としてスキデッポウ（江州鋤）がある。収蔵庫にあるものは野洲の柄屋が製作したもので、材料はサクラとカシを使用している。

以上主に耕作用農具を中心にみてきた。鉄部は鍛冶屋の手によるものであるが、木部は自家製のものと専門の職人が手がけるものとがあった。素材の多くは里山に自生し、また植林の間伐材を使用していたことがわかる。しかし時代が下ると、先の短床犂のように工場で生産された農具が普及し、地元の山の木の利用は少なくなっていった。

（2）焚き物の確保

今日のように電気、ガス・灯油といったエネルギーがなかった時代は、炭・割木（薪）・柴（焚き木）などが主要なエネルギー源であり、そのほとんどは農用林から採取した。上田上では、もちろん自家用の割木や柴は不可欠なものであったが、そのほかに町に売り出す商品としても貴重な資源であった。個人で山を持っている人が多かったので、基本的には官林に頼ることが少なかったが、毎年五日間だけ自由に柴として用いる枝木をとることが許された。山林使用の許可を伝える葉書が官庁から村にとどき、その日から五日間だけ官林に柴を採りに行った。マツや落葉樹の枝を落とし、それを持ち帰って焚き木として使うのである。国にとっては山がきれいになるし、松山であればマツタケの生育を助けることになった。

▼コノハ（松葉）のこと

上田上では落葉したマツバのことをコノハという。コノハは貴重な焚き付け用の焚き物で、秋になって田んぼの仕事が終わると採りに行くのであるが、とくに枯れた松葉は火が付きやすいのでひとくべ焚き（焚き付け）として必需品であった。山に行ってこれを掻き集め、運んでくるのは女の仕事であった。コノハの結束には賢い方法があった。長さ一メートルほどの細木を伐ってきて幅四〇センチメートルほどに並べて置き、その上にかき集めたコノハを積んでいく。コノハは互いに絡まっているのでバラバラとこぼれることはなかった。これを四〇センチメートルほど積み重ね、上からきっちりと押さえつける。その上にやはり長さ一メートルほどの細木を並べて縄で結束する。これで四〇センチメートル角、長さ一メートルほどのコノハの角柱が出来上がる。家に持ち帰った後は、コノハは焚き付けに使い、細木は火がついた頃にくべる柴として使うことができる。

このようにかたく結束したコノハは、コノハカンゴ（木の葉籠）という籠に入れて背負ってきた。この籠は大きいものので直径が六五センチメートル、高さが七五センチメートルほどもあり、小さい女性であれば姿が隠れてしまうような竹製の大きな籠である。一番小さい籠は直径、高さとも五〇センチメートルほどのもので、このほかに資料館に保存されている十数個のコノハカンゴは数種類の大きさのものがみられる。それは作業する人の体格に合わせて作っていること、また子どもも手伝いをしていたことが関係しているようである。背が高く体力のある女性は天秤棒の両側にこの籠をつけて運んできたという。この作業は一一月頃からはじまって、一年間に消費する量を年内に採集し、蓄えておくことが理想的であった。

コノハカンゴは六つ目ねじり編みといい、斜めに編みこんだマダケのヒゴをねじって作り上げているため、大変丈夫なつくりになっている。マダケは屋敷林や家の近くの山裾に生えているものを使用した。籠は竹細工職人、もしくは手の器用な人に依頼して作ってもらったようであるが、いずれにしても一人で作れるものではなかった。上田上では菜種を作っていた時代があって、菜種を採った後のケラ（カラ）を入れ、保管用または運搬用に使用したケラカンゴという籠がある。この籠は直径も高さも九〇センチメートルほどもあり、コノハカンゴよりもさらに大きなもので、やはり六つ目ねじり編みである。丈夫な籠を底部から編み上げていくには三メートル近くの長さの竹が必要であり、それを立ち上げていくには、何人もの人が共同作業をしなければならなかった。材料の採取・加工、籠の製作工程など、それぞれの工程で役割分担があり、作業全体の段取りを心得ている人の指図のもとに皆が力を合わせて作ったものである。コノハカンゴも同じようにして作り、各家ではこの種の籠は女性の数だけそろえてあった。

▼アヤシバのこと

アヤの標準名はコバノミツバツツジといい、春にはうす紫色の美しい花をつける。牧の人々はこの花が終わる五月から六月のころに、焚き木用の柴として刈り取り、家に持ち帰って乾燥させておく。柴はコノハで焚き付けた後に火力を上げるためにくべる焚きものである。とくにアヤシバはほかの柴よりもよく燃えるので高く売れ、商品としての価値が高かった。アヤシバの枝や背の低い幹を刈り取った後、広がっている枝の根元に鎌で傷をつけて折り曲げて束を作っていく。一抱えほどがまとまるとネソ（コバノガマズミの幹）の繊維をほぐして結束する。ネソは粘りのある木なので結束用の材として重宝された。一抱えほどの束を一束といい、一年間に必要な柴の量は約一〇〇束とされていた。このほかに商品としての柴の採集も行なった。

五月から六月にかけての農作業は、畦や土手の草刈り、苗代の虫取り、田植えに備えての道普請、田植え、菜種や麦の収穫など、忙しい農作業が続く。また天候も暑くなりつつある頃で仕事がきつくなる。このような忙しい時期にアヤシバを採集するのはいくつか理由があった。この時期の草木は盛んに水分を吸い上げており、秋に刈るよりも鎌がよく切れたので作業がはかどったからだった。また秋は様々な作物の収穫作業があり、その後は冬の準備やコノハ掻きなどの作業に追われるからである。正月の間は一五日までゆっくり休み、その間お嫁さんは里帰りをする習慣があった。焚きものの採集を含め、次の年の準備はなるべく年内に済ませたいという意識が働いていたのである。

自家用の柴と売り物用のアヤシバを採集・結束し、家まで背負ってくるのはやはり女性の仕事であった。また荷車やリヤカーにアヤシバの束をのせて瀬田や草津の町まで売りに行き、日常の必需品と交換してくるのも女性の仕事であった。このほかに草津の山田からは、アヤシバを求めて荷車に大根をたくさん積んで牧町までやってきたという。それぞれが山主と相談のうえ、自ら山に入ってアヤシバを採集し荷車に載せ、積んできた大根を置いて帰っていったという。草津の山田は畑作が卓越しており、良質の大根の産地であったが、湖岸の村であるために柴が得にくかった。これにたいして牧は稲作地帯であり野菜用の畑が少なかったために、漬物用の大根はアヤシバと交換していたのである。

▼割木（薪）のこと

割木として使用する木は、あまり煙が出ないナラやクヌギなどの落葉樹が好まれた。これにたいしてマツは火力が強いが煙がたくさん出るので、割木に使うことは少なかったようである。また落葉樹の割木は商品としの価値があったので家庭ではあまり使わずにその多くは町へ売りに出した。自家用としては風呂焚き用と餅搗きの際に糯米を蒸すときに、また保温のために割木を使ったという。

割木作りは年が明けてから行う作業で男の仕事であった。正月一五日が過ぎると山にはいり木を伐採する。割木を作るにはウマの上に丸太を乗せ、一尺二寸（三六センチメートルほど）に玉切りし、ミカン割り状にヨキで割っていく。ウマは、交差させた一対の丸太の上に横木の丸太を乗せたものである。昔から「木元、竹裏」といい、木は元の方から、竹は先から割ると割りやすかった。できあがった割木は軒先にきれいに積み上げて乾燥させる。高さ五尺（約一・五メートル）、長さ一〇尺（約三メートル）を単位として販売した。

商品としての割木のほかに、一年間に必要な自家用の割木は、直径一尺（約三〇センチメートル）、長さ一〇尺（約三メートル）の丸太が二本あれば間に合ったという。やはり長さ一尺ほどに玉切りして割り、軒先に積んでおく。その長さは五間（一〇メートル近く）になったという。当時は焚き物が十分であれば豊かな気持ちになり、安心して暮らすことができた。また冬の間は俵編み、筵編み、草履や草鞋作りなどの藁仕事をしたので、暖房や照明用として割木は必要不可欠なものであった。したがって割木の少ない家は生活が十分ではなく、心細い冬をすごさなければならなかったのである。

年間に使用する燃料はコノハと柴を合わせると、おおよその見当として、高さ六尺（約一・八メートル）、長さ一二尺（約三・六メートル）の壁面に一尺二寸（約三六センチメートル）ほどの幅に積み上げた量であり、これに割木を加えた量であるとみていいようである。このほかに貴重な現金収入としてアヤシバや割木が採取された。これだけの量を確保するために必要な日数が計算され、年間の生活サイクルの中にしっかりと組み込まれていたのである。

（3）里山に生かされた暮らし

▼木材の搬出

大規模ではなかったが、材木の伐採・搬出があった。冒頭で記したように、上田上の山は石山寺造営の時代から伐採が行われ、現在七〇歳から八〇歳代の人々が子どものころは、周囲の山は見事な禿山であって、山の上から滑り降りて遊ぶことができたという。しかしこの地方の山仕事の伝統は近年まで続いていた。戦後すぐに松林を売った古田さんの話は先に述べたが、木材の伐採や搬出に関する話は今日でも聞くことができる。

伐採した木材は、鉄道の枕木のように横木を敷いたキンマ道を敷設し、その上を材木を乗せたキンマ（木材搬出用のソリ）を滑らせて山奥から出した。急な斜面では危険が伴うため立木の根にワイヤーをくりつけ、それをキンマの梶棒に巻き、ワイヤーをゆるめながら少しずつ下っていったという。道路の脇までおろすと、またキンマを担いで伐採現場まで登っていく。キンマや人力では下すことのできないようなところでは、木材の切り口に環のついた金具を打ち込み、牛馬によって引きずりおろした。これをノタビキといった。昭和の初めころになると、大きな谷や川の上にワイヤーを渡し、ワイヤーには滑車をつけて山の奥から木材を運ぶようになった。このワイヤーは複線になっていて、下ってくる木材の力によってカラの滑車が上に上がるようになっていた。この作業をシャンシャンといったが、滑車とワイヤーがすれて出る音が作業の名前になったという。

▼炭焼き

昭和三〇年頃まで、炭は暖房や調理用の燃料としてさかんに生産されてきた。上田上においても大鳥居や牧町では大勢の人が炭焼きに従事していたという。大鳥居は大戸川の上流の山に近いところに位置した村であった。当時一般の農村では自家用として炭を使うことは少なく、割木とともに、町場の人々のエネルギー源として販売された。山を背後にひかえた農山村では、現金収入が伴う仕事として多くの人々が携わっていた。しかしながら、炭生産に関する具体的な話を聞くことが難しくなっているので、『上田上の生活体験談集』から当時の話を抜粋した。

上田上で焼いていた炭は黒炭であった。炭を焼くためには炭に適する原木と炭窯を作るための壁土があるところを選んで窯を築いた。炭窯の近くに原木がなくなると別の条件のいい場所に移ったという。炭窯は山の傾斜地を選んで窯の大きさに合わせて掘る。斜面の両側の壁を利用して窯の側面を作り、背後には煙が抜けるように煙突を設ける。その中へドーム型になるように中央を高く両端を低くして、びっしりと木を立てていく。林立した木の上にむしろを何枚も重ねて置きドームの形を整えてから、壁土をつけていく。壁土は端の部分を厚くしてドームの中央に行くにしたがって薄くする。そして土手叩きのような分厚い板に柄がついた道具で叩き続ける。このときは嫁も子どもも思いっきり叩いたという。窯ができるとスギやヒノキの皮で窯を保護し、次に窯に詰めた木を燃やして天井の壁土が完全に乾燥したら完成である。

炭の原木はホソ（ナラ）が一番よく、マツは火力はつよいが長持ちせず、クリはパチパチと火の粉が飛ぶのであまり適していなかった。炭を焼くときは長さ一メートルほどに玉切りした生の木を窯の焚き口から中に入れ、奥の方から順にびっしりと立てていく。次に周囲にあるマツの枯れ木などを集め、焚口でどんどん燃やす。数日間燃やしていると窯の中で火が十分まわり、煙突の煙が紫色に変るころに焚口と煙突をふさいで窯が冷めるまで待ち、数日後取り出す。炭を焼くのは主に一家の主人であったが、家の者は皆夜なべをして炭俵を編んで炭の出荷にそなえた。一家総出の大仕事であった。炭俵は秋の間に刈り取って保管しておいた萱を用いた。

▼草刈り・キノコ・カキのことなど

各家では牛を飼っていたのでその飼料や敷き草の採取があり、山菜、キノコなどの採集があった。上田上では水田や畑の肥料として魚肥を使う家が多かったが、そのほかに厩肥を併用していた。厩肥は厩に敷き草や藁を入れて牛に踏ませて作るので、定期的に山や野原で草刈りをすることになる。山や野原はまた山菜やキノコが自生する場であった。とくに松林ではコノハ掻きなどをして管理が行き届いていた時代は、立派なマツタケが自生した。マツタケはご飯と共に炊くと米の消費量を減らすことができ、味噌汁の具やおかずとしても重宝した。牧町の真光寺のご住職である東郷正文さん（昭和一一年生）などは、秋になると毎日毎日松茸が食卓に上がり、学校に弁当を持っていくとまたマツタケが入っていてがっかりした、と子どもの頃の話を語ってくれたが、このような話は上田上の人々であれば誰でも経験していることであった。

上田上には屋敷のまわりや山すそ、耕地の周辺にはカキの木がたくさん植わっている。ここでは種なしの渋柿、やはり渋柿であるが大きな粒の天台柿、柿渋用のアオソ、そして種々の甘柿がみられる。種なしの渋柿は赤く熟したころに、バランサオで取って皮をむき干し柿にする。バランサオはマダケの先を尖らせて半割りしたもので、先の部分でカキの実のついた枝を挟んで折り下におろす。割竹がしっかりと枝をつかまえてくれるのでカキの実を落としてしまうことはない。このカキは種なしなので正月用の供え物やお飾りとしては喜ばれなかったが、主に自家用として、また親しくしている家に分ける程度であったようである。天台柿も熟してくると甘くやわらかくなるので薄皮をむき、きな粉をつけてたべたという。甘いものが少なかった時代は貴重な食品であった。

渋柿は青いうちに取り、大割してつぶし柿渋を取った。民具収蔵庫には比較的大型の柿渋の搾り機が保管されており、大々的に柿渋を採った時代があったらしい。柿渋は甕に入れて一年ほど暗いところに寝かせておくと程よく発酵して使用できるようになり、虫食いや腐食を防ぎ、また素材を強く長持ちさせるのに役立った。マツの建築材など、木材の腐食防止に柿渋を塗っていたことは先に述べたが、大衆用漆器の下地にも柿渋を使っている。漁村では漁網や釣り糸に塗り、染物用の型紙には柿渋は欠かせなかった。和紙に塗ると敷物として使用できる。和傘、扇子、団扇も柿渋を塗ると長持ちするだけでなく、独特の風合いをかもしだす。化学製品が大量に出回る前は、柿渋は多様な形で使用されていたことを知る。また民具収蔵庫にはシュロ製の縄、蓑や箒が収蔵されている。現在でも上田上ではシュロの木を見かけるが、近江地方を見回してみても、各家で一本や二本のシュロの木を見ることができる。シュロ縄はワラ縄よりもつよく細工物に適していた。またシュロの葉は繊維が強いので細く裂き、干し柿を吊るすときの紐として使われた。余談になるが、牧町真光寺の鐘つき用の棒はシュロの木を加工したものである。繊維が緻密であり、棒の先がつぶれにくいからであるという。

おわりに

湖南から湖東にかけて、正月の間に行われる山の神祭りは今日なお継承されている。この祭りは日常的に山の恵みを受けてきた人々が山の神に感謝する日であり、山に生かされてきたことを改めて実感する日であったように思う。この祭りの目的はいくつか見いだすことができる。第一にあげられることは新しい年を迎えて山入りの許可を神に請うことである。とくに生業として山仕の農比重が高かった鈴鹿山地に近い地帯では、その傾向がつよいようである。したがって一月のごく早い時期に祭りを行うむらが多い。一番早いのは甲賀市甲南町森尻の祭りで元旦に行われる。早く祭りを行えば早く山に入ることができるからであろう。次に五穀豊穣を願う儀礼である。山の神の祭りではあるが、祭りの内容は農耕儀礼に近い要素を多く含んでいる。三番目は子孫繁栄・家内安全の願いである。黒松と赤松の枝を使って男神と女神を作り、山の神のもとで模擬的な性交を行うところがある。

湖南・湖東地方で、もっとも厳格な山の神祭りを行うのは栗東市上砥山である。上砥山では旧暦の一月一日から七日まで、当番の者たちは家族のもとを離れ、火を別にしてお籠もりをする。その間、神事に用いる道具類と神に捧げる供物を準備する。そして旧暦一月六日の未明に山中の川で禊をして身を清め、七日の早朝に山の神へ参拝をして祭りが終了する。古記録で分かっている範囲では、近世以来このむらは、近接する金勝寺管理下にある金勝山の利用権を所有している。この祭りはその権利を保障してもらうこと、そして農用林を所有していない琵琶湖湖畔の村むらに対して金勝山の利用権を確認し、地域共同体としての連帯を深めることが目的であったとみられる。加えて山中安全を祈願するのである。農用林に関わる祭りであったことで、厳格に継承されてきたように思う。

残念なことに、今日では山の神祭りをしなくなった地域が増えているようである。山に頼らなくても生活ができるようになったからであろう。しかし上砥山のように伝統を継承している地域も少なくない。二〇一三年に山の神祭りに奉仕された方々は、「一週間であったけれど山の神様に奉仕させていただき、久しぶりに今の暮らしを振り返るゆとりができました。また、神事に用いる道具のほとんどは山に取りに行ったが、身近にある山がいかに豊かなものであったことを再認識し、昔の人はこの山に生かされてきたことを実感しました」という。また「私たちは常に前をむいて走り続けてきたように思う。地域の暮らしを一度振り返ってみることで様々な事柄を学ぶことができ、今後の暮らしに役立てていくことができるのではないだろうか」という言葉が今でも心に残っている。上田上における生活体験談集の編さんや民具収集、収蔵庫の建設等の事業も、上砥山の人々と同じ考えをもった人々によって成しとげられた事業であったように思う。

付記

本章は主に以下の方々からの聞き書きにより構成した。この紙面をお借りしてお礼を申し上げます。上田上牧町：東郷正文氏、古谷義一氏、古田悦造氏。

参考文献

朝岡康二［一九八六］「倉吉と早瀬の千歯扱き」、網野善彦・大林太良・高取正男ほか編『技術と民俗（下）』小学館。

大宮守人［一九八六］「大和の土臼」、網野善彦・大林太良・高取正男ほか編『技術と民俗（下）』小学館。

上田上村誕生百周年記念実行委員会編［一九九〇］『上田上の生活体験談集』。

越田純市［二〇〇八］『紀州鍛冶と上田上の農具』佛教大学。

須藤護・朴炫国［二〇一四］「上砥山にみる山の信仰」『国際文化研究』一八、龍谷大学国際文化学会。

東郷正文［二〇〇七］「上田上というところ」『暮らしの中の造形展——田上絣と手拭——』龍谷大学里山ＯＲＣ。

福山敏男［一九八〇］『日本建築史の研究』綜芸舎。

第Ⅱ部　里山の多様性

奈良県曽爾村《そにむら》大良路《たろうじ》地区の茅場

（撮影：嶋田大作，2011年９月29日）

第4章

里山の生態系サービス

林　珠乃

はじめに

私たち人間は自然の中に価値のあるものを見出し、技術と作法をもってそれを取り出し、暮らしを営んできた。自然から私たちが享受する「恵み」は、当たり前に約束されているものではない。それは動的なもので、時には「災い」となって現れることもある。本章では、里山から得られる恵み——生態系サービス——とその創出のメカニズムについて解説する。

1　生態系サービスとは何か

（1）　生態系サービスの定義

ある地域に住む生物群集とそれをとりまく物理的・化学的環境要因の複合体を生態系という。生態系の持つ機能のう

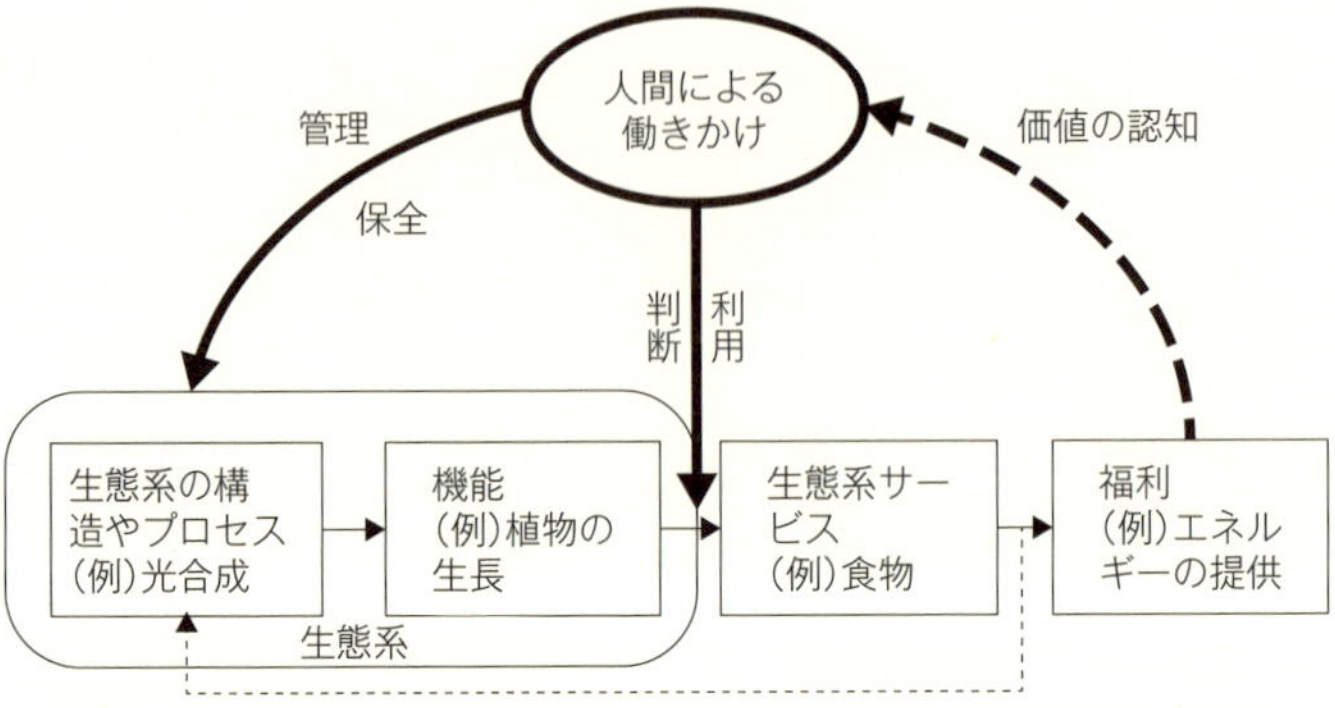

図4－1　生態系・生態系サービス・人間の福利をつなぐ仕組み

（出所）Kumar ed. [2010] を参考に筆者作成.

ち、人々に利益をもたらすものを生態系サービスという。例えば、植物の光合成という生態系のプロセスにより植物は生長する【機能】（図4－1）。大きく育った植物を人間が採集し食糧を得る【生態系サービス】。これにより、人間は生存・成長に不可欠なエネルギーを獲得することができる【人間の福利】。

(2)　生態系サービスの分類

二〇〇一年から二〇〇五年に国連の主導で行われたミレニアム生態系評価（MA）では、生態系サービスを四つのカテゴリーに分類している [Millennium Ecosystem Assessment 2005]。供給サービス、調整サービス、文化的サービス、そして基盤サービスである（図4－2）。供給サービスとは、食糧、水、木材、燃料、薬といった、物質やエネルギーなどの資源を供給するサービスである。調整サービスは、生態系のプロセスの制御により得られる利益であり、気候・洪水・病気等の調整、水質浄化等が含まれる。文化的サービスは、審美的な楽しみ、精神的な満足、宗教や教育の基盤等の非物質的な利益を指す。基盤サービスは、他の生態系サービスを支えるサービスである。例えば、光合成による酸素の生成、土壌形成、栄養塩や水の循環がこれに当たる。

二〇一〇年七月に発表された国連の研究調査、生態系と生物多様性の経済学（The Economics of Ecosystem and Biodiversity, TEEB）報告書では、基盤サー

供給サービス	調整サービス	文化的サービス
食糧 淡水 木材および繊維 燃料 その他	気候調整 洪水制御 疾病制御 水の浄化 その他	審美的 精神的 教育的 レクリエーション的 その他

基盤サービス
栄養塩の循環・土壌形成・一時生産・その他

図4－2　生態系サービスの4つのカテゴリー

（出所）Millennium Ecosystem Assessment [2005].

表4－1　TEEBによる生態系サービスの分類

大分類		小分類
供給サービス	1	食糧（例：魚，肉，果物，きのこ）
	2	水（例：飲用，灌漑用，冷却用）
	3	原材料（例：繊維，木材，燃料，飼料，肥料，鉱物）
	4	遺伝資源（例：農作物の品種改良，医薬品開発）
	5	薬用資源（例：薬，化粧品，染料，実験動物）
	6	鑑賞資源（例：工芸品，鑑賞植物，ペット動物，ファッション）
調整サービス	7	大気質調整（例：ヒートアイランド緩和，微粒塵・化学物質等の捕捉）
	8	気候調整（例：炭素固定，植生が降雨量に与える影響）
	9	局所災害の緩和（例：暴風と洪水による被害の緩和）
	10	水量調整（例：排水，灌漑，干ばつ防止）
	11	水質浄化
	12	土壌浸食の抑制
	13	地力（土壌肥沃度）の維持（土壌形成を含む）
	14	花粉媒介
	15	生物学的コントロール（例：種子の散布，病害虫のコントロール）
生息・生息地サービス	16	生息・生育環境の提供
	17	遺伝的多様性の維持（特に遺伝子プール）
文化的サービス	18	自然景観の保全
	19	レクリエーションや観光の場と機会
	20	文化，芸術，デザインへのインスピレーション
	21	神秘的体験
	22	科学や教育に関する知識

（出所）Kumar ed. [2010].

ビスの代わりに、生物の生息・生育環境を提供しそのライフサイクルや遺伝的多様性を維持するサービス、生息・生育地サービスを追加している［Kumar ed. 2010］（表４－１）。

（３）　生態系サービスの特徴

これらの生態系サービスにはいくつかの特徴がある。まず、生態系サービスは可変的なものである。地球規模の環境変動や、生態系サービスを利用したことによる生態系の改変の影響を受け、生態系の状態は変化し、生態系サービスは増減する。特に近年では、乱獲や乱開発等の結果、多くの生態系サービスが喪失・劣化していることが報告されている［Millennium Ecosystem Assessment 2005］。次に、生態系サービスは他の生態系サービスと相互に作用しあうものである。生態系の機能は、多くの場合複数の生態系サービスを供給するので、ある生態系サービスの利用はソースの機能を同じくする他の生態系サービスに影響を与える。これについては、後節で詳述する。三番目に、生態系サービスは多面的な便益をもたらすという特徴を持つ。生長した植物を採集することにより、人間はエネルギーを獲得すると同時に、採集行動自体に楽しみを覚えるかもしれない。

2　里山における生態系サービス

では、本書の主題である里山には、どのような生態系サービスがあるのだろうか？　ここでは、生態系サービスがより効率的に得られるように人が改変してきた自然を里山とし、特に日本の基幹産業であった農業を生業として営む地域を念頭に置いて話を進める。

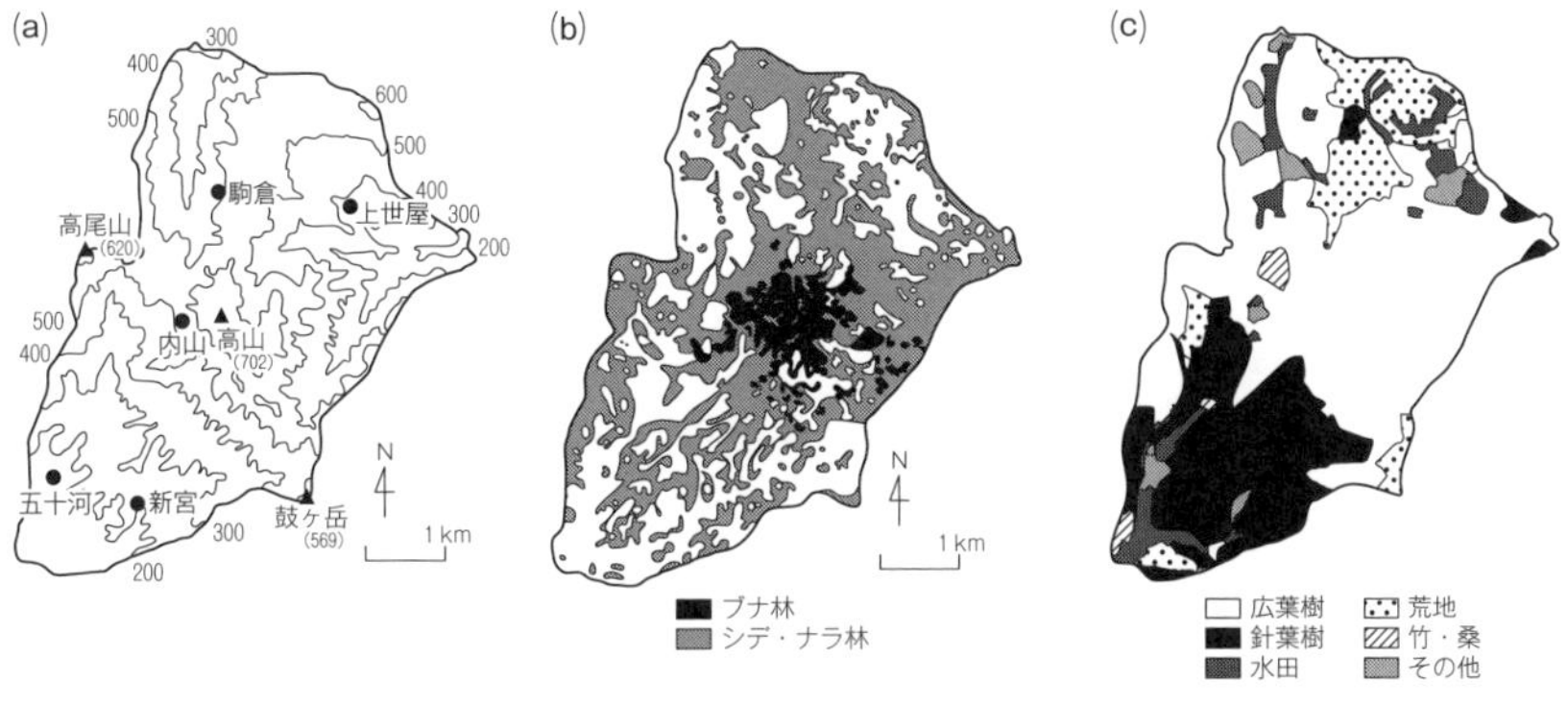

図4－3　京都府上世屋・五十河地区

（注）(a)地形，(b)ブナ林およびシデ・ナラ林の分布（1996年作成），(c)1900年ごろの土地利用.
（出所）深町・奥・横張［1997：522-523］.

（1）京都府宮津市上世屋・五十河地区の景観

深町・奥・横張［一九九七］は、京都府宮津市上世屋・五十河地区の土地利用と地域資源利用の変遷について明らかにした。総面積約一〇〇〇ヘクタールのこの地区は、中央にそびえる高山を頂点として標高一二〇―七〇二メートルのエリアにある山村である（図4－3（a））。一九〇〇―一九六〇年代までの土地利用パタンは以下のようであった（図4－3（b）、図4－3（c）、表4－2）。地域内の水源の得られる緩傾斜地は水田として利用され、水源が得られない緩傾斜地は畑地として利用されていた。水田・畑地の周辺には草地が位置し堆肥や牛用飼料の採草を行った。また、水田が日陰になるのを防ぐために定期的に伐採する陰伐地も水田周辺に位置した。共有地の斜面では焼畑が行われた。茅葺き屋根の材料となるチマキザサが生育する斜面は、茅場として利用された。標高四〇〇メートル以下の丘陵地には主にアカマツ林が分布し、それ以外の森林は、コナラ、イヌシデ、ブナなどが優占する広葉樹林であった。特にブナ林は森林地帯の中でも高標高地で優占していた。ナラ・シデ林に生育する樹木を二〇―六〇年の伐期で伐採し、薪炭林として利用した。スギ・ヒノキの植林地、竹林、桑畑は比較的集落に近い斜面に小規模に点在していた。

　このように、地形や植生の組み合わせからなる多様な環境条件を、産業や生活の目的に合わせて使い分けた結果、多様な土地利用がモザイク

表４－２　京都府上世屋・五十河地区の1900–1960年代までの土地利用と人間活動

土地利用	地形・位置	人の働き	生態系サービスの小分類
水田	水源の得られる緩傾斜地	水稲栽培	食糧
畑	水源の得られない緩傾斜地	畑作物の栽培	食糧
草地	水田・畑の周辺	堆肥や牛用飼料の採草	原材料
陰伐地	水田・畑の周辺	定期的な伐採	原材料
焼畑	斜面	畑作物の栽培	食糧
茅場	斜面	茅葺き屋根の材料の採集	原材料
桑畑	比較的集落に近い斜面	クワの栽培	原材料
アカマツ林	標高400m 以下の丘陵地	建築材の伐採	原材料
広葉樹林*1	アカマツ林以外の森林	薪や炭の原材料の採集	原材料
広葉樹林*2	高標高域	ほぼ利用しない	
スギ・ヒノキ植林地	比較的集落に近い斜面	スギ・ヒノキの栽培	原材料
竹林	比較的集落に近い斜面		

（注）＊1：コナラ，イヌシデなど．＊2：ブナなど．
（出所）深町［2000］，深町・奥・横張［1997］を参考に筆者作成．

状に複合した景観が形成されていた。

（2）京都府宮津市上世屋・五十河地区での生態系サービス

では、一九〇〇―一九六〇年代の上世屋・五十河地区では、どのような生態系サービスが利用されていたのだろうか？

第一に、供給サービスである。農地からは米・畑作物といった様々な食料が供給された。農業を行い飲用水となる水も、もちろん生態系から提供された。草地・陰伐地・桑畑からは牛や蚕のための飼料や肥料が供与された。村人はシデ・ナラ林から燃料となる薪をとり木炭を生産した。アカマツ林のアカマツは、燃料として利用されるだけでなく、建材として活用された。スギ・ヒノキ植林地からも建材が供給された。

このような生態系からの資源供給には、調整の生態系サービスが関係している。農地での健全な生産活動には、昆虫などの生物や風などによる花粉の媒介や、地力の維持、病害虫のコントロールが欠かせない。水稲耕作に用いる農業用水や生活のための飲用水には、適切な水量や水質が求められる

表4－3　京都府上世屋地区で行われる藤布生産野作業工程

No.	作業工程	季節	材料	採集場所
1	藤とり	5・6月	フジ	森
2	藤の皮はぎ	5・6月		
3	日なた干しと保存			
4	藤煮の準備	6～11月		
5	藤煮	晩秋・初春	薪・広葉樹の灰	森
6	藤洗い	晩秋・初春	冷水（雪解け水）	川
7	ヌカ入れ	晩秋・初春	ヌカ	田
8	糸紡ぎ、糸撚り	10～3月		
9	整経			
10	機織り	2～3月	糊（米、ソバ粉）	田・畑
11	仕上げ	2～3月		

（出所）井之本［2011］，山崎［1987］を参考に筆者作成．

が、これは水源となる森林地帯の持つ水量調整や水質浄化の調整サービスが関わる。

上世屋地区では、〝ノノ〟と呼ばれる藤布を生産してきた［山崎一九八七：一九九〇：井之本二〇一一］。上世屋の森林に生育するワタフジ（和名ノダフジ）とシナフジ（和名ヤマフジ）を原材料にして織られる藤布は、畳のへり、醤油搾りや豆腐作りに用いる搾り袋、米や小豆などを入れる袋や海女が収穫物を入れるスマブクロを作るための布として織られ、販売されてきた。藤布は、主原料の藤蔓のみならず、副資材となる薪・灰・雪解け水・糊となる米やソバ粉などの多様な資源を、森・川・田・畑など村内の複数の土地利用区分で採集し、複雑な工程を経て生産される（表4－3）。藤布の生産は、上世屋の生態系が持つ複数の機能を横断的に活用することで形作られる生態系の文化的サービスと言うことができる。

このように上世屋・五十河地区の里山には、供給サービス・調整サービス・文化的サービスの、生態系サービスの主要な三つのカテゴリーがすべて含まれる。里山は、人間による生態系機能の多様で複合的な活用を象徴するシステムなのである。

3　生態系サービス間の相乗効果とトレードオフ

里山における生態系サービスの実例について紹介した前節では、生態系サービスをおのおの独立したものとして説明を行った。実際には、第二節でふれたように、生態系サービスの間には繋がりがあり、相互に作用しあっている。このため、ある生態系サービスの状態の変化は、別の生態系サービスの状態に影響を与える場合がある。生態系サービス間の相互作用は、生態系サービスが創出されるメカニズムを理解するためだけでなく、生態系サービスを持続的に利用するための生態系の管理手法を模索する上でも重要な概念である［Millennium Ecosystem Assessment 2005］。

（1）生態系サービス間の相乗効果（シナジー）

ある生態系サービスを保全あるいは強化することが、他のサービスの向上につながる現象を、生態系サービスの相乗効果（シナジー）と呼ぶ。例えば、新潟県栄村秋山郷のスギ植林地の林床では、ナメコの栽培が同所的に行われており、上層木のスギによる庇蔭によって、ナメコ栽培に好適な日照と湿潤の条件が林床に供給されている［井上二〇一二］。スギの植林という生態系サービスが、ナメコ栽培という生態系サービスを促進する相乗効果といえるだろう。また、前節で解説した上世屋地区における藤布生産の例では、フジを煮る際に広葉樹の灰を用いていた。これは、広葉樹林の薪炭供給という供給サービスが、藤布作りという文化的サービスを促進しているケースと捉えることができる。

（2）生態系サービス間のトレードオフ

生態系サービス間のトレードオフとは、一つの生態系サービスを優先させると他の生態系サービスが低下する現象を指す。例えば、一九六〇年代に日本の各地で進行した拡大造林では、二次林の大規模な伐採と、その跡地での針葉樹の人工林造成が促進された。その結果、適切な水供給や洪水・土壌浸食の制御、非木材林産物の産出といった重要な生態系サービスが低下した〔日本の里山・里海評価 二〇一〇〕。滋賀県東南部にある田上山地は、花崗岩を主体とした山である〔琵琶湖流域研究会編 二〇〇三〕。現在は緑に覆われた様相を呈しているが、かつてははげ山であった。宮殿仏閣を造営するための建築材や製陶に用いる燃料の採取が強度に行われ森林が過剰に伐採されたためである。地表面が露出した田上山地から大量の土砂が平地に運ばれ、川底に堆積し、洪水を引き起こす原因になった。これは、森林に生育する樹木を建築材や燃料として利用する供給サービスを過剰に利用した影響が、同じ森林にサービスの根拠を置く土砂流出防止の調整サービスに及び、効果を発揮しなくなったためと解釈することができる。つまり、建材や燃料の供給サービスと、土砂流出防止の調整サービスはトレードオフの関係にあったといえる。類似した供給サービスと調整サービスのトレードオフは、異なる地域でも確認されている〔千葉 一九七三；水野 二〇一三〕。

以上のように、生態系サービスの間には繋がりがあるので、ある生態系サービスに注目して活用する際には、トレードオフの関係にあるサービスの存在に注意を払う必要がある。生態系サービスの相乗効果とトレードオフの関係は、その概念は広まりつつあるものの複雑でまだ解明されていない部分が多い。今後、多様な生態系サービスの間の相乗効果とトレードオフに関する知見を蓄えていくことが大切である。

4　里山の生態系サービスの現状

生態系サービスは、生態系の機能のうち人間の便益となるものを指すので、便益に対する判断基準が変わればそれに応じて生態系サービスも変化する（図4−1）。日本においてこの一〇〇年の間に起こった燃料革命・緑の革命・車社会化などの社会経済状況の急激な変化は、地域生態系が持つ機能の魅力を薄め、生態系サービスの活用の縮小を導いた（例えば、植栗・笹谷〔二〇〇三〕、Miyamoto, Sano and Tanaka et al.〔2011〕）。国連大学高等研究所などが実施した日本の里

表4－4　生態系サービスの変化と直接的要因

生態系サービス			人間の利用	向上・劣化	指標・基準	直接的要因：都市化	モザイクの喪失	利用低減	乱獲	地球温暖化	外来種の増加	汚染
供給サービス	食料	米	⬊	➡	収穫量，耕地面積，10a当たり収量	✓		✓		✓	✓	
		畜産	NA	NA	—							
		マツタケ	⬊	↘	生産量			✓				
		海面漁業・水産物	⬊	↘	漁獲量	✓		✓	✓	✓		✓
		海面養殖・養殖	⬈	NA	漁獲量	✓						✓
	繊維	木材	⬊		林業生産指数，立木蓄積量	✓		✓			✓	
		薪炭	⬊	NA	林業生産指数	✓		✓				
		蚕の繭	⬊	⬊	収繭量，桑の栽培面積			✓				
調整サービス	大気浄化		+/−	+/−	NO_x，SO_x，濃度，飛来量（黄砂，内分泌撹乱物質）	✓		✓				✓
	気候調節		+/−	+/−	気温変動，雨量変動	✓		✓		✓		
	水制御	洪水制御	+/−	+/−	水田の面積，ため池数	✓	✓	✓				
	水質浄化		+/−	+/−	森林面積，化学肥料・農薬使用量，下水処理普及率	✓	✓	✓				✓
	土壌浸食制御	農地・林地	+/−	+/−	耕作放棄地面積，林相変化	✓	✓	✓			✓	
		海岸（砂防）	+/−	+/−	土砂供給量	✓		✓				
	病害虫制御，花粉媒介		↘	↘	農薬使用量，耕作放棄地面積，林相変化	✓	✓	✓				
文化的サービス	精神	宗教（寺社仏閣・儀式）	NA		社寺数，社寺林面積	✓						
		祭	↘		祭りの種類数，盆花の利用	✓						
		景観（景色・町並み）	↘		里山100選の登録数	✓						
	レクリエーション	教育（環境教育・野外観察会・野外遊び）	→		参加者数，里山NGO数，活動面積，子どもの野外遊び時間	✓						
		遊魚・潮干狩り・山菜とり・ハンティング	↘		参加者数（レジャー白書），施設数	✓						
		登山・観光・グリーンツーリズム	↗		参加者数（レジャー白書），施設数	✓						
	芸術	伝統芸能（音楽・舞踏・美術・文学・工芸）	↘		従業者数，生産量，平均年齢（後継者の育成）	✓						
		現代芸術（音楽・舞踏・美術・文芸・工芸）	NA		従業者数，生産量，平均年齢（後継者の育成）							
基盤サービス	森　林	一次生産	他のサービスとダブル・カウント（参考情報）	→	面積	✓		✓	✓	✓	✓	
	草　地	一次生産		⬊		✓		✓			✓	
	湿　地	一次生産		⬊		✓	✓					
	農　地	一次生産		➡		✓		✓			✓	✓
	河川・湖沼	一次生産		⬊		✓	✓				✓	✓
	干　潟	一次生産		⬊		✓	✓	✓	✓	✓	✓	✓
	海	一次生産		⬊		✓	✓	✓		✓	✓	✓

データに基づく	データによる裏づけなし	凡例		
⬈	↗	過去50年間において単調増加（「人間の利用」の欄）あるいは向上（「向上・劣化」の欄）	+/−	過去50年間において，「人間の利用」は増加と減少の混合，あるいは，ある要素／地域で増加し他の地域では減少
⬊	↘	過去50年間において単調減少（「人間の利用」の欄）あるいは劣化（「向上・劣化」の欄）	NA	評価不能（データ不足，未検討）
➡	→	過去50年間において変化なし（いずれの欄においても）	✓	生態系サービスに影響を及ぼす直接的な要因

（出所）日本の里山・里海評価［2010：19-20］.

山・里海評価［二〇一〇］では、調査した二三項目の供給・調整・文化的サービスのうち実に一一項目において、過去五〇年間に利用が低下したと判断された（表4－4）。里山の生態系と人間活動が疎遠になった結果、藪化の進行、常緑樹の繁茂、竹林の侵入拡大、ナラ枯れによる集団枯損被害の拡大、薪炭林としての機能の喪失、獣害の増加といった、地域固有の生態系の劣化が進行している［奥 二〇一三］。里山生態系の劣化は、〝利用しなくなった自然〟を、〝利用しにくい自然〟さらには〝利用できない自然〟に変えてしまう悪循環を引き起こす可能性をはらんでいる。

里山と人間が切り離されていく状況を回避し、里山の生態系サービスを回復するために、奥［二〇一三］は〝人や社会が生態系の構成要素から、意味や価値、財を引き出す技術・思想などの体系〟と意義付けた「生態系サービスの享受能力」を個人及び社会として回復することが大切であると説く。地域に蓄積された、里山の生態系サービスを享受するための技術と作法を基礎にして、現代の生活の需要を満たしつつかつ持続的な生態系サービスの活用方法を模索していくことが大切である。

参考文献

井上卓哉［二〇一一］「秋山郷における山菜・きのこ利用の変遷と採集活動」、湯本貴和編『シリーズ日本列島の三万五千年──人と自然の環境史五　山と森の環境史──』文一総合出版。

井之本泰［二〇一一］「京都府北部の植物繊維の利用──宮津市上世屋地区を例に──」、湯本貴和編『シリーズ日本列島の三万五千年─人と自然の環境史三　里と林の環境史』文一総合出版。

植栗真也・笹谷康之［二〇〇三］「山間地域における地域資源の連関性に関する研究──滋賀県朽木村針畑地域を事例として──」『都市計画論文集』三八（三）。

奥敬一［二〇一三］「里山林の生態系サービスを発揮するための課題と農村計画の役割」『農村計画学会誌』三二（一）。

千葉徳爾［一九七三］『はげ山の文化』学生社。

日本の里山・里海評価［二〇一〇］『里山・里海の生態系と人間の福利──日本の社会生態学的生産ランドスケープ─概要版──』

国際連合大学。

琵琶湖流域研究会編［二〇〇三］『琵琶湖流域を読む』上巻、サンライズ出版。

深町加津枝［二〇〇〇］「農山村における土地利用とランドスケープの変化」『ランドスケープ研究』六四（二）。

深町加津枝・奥敬一・横張真［一九九七］「京都府上世屋・五十河地区を事例とした里山の経年的変容過程の解明」『平成九年度　日本造園学会研究発表論文集』六〇（五）。

水野章二［二〇一三］『災害と開発』、井原今朝男編『環境の日本史三　中世の環境と開発・生業』吉川弘文館。

山崎光子［一九八七］「藤布織りの作業工程――宮津市上世屋の場合――」『民俗服飾研究論集』二。

――――［一九九〇］「宮津市上世屋の藤織り生活史」『民俗服飾研究論集』三。

Millennium Ecosystem Assessment［2005］*Ecosystems and Human Well-Being : Synthesis*（*The Millennium Ecosystem Assessment Series*）, Washington, D.C.: Island Press（横浜国立大学　二一世紀COE翻訳委員会監訳『国連ミレニアムエコシステム評価　生態系サービスと人類の将来』オーム社、二〇〇七年）.

Kumar, P. ed.［2010］*The Economics of Ecosystems and Biodiversity Ecological and Economic Foundations*, London and Washington : Earthscan.

Miyamoto, A., Sano, M. and H.Tanaka et al.［2011］"Changes in forest resource utilization and forest landscapes in the southern Abukuma Mountains, Japan during the twentieth century," *Journal of Forest Research*, 16（2）.

第5章 里山林の成立

大住克博

1 里山林としてのコナラ林

（1） 里山林とは？

青々とした水田は小川を巡らせながら広がり、その奥まったところに前栽の梅や柿がきれいに刈り込まれた農家が、深い草屋根を並べる。そしてそれらを包み込むように、背後の決して高くはない山々にマツやドングリの林が広がる。典型的な里山のイメージというと、このようなものになろうか。このように、林は里山の景観にとって主要で欠かせない要素である。それを里山林と呼ぼう。

その里山林とは、どんな林であろうか。人は長い歴史を通して、農業を中心とした生業の維持や生活の便のために資源利用を行いつつ、深く里山に関わってきた。当然、里山林は、原生林のような天然の森ではない。片や人工林も、小規模で断片的なものはともかく、大規模なものは里山のイメージにそぐわない。「人工」という言葉が示すように、人の関わりが強く、また商品生産的なイメージが大きすぎるからである。我々の里山林のイメージに違和感が無いのは、

写真5－1　近畿地方の里山林の主要なタイプ

上；アカマツ林，中；シイ・カシ林，下；コナラ林（筆者撮影）

残る二次林や雑木林、林学用語で天然生林[1]と呼ばれる森林であろう。

（2）多様な里山林

『となりのトトロ』（宮崎駿監督、一九八八）は早くに里山を扱ったアニメ映画である。昭和の里山の雰囲気をよく表しており、里山林というと、「トトロ」に出てくるような、深々としたドングリの森を思い起こされる方も多いだろう。しかし、里山林はドングリの森ばかりではない。西日本では松林や竹林であったり、北日本では白樺林であったり、様々である。

関西地方を例にとれば、それは大きく三つのタイプに分けられるだろう。アカマツ林、常緑樹が多いシイ・カシ林、そして落葉樹が多いナラ林である（写真5－1）。第五回自然環境保全基礎調査植生調査（全国版）［環境庁 一九九九］に示された暖温帯二次林の調査資料から、関西地方における三つのタイプの里山林の分布をみてみよう（図5－1）。

三つのタイプは、それぞれ異なった分布域を持っていることが分かる。アカマツ林は近江から瀬戸内海沿岸に多く、シイ・カシ林は紀伊半島に、そしてナラ林は大和、近江から日本海側にかけて多い。

三つのタイプの里山林の分布が分離する現象には、様々な仕組みが働いていることが予想される。しかしおおよそ、常緑広葉樹林であるシイ・カシ林はより温暖な南部に多く、落葉広葉樹林であるナラ林はその北部に広がる。一方アカマツ林は、内陸で比較的雨量が少なく、かつ都市を抱えて歴史を通して人の山野利用が激しかった関西中部に多い。このように説明することができるだろう。

ここからは、代表的な里山林であるナラ林を取り上げて、その成立の仕組みを考えてみたい。

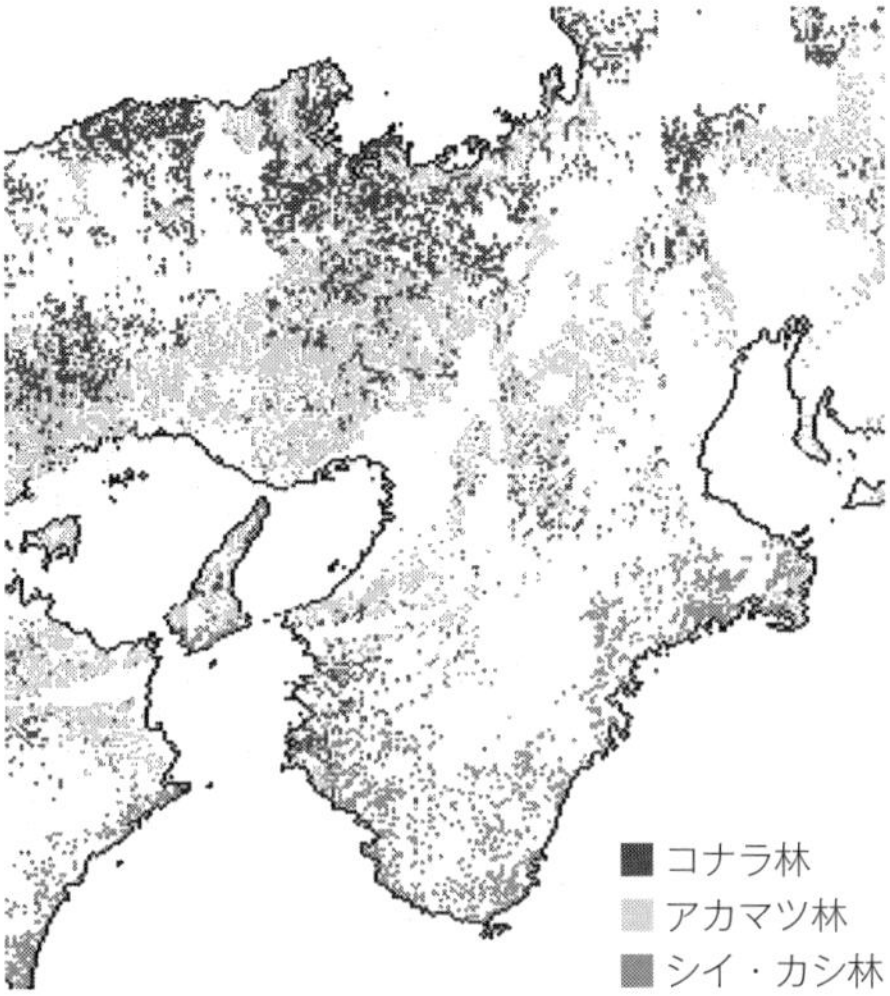

図5－1　近畿地方における三つの主要なタイプの里山林の分布

（出所）環境庁［1999］.

(3) 里山のナラ林の森林帯への位置づけ

日本列島には、気候に応じて冷温帯林や暖温帯林などの森林帯が認められる。それぞれは、ブナに代表される落葉広葉樹林帯、またカシ類やシイ類などの常緑樹が優占する照葉樹林帯と呼ばれることもある。関西地方の低山の里山林のほとんどは、気候的には暖温帯あるいは照葉樹林帯の範囲に入る。しかしそこには、常緑のカシ・シイ林、アカマツ林の他に、落葉広葉樹林であるナラ林も広く存在している。この里山のナラ林は、森林帯上どのように位置づけられるのであろうか[2]。野嵜［二〇〇七：二一七―四二］により、その問題を考えてみたい。

人為攪乱を大きく受けていない極相林的な森林を想定し

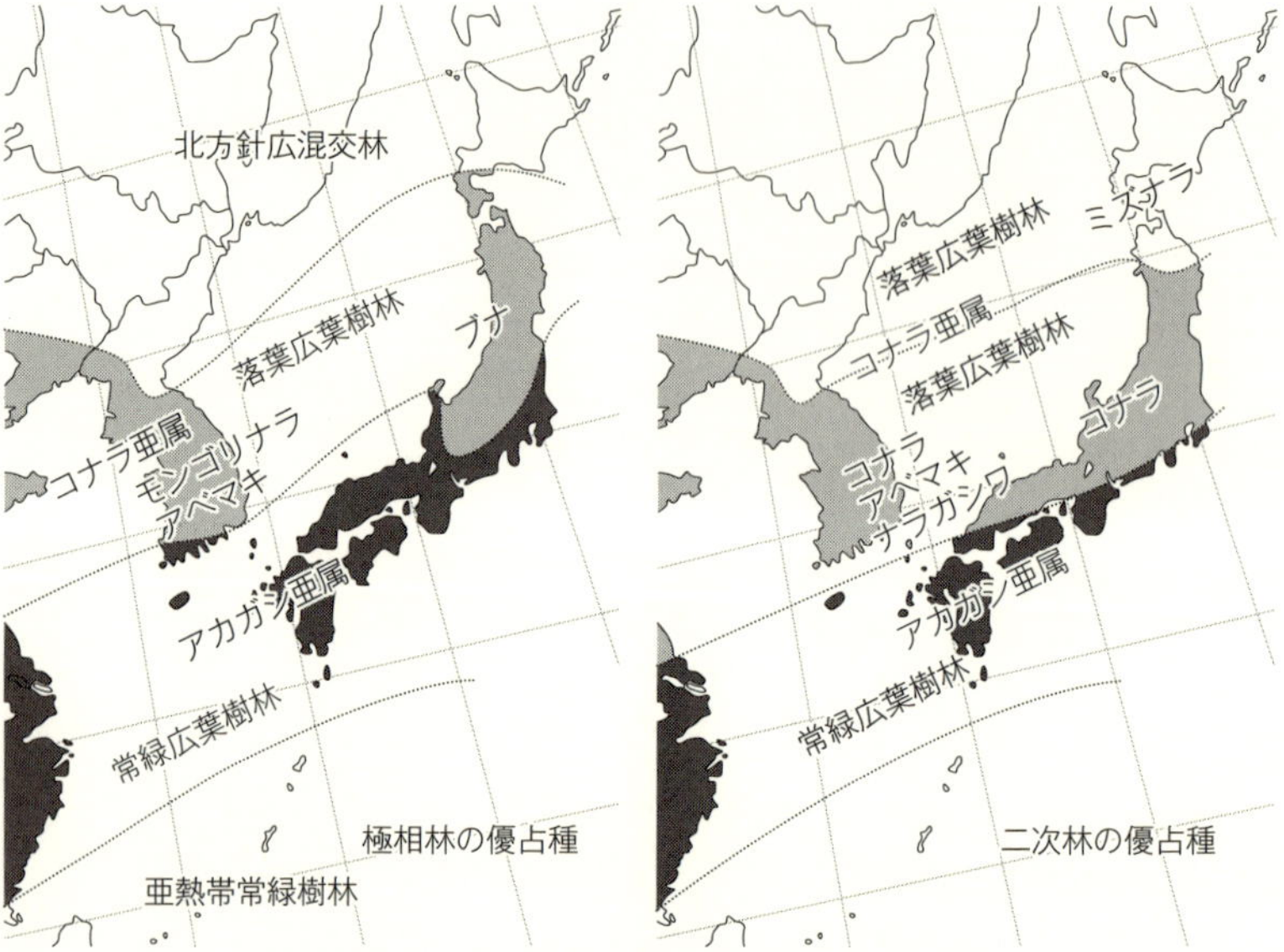

図５－２　日本列島の森林帯と優占種

（出所）野嵜［2007］を一部改変.

た場合（図5－2左）と、人為撹乱を大きく受けた二次林（図5－2右）の優占樹種を、森林帯と重ね合わせて比較してみよう。極相林では優占種とならないコナラは、二次林ではブナやアカガシ亜属（常緑のカシ類）に取って代って広く出現する。その範囲は冷温帯から暖温帯北部に及び、暖温帯北部では、照葉樹林が二次林化に伴い、コナラを主とした落葉広葉樹林に変化することが分かる。関西地方北部の里山コナラ林は、これにあたるのであろう。

極相林から二次林への変化を日本列島で引き起こした主たる撹乱は、当然人為によるものであろう。人の農耕や定住と、それに伴う周辺の林野利用の拡大である。二次林的植生への変化は何時頃起きたのであろうか。佐々木・高原［二〇一一：一九―三五］は、花粉分析で復元された関西地方の過去の植生の情報をもとに、この地域ではその変化は概ね一〇〇〇年ほど昔、平安時代あたりに起きたと推定している。その時代を境に、中南部ではカシ類やスギ、北部ではブナなどが優占していたそれまでの極相的な森林が、マツ類やナラ類やクリなどの優占した二次林的な森林に変化する

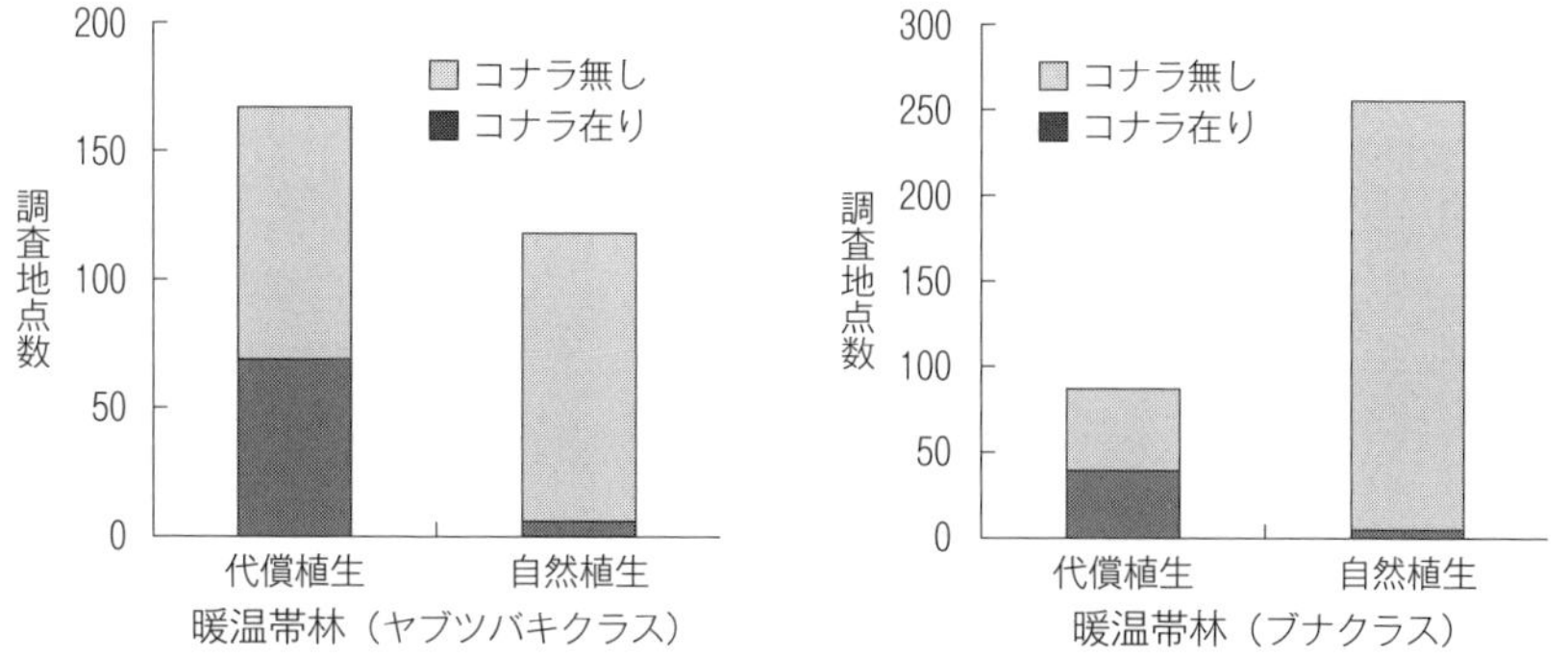

図5－3　関西地方でコナラはどのような森林に出現するか

（出所）宮脇編［1984］より筆者作成.

のである。この花粉相の変化は、時に火事の発生を示す炭や農耕栽培種であるソバの花粉の出現を伴っていて、人為攪乱の拡大との同調を暗示している。

2　コナラ林の出自

(1)　コナラはどこにいたのか

では、里山のコナラ林は、極相林が二次林に変化する過程で、どこから生まれてきたのだろう。まず考えられるのは、もともとコナラは冷温帯から関西中北部の暖温帯の極相林の中に少数派の構成員として個体群を維持していたものが、人為攪乱の中で生き残る能力が強かったため、優占していったという説明である。例えば、ブナは伐り株から萌芽を発生させ次世代の森林を形成していく能力が弱く、伐採が繰り返されると急速に個体群が縮小するのに対し、コナラは旺盛な萌芽力を持つため、繰り返す攪乱により能く耐えて個体群を維持できるだろう。

この説明は合理的で、ある程度の妥当性を持つと思われるが、完全ではなさそうだ。というのは、コナラはそもそも極相林の中にはほとんど生育していなかったと考えられるからである。関西地方の植生を網羅的に多点調査した資料より、自然植生（極相林的と見なされたもの）と代償植生（二次林的）に分けて、コナラの出現した調査地の数を較べてみよう（図5－3）。暖温帯域でも冷温帯域でも、コナラは代償植生と見なされた森林の半数近い地点で出現したが、自然植生と見なされた森林には、ほとんど出現していなかった。現在の里山林のコナラが、その地にあった極相林から生き残ったものであるとするには、どうしても疑問が残る。

とすれば、里山林のコナラは、極相林の時代には普遍的ではないものの地域のどこかに生育していたものが、人為攪乱のもとで大きく広がってきたのかも知れない。では、コナラはそのような分布拡大が可能な樹種なのであろうか。

(2)　人為攪乱による二次林化の仕組み

里山林などの二次林を構成する樹種の多くは、伐採や火入れなどの人為攪乱の中で個体群を維持し、あるいは拡大する。関西地方の里山林の優占種の一つであるアカマツについてみてみよう。アカマツは、昔から森林が荒廃し劣化した場合に成立する植生として認識されてきた［本多 一九〇〇：四六五―六九］。典型的な先駆種であり、山火事跡や崩壊地、現代では土木工事跡地など、植生ばかりでなく地表の土壌まで激しく攪乱された場所に進入し、旺盛に成長していち早く森林を成立させる。それを可能にしているのは、更新に関わるアカマツの生態的特性である。

アカマツは比較的多産であり、沖津・池竹・高橋［一九八六：一三二―三五］のデータより推定すれば、胸高直径三〇センチメートルの個体は一万個以上の種子を生産する。種子生産量は年により変動するが、豊作はほぼ一年おきと頻繁に起きる。種子は小型であるが羽は大きく、風にのって遠距離まで飛散する。多量の種子を年を空けずに生産し、広い範囲に供給することは、いつどこで攪乱が起き、実生発生適地が出現しても、そのチャンスを高い確率でつかむことに貢献しているだろう。また発生したアカマツの実生は、攪乱でできた開放地の強い光条件を利用して大きな初期成長を実現し、他の植生との競争に勝ってアカマツ林を形成することができる。近世末期の近江から瀬戸内にかけての里山は、木の根を掘り起こすほどの過剰利用により、しばしば荒廃地化したことが知られているが［千葉 一九七三：一―一三三］、そのような状況がアカマツを優占させていったのであろう。

では、アカマツと同様に里山に多いコナラの場合はどうだったであろうか。橋詰［一九八七：一九―二七］によれば、胸高直径三〇センチメートル程度の個体の種子生産量は一五〇〇個程度であり、豊作年は二―三年に一度発生する。種子は重く羽などの散布器官を持たないため、大半は母樹の林冠下に落下する［奥村・大木 一九九二：一―一五］。ネズミ類やカケスなどの鳥類によっても散布され、カケスによる場合は一キロメートルを超す遠距離に至ることもあるが、多くの種子は母樹から三〇メートル以内に留まる［箕口 一九九三：二三六―五三］。このようなコナラの種子供給能力は、コナラがアカマツに比較して人為攪乱により出現した開放地に進入する能力が低いこと示唆している。さらにコナラの実生は、その初期成長がアカマツより遅いため、里山の攪乱跡の開放地での他の植生との競争にも弱いであろう。このように、コナラの更新特性は攪乱依存種の典型ではない。それなのになぜ里山で優占することができたのだろうか、というのが次の疑問である。

3　里山における人為攪乱

（1）　薪炭林利用

コナラ林には、近年の松枯れによりアカマツ林が崩壊した後に成立したものもあるが［山瀬 一九九八：一―七］、近代以前から薪炭林として維持されてきたものも広く存在する。そのようなコナラ林の成立を考えるためには、近代以前に里山がどのような環境にあったのかを理解しておく必要があるだろう。

里山林、特にナラ類が多い雑木林が、ひろく薪炭林として利用されていたことは、周知のとおりである。薪炭林といっても、炭の流通が増加し商品としての製炭が盛んになるのは明治後半以降なので、それまでは薪利用が主流であったただろう。ごく一般的には、薪炭林は一〇―三〇年周期で伐採されてきた。伐採後の更新は、商業的な製炭で規格の揃った高級炭を生産する場合はクヌギを植栽することもあったが、多くの場合は、伐り株からの萌芽による天然更新に委ねていた。

(2)「草山」の利用

しかし近世の里山は、近代以降のように薪炭林に覆われていたわけではなく、「草山」[3]が大きく広がっていたということが、近年の研究から明らかにされつつある〔水本 二〇〇三：一一一四；小椋 二〇一二：一九九―二一三〕。近代以前の農業は、田畑の生産力維持のための肥料を、山野の「草」を資源とする緑肥に大きく頼っており、農地に近接する里山は、もっぱらその緑肥の生産基地にあてられてきたという。緑肥のみに頼って水田を維持する場合、その供給のために耕地面積の一〇倍近い「草山」が必要であり、耕地の拡大した一七世紀以降、里山の多くは「草山」化してしまったのである。それらの「草山」には、草本ばかりではなく、樹木の萌芽を交えた薮、あるいは丈の低い柴山も含まれていたと考えられる〔田村 一九九四〕。また、里山の一部では萱の生産も行われた。萱は屋根葺きの材料であり、良質な萱の生産のためには、管理されたススキ草原が必要であった。

近代化の中で、緑肥の需要は大豆粕などの輸入肥料や化学肥料の導入とともに、また屋根葺き用の萱の需要は瓦屋根やトタン屋根の普及により激減し、「草山」の多くは一早く里山から消滅していった。このため、これらの「草山」がどのように管理をされ、どのような植生が成立していたかは、今では不明な部分が多い。しかし、毎年あるいは数年に一度刈り取られ、いずれも、草本の場合は株から再生する茎葉や、木本の場合は萌芽により更新されてきたものと考えられる。

以上のように近代以前の里山における撹乱は、頻繁な人為撹乱、つまり短い間隔で繰り返される伐採、刈り取りという大きな特徴を持っていた。ただし、短い間隔といっても、利用目的により毎年から三〇年程度までの幅は存在していただろう。

4　人為撹乱下のコナラ

(1)　コナラの優占はどのように説明されてきたか

このような短い間隔で発生する人為撹乱の中で、コナラ個体群はどのような挙動を示してきたのだろうか。コナラが薪炭林で優占することは周知であり、そのことは以下のように説明されてきた。

・伐採を受けても、萌芽による再生能力が高い〔本多 一九〇八：二三―三〇；嶋・片桐・金子 一九八九：四一〇―一六〕
・再生した萌芽の成長が早く、競争力が高い〔片倉・奥村 一九八九：一―一三；崎尾・熊谷・永沢ほか 一九九〇：一―五〕
・種子生産開始齢が早い〔本多 一九〇八：二三―三〇；橋詰 一九八三：四九―五四；甲斐 一九八四：一―一二四〕

以下、これらの説明を検証してみることにしたい。

(2)　萌　芽　力

コナラの萌芽力は高く、直径二〇センチメートルの切り株からは数一〇―一〇〇本もの萌芽を発生させる（写真5―2）。同じナラの仲間のクヌギやアベマキもやはり良く萌芽することが知られているが、これらと比べても多いぐらいである。また、発生した萌芽は成長が早く、通常、一生育期間経過後の樹高は一―二メートルに達する。一方、実生は概ね五〇センチメートル以下にとどまるため、他の植生との激しい競争にさらされる伐採跡地での更新において、萌芽は大変有利であることがわかる。短い間隔で伐採が繰り返されてきた里山林でコナラが優占してきたことには、その萌芽能力が大きく貢献してきたものと考えてよいだろう。

写真５－２　伐り株から萌芽するコナラ
（筆者撮影）

（3）　種子更新

一方、コナラが若いうちから種子生産を始めること、つまり繁殖早熟性が強いということは、今まであまり注目をされてこなかった議論である。コナラ林は主として萌芽更新により維持されてきたが、種子更新も重要な役割を果たしていたと考えられる。なぜなら、萌芽更新では、萌芽発生やその後の萌芽幹の成長に失敗して枯死する株が発生するために、種子更新により新しい個体の補充されなければ、ついには個体群が消滅してしまうからである。

コナラはその強い繁殖早熟性によって、この問題を克服しているのではないだろうか。若い幹がいち早く種子生産を開始することは、短い間隔で伐採される里山の環境下で種子更新を行うために有効であろう。コナラは、野外において、胸高位置（一・三メートル）に達しない幹でも発芽力を持った堅果を生産する例がごく普通に観察される。この早熟性は実生よりも萌芽において強いものの、実生でも播種二年目の幹が開花する例が観察されている［橋詰 一九八三：四九―五四］。代表的な先駆種であるアカマツやシラカンバも同様に繁殖早熟性を持つが、それでも実生発生後、結実に至るまで一〇年程度を要する［Osumi 2005：2057–68］。コナラは国内の高木種の中で、最も強い繁殖早熟性を持つ樹種の一つだろう。

（4）　里山にコナラ林が卓越した仕組み

近代以前の里山における人為撹乱様式とコナラの生態的特性から、里山にコナラ林が広く成立した仕組みは、次のように説明できるのではないだろうか。

近代以前の里山には、薪炭林のみならず緑肥利用のための「草山」が広がり、それらは毎年から数年に一度刈り取られてきた。このように非常に短い間隔での伐採が繰り返される環境下では、強い萌芽能力と共に、次の伐採が来る前にいち早く種子生産できる繁殖早熟性を持つものが、より確実に個体群を維持できる。かつて「草山」あるいは柴山と呼ばれてきたような、非常に短い間隔で伐採が繰り返されてきたところでは、萌芽更新をしつつ種子更新による個体補充も行いうるような高木性樹種はコナラしかない、という状況が起きていたのではないだろうか。そして、その後、緑肥利用のための「草山」や柴山の管理が終焉すると同時に、コナラの実生や萌芽を多く交えた藪は、コナラの混交率の高い里山林として成立していったのではないだろうか?

(5)　成立したコナラ林はさらに維持管理された

ここまで述べてきたように、コナラはその生活史特性により、人が里山林を利用するために引き起こす撹乱によく耐え、その中で優占度を高めてきたものと考えられる。コナラは薪としての利用価値が高いために、里山にコナラ林が成立することは、人々にとっても好ましいことであった。伝統的な薪炭林管理において、人々がどれほどコナラの生態を理解していたかは明らかではないが、コナラの生態に適合する形で管理が行われきたという点もいくつか指摘できる。

例えば、薪炭林の伐期は、コナラが順調に萌芽更新を行う範囲に設定されてきた。コナラは旺盛な萌芽能力を持つものの、幹が大径化、もしくは高齢化すると、一転して萌芽能力を失うという特徴を持つ［橋詰 一九八五：三〇―三九；韓・橋詰 一九九一：九九―一一〇］。この大径化したナラ類が萌芽能力を衰退させるというリスクは、近世には既に認識されており、大径化させないことが奨励されていたという記録も残っている［日本学士院編 一九五九：六八二］。また、薪炭林の伐採は、通常、落葉期［淺川 一九三九：三五〇―六〇］に行われてきた。もちろん、冬場の伐採には、農閑期の労働力を利用するという意味もあったであろう。しかし、萌芽成績が季節により変化し、開葉期の伐採では低下することも近世には知られていたようである［日本学士院編 一九五九：六八三］。さらに、近世の伝統的な里山薪炭林管理では、時には下刈りや補植、萌芽の本数調整なども行われてきた。近世の里山林管理は、単に伐採してその後は自然力に任せ放置するというようなものばかりではなく、多少なりともコナラ林の維持を意図した技術体系を備えたものもあったのである〔日本学士院編 一九五九：六八〇―八六〕。

5　成立過程の理解から得られる示唆

（1）利用の消失に伴うコナラ林の変化

これまでに見てきたように、里山のコナラ林の成立と維持には、資源利用のために短期間で繰り返される伐採が、大きな役割を果たしてきたと考えられる。しかしこのような里山の木質資源利用は、国内では一九六〇年代以降、ほとんど消失していった（図5－4）。早くからの緑肥利用の衰退に加えて、石油やプロパンガスなどの化石燃料の浸透という、いわゆるエネルギー革命が、里山から薪炭利用も駆逐したためである。

その結果、里山林は伐採されることなく放置されて、高齢化、大径化していく（図5－5）。さらに関西地方などの暖温帯域では、コナラのような落葉樹を主とする里山林の林内の下層に、ソヨゴやヒサカキなどの常緑樹低木やネザサの進入が目立つようになる。これらのことは、今後の里山のコナラ林に維持にいくつかの影を落としつつある。大径化により、今後は萌芽更新が困難になっていくであろうし、ナラの集団枯損も引き続くと考えられる。また常緑樹の進入は、比較的明るい環境を好む種多い里山の生物多様性を衰退させつつある。

里山のコナラ林は、長年の人為撹乱――利用のための管理――により成立し維持されてきた。このことを踏まえれば、今後、里山のコナラ林として安定的に維持していこうとした場合、何らかの積極的な管理――一定の人為撹乱――が必要であるという理解に達するだろう。

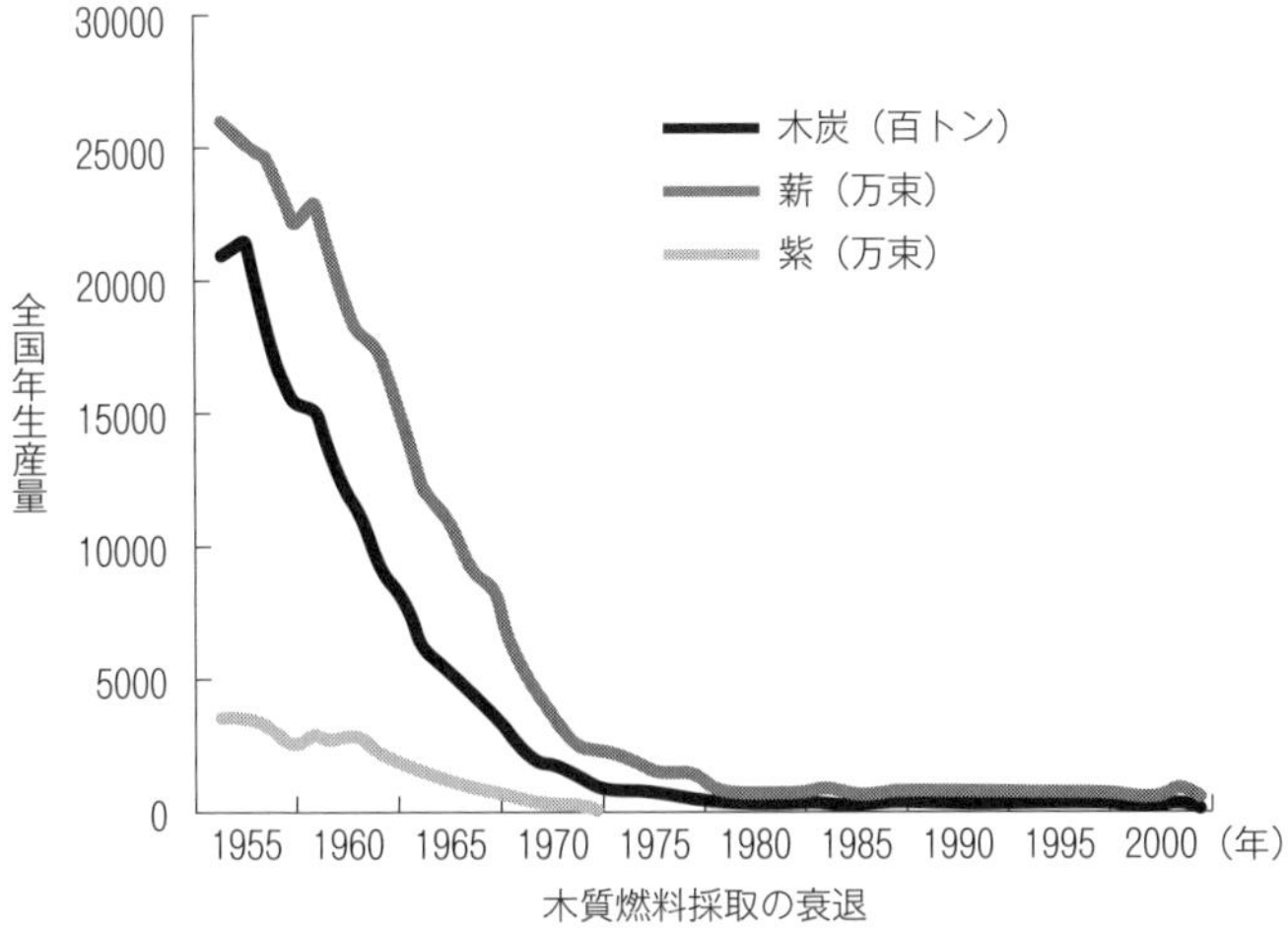

図５－４　木質燃料採取の衰退

（出所）林業統計書より筆者作成.

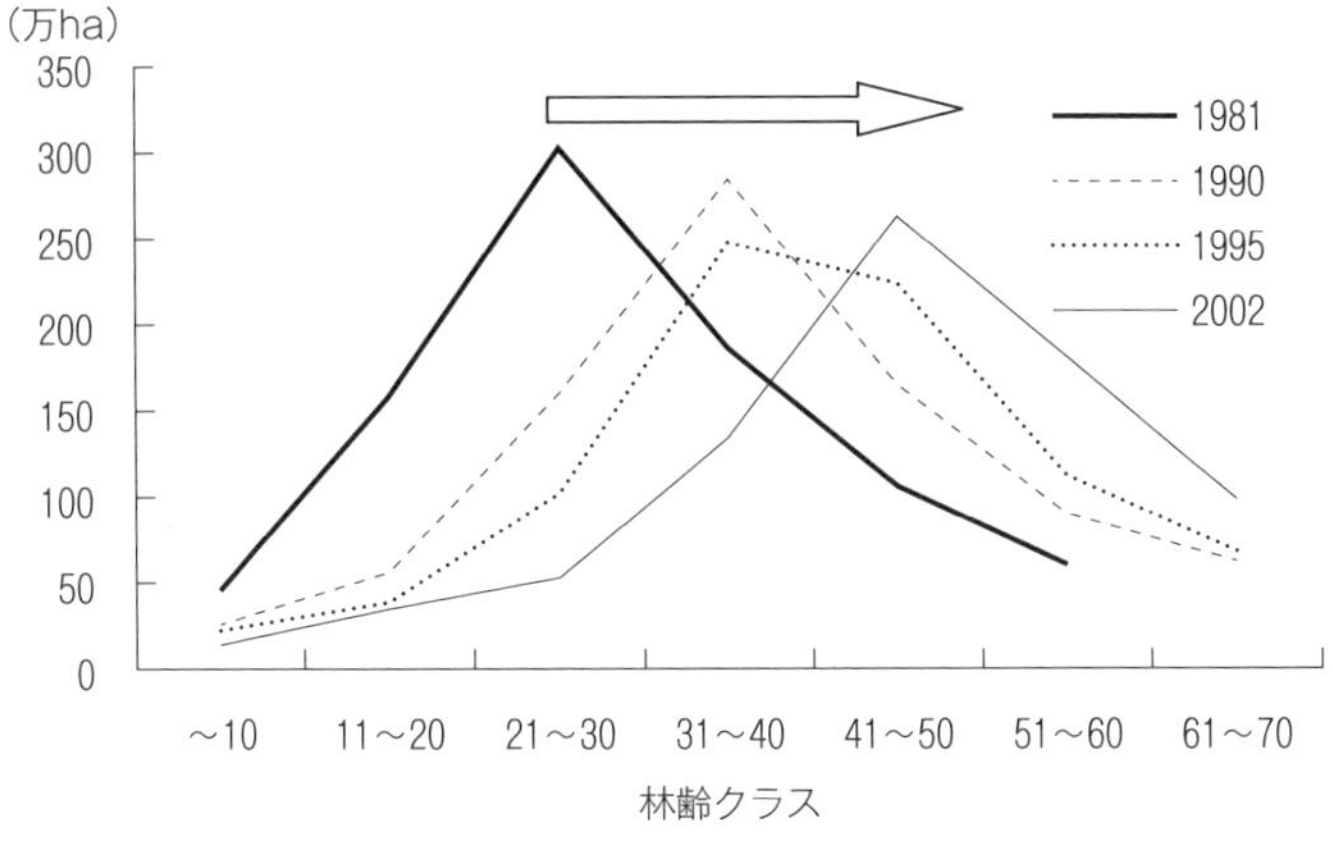

図５－５　全国の若齢天然生林（多くは里山林にあたると思われる）の齢級別面積の変化

（出所）林業統計書より筆者作成.

（2）森林を取り巻く環境の歴史的理解の必要性

ここまで議論してきたのは里山のコナラ林であるが、アカマツ林などの他のタイプの里山林も、同様に歴史的な人為攪乱――利用管理――の影響を大きく受けつつ成立してきたと推測されている。そもそも里山林的な森林は国土の二割以上に及ぶ［恒川 二〇〇一：三九―五〇］。身近な森林を理解するためには、それらを取り巻く環境の歴史的理解は欠かせないのである。例えば、コナラ林の成立に緑肥利用が大きく影響してきたとすれば、コナラ林の理解には、伝統的農業の技術史を学ぶ必要性があることを示している。さらに、アジア近隣諸国の里山的森林植生を考える場合には、彼の地の自然環境や森林植物相の日本列島との違いばかりではなく、そこで行われてきた農業技術体系の違いも考えることが必要となろう。そのような視点は、現在の目前の森林の理解を、より豊かなものにするに違いない。

❀注

（1）林学では、人手によらず自然に世代交代（更新という）が行われ持続している森林を天然林と呼ぶ。いわゆる「原生林」的な森林である。一方、攪乱（森林の構造が破壊されること）された後に、植栽や播種など人手により作られた森林が人工林である。天然生林は、攪乱は伐採や山焼きなどの人為によるが、その後の森林の更新は自然に発生した萌芽や実生にゆだねられたものである。里山林ではクヌギなどを植栽することもあるが、多くの場合、更新を自然にゆだねているため、天然生林にあたる。ちなみに植栽などの人為による世代交代を人工更新といい、また自然に発生した萌芽や実生による世代交代を天然更新という。

（2）冷温帯（落葉広葉樹林帯）と暖温帯（照葉樹林帯）の間に、中間温帯あるいは間帯という森林帯を認める議論も多い［野嵜 二〇〇五：六二―六三］。中間温帯はブナを欠いたナラ類やクリなどの落葉広葉樹、モミやツガなどの温帯性針葉樹で特徴づけられるが、これを独立した森林帯とみるか、暖温帯から冷温帯の移行相とみるかは意見が分かれるところである。中間温帯は、西日本では山地の温帯性針葉樹林となることが多いのに対し、東日本、北日本では低山のナラ・シデ林となる傾向がある。後者は里山のナラ林に類似した種組成を持つが、低標高地域でもあり、歴史的な人為影響がどの程度及んでいるのか、吟味が必要であろう。

（3）草山という言葉は近世文書にしばしば使われるが、それが具体的にどのような植生を指し示すのかは明らかではないため、ここでは「草山」と括弧つきで表記した。実際にはシバ草地、ススキ草地、イネ科に多様な高茎草本を交える草地、木本が低く刈り込まれた藪を含む柴山、ササ原など多様な植生を抱合している物と考えられる。また、そのような多様な「草山」を誘導し維持してきた人為撹乱＝管理利用も、草刈、火入れ、放牧、あるいはそれらの複合など多様であったと推定される。

参考文献

淺川林三［一九三九］「矮林の萌芽に関する研究（第一報）伐採季節と萌芽の関係」『日本林学会誌』二一。

沖津進・池竹則夫・高橋啓二［一九八六］「アカマツの球果生産」『千葉大学園芸学部学術報告』三八。

奥村俊介・大木正夫［一九九二］「落葉広葉樹林帯における有用広葉樹の開花結実特性に関する調査」『長野県林業総合研究センター研究報告』六。

小椋純一［二〇一二］『森と草原の歴史――日本の植生景観はどのように移り変わってきたのか――』古今書院。

甲斐重貴［一九八四］「暖帯性落葉広葉樹林の特性と施業に関する研究」『宮崎大学農学部演習林報告』一〇。

片倉正行・奥村俊介［一九八九］「コナラ二次林の萌芽更新と成木林肥培」『長野県林業総合センター研究報告』五。

環境庁［一九九九］「第五回自然環境保全基礎調査植生調査（全国版）」環境庁（http://www.biodic.go.jp/reports2/5th/vgtmesh/index.htm、二〇一五年一月三〇日閲覧）。

佐々木尚子・高原光［二〇一一］「花粉化石と微粒炭からみた近畿地方のさまざまな里山の歴史」、大住克博・湯本貴和編『シリーズ日本列島の三万五千年――人と自然の環境史、第三巻　里と林の環境史――』文一総合出版。

崎尾均・熊谷浩次・永沢晴雄・玉木泰彦［一九九〇］「コナラ萌芽枝の初期成長と萌芽枝整理の効果」『森林立地』三二。

嶋一徹・片桐成夫・金子信博［一九八九］「コナラ二次林における伐採後2年間の萌芽の消長」『日本林学会誌』七一。

田村説三［一九九四］「まぐさ場（秣場）の植生とまぐさ場起源の二次林」『埼玉県立自然史博物館研究報告』一二。

千葉徳爾［一九七三］『はげ山の文化』学生社。

恒川篤史［二〇〇一］「日本における里山の変遷」、武内和彦・鷲谷いづみ・恒川篤史編『里山の環境学』東京大学出版会。

日本学士院編［一九五九］『明治前　日本林業技術発達史』日本学術振興会。

野嵜玲児［二〇〇五］「中間温帯」、福嶋司・岩瀬徹編『図説日本の植生』朝倉書店。

――［二〇〇七］「ナラ林の自然史と二次的自然の保護」『関西自然保護機構会報』二九。

橋詰隼人［一九八三］「クヌギ、コナラの幼齢木の着花習性」『広葉樹研究』二。

――［一九八五］「シイタケ原木林の造成法――萌芽更新法（その二）――」『菌蕈』三一（七）。

――［一九八七］「クヌギ、コナラ二次林における種子生産」『広葉樹研究』四。

韓海栄・橋詰隼人［一九九一］「コナラの萌芽更新に関する研究（Ⅰ）壮齢木の伐根における萌芽の発生について」『広葉樹研究』六。

本多静六［一九〇〇］「我国地力ノ衰弱ト赤松」『東洋学芸雑誌』二三〇。

――［一九〇八］『本多造林学各論　第二編　濶葉林木編の二』三浦書店。

水本邦彦［二〇〇三］『草山の語る近世』山川出版社。

箕口秀夫［一九九三］「野ネズミによる種子散布の生態的特性」、川那部浩哉監修　鷲谷いづみ・大串隆之編『動物と植物の利用しあう関係』平凡社。

山瀬敬太郎［一九九八］「松枯れ激害地における里山管理に関する提言――姫路市牧野地区の生活環境保全林整備事業地を事例として――」『兵庫県立森林・林業技術センター研究報告』四六。

Osumi. K. [2005] "Reciprocal distribution of two congeneric trees, *Betula platyphylla* var. *japonica* and *Betula maximowicziana*, in a landscape dominated by anthropogenic disturbances in northeastern Japan," *Journal of Biogeography*, 32 (12).

第6章 里山の生物多様性

横田岳人

はじめに

「里山」という言葉を頻繁に耳にするようになって二〇年近くになるように思う。「里山学」なる科目が大学で教授され、それに向けた出版物も出されるなど、里山という言葉は市民権を得て用いられるようになった。ただし、用語の定義が錯綜し、森林を専門にする林学関係者と農業関係者、農山村の社会に関わる方々、市民団体などが、それぞれの定義で里山を語り、多くの混乱が生じていた。農用林から都市公園までが里山という言葉で括られてしまったのだから、混乱しない方が不思議である。昨今では用語の混乱はほぼ収束し、林業関係者が用いていた「農用林」を含んだより広い定義に落ち着きつつある。すなわち、「農業生産環境とそれを取り巻く景観」が里山の最大公約数的な定義といえるだろう。

なぜこのような定義の問題を最初に扱うのかというと、狭義の里山では農用林としての森林生態系しか含まないが、広義の里山には森林生態系だけでなく、水田生態系、畑地生態系、茅場など採草地の草地生態系、ため池生態系、水路などの小河川生態系、用材生産を目的とした林業生態系等々、多くの種類の生態系を含むことになる。多くの種類の生態系を含むということは、必然的に多様な生態系を含むこととなる。「里山の生物多様性」を扱う本章では、その生物多様性の幅が里山の定義に左右されるということになる。

1　生物多様性とは何か

（1）Biological Diversity と Biodiversity

生物多様性という言葉は、英語の biodiversity を直訳したものである。biodiversity は biological diversity から派生した用語で、生物学的多様性を意味する専門用語であった。後で触れる「生態系における種構成の多様性」を意味する生態学的多様性がもともとの意味で、そこに生物学に見られる多様性全般を盛り込んだ内容に広がりを持った言葉である。一般に分かりやすい表現として英語で biodiversity が定着し、その後日本語でも生物多様性という表現が定着した。「多様」という言葉が一般用語のため、個々人のこれまでの体験に基づいて多様に理解解釈されがちであり、なかなか共通認識を持った形で「生物多様性」が捉えられていないように思われる。

（2）「生物多様性の定義」人間と環境開発会議の定義（外務省訳）

生物多様性という言葉が政治の舞台に取り上げられるようになったのは、一九九二年にブラジルのリオデジャネイロで開催された環境と開発に関する国際連合会議（通称、地球サミット）である。一九七二年の世界人間会議から、人類が暮らす地球環境に対して人類の及ぼす負荷が増大し、人類の活動が地球のバランスを崩す可能性が強く示唆されるようになった。その崩れる地球のバランスの指標として、「地球温暖化」や「生物の種の絶滅」の問題が取り上げられるようになる。地球サミットでは、地球温暖化対策としての「地球温暖化枠組み条約」と、生物種の絶滅問題に関連する

「生物の多様性に関する条約」（生物多様性条約）の二つの条約が批准された。条約の中に生物多様性を書き込む際には、定義を文章化する必要がある。外務省のホームページに掲載されている定義は次の通りである。「すべての生物（陸上生態系、海洋その他の水界生態系、これらが複合した生態系その他生息又は生育の場のいかんを問わない）の間の変異性をいうものとし、種内の多様性、種間の多様性及び生態系の多様性を含む」。

この定義を読んで、生物多様性がよく分かったと感じる人はほとんどいないだろう。「すべての生物」というのは、生きて活発に動いている生物個体だけでなく、種子や胞子、卵、蛹を含むし、無性生殖が良く行われる植物では、萌芽、ムカゴ、挿し木、接ぎ木、等によって生じた個体を含んだ表現である。「生物」（＝生きているもの）であることがミソで、屍体や生物起源の生産物（絹糸、植物繊維、木材等）は含まない。どのような状態であってもあらゆる場所で生きている生物が、それぞれ関わり合って存在していることを生物多様性と表現している。さらに、生物多様性には生物種内、種間、生態系間の多様性があるとしている。

（3）生物多様性の階層性

生物多様性に、種内、種間、生態系間の三つがあるとの考え方は、生物多様性に階層性が存在するとの考え方［Noss 1990：355–364］から来ている。種の多様性を基礎に置き、種よりも細かいレベルの多様性を扱う生物種内の多様性（遺伝的多様性）と生物種間が織りなす生物同士の関わり合いが生み出す生態系レベルの多様性（生態系の多様性）の三段階の階層があると捉えられる。

種多様性は、たくさんの生物種が存在することを意味する。種という生物の単位は、多くの場合生物の形態にもとづいて分けられた単位で、同じ種とされる生物の間で生殖を通じて遺伝子の交流がなされるグループである。厳密な生物学的な分類は困難だが、おおよその分類は私たちにも可能で、私たちは「種」という生物の分類単位を無意識に受け入れている。そのため、ある地域にどのくらいの数の種が存在するのか、といった事柄は理解しやすく、それが種多様性であるといわれれば、納得しやすい。生物多様性という時、最初にイメージし、一番理解しやすいのが種多様性である。

同じ種に属していても、個々に目を向ければ、様々な違いが目に入るに違いない。同じ柴犬であっても、飼い主には自分の飼い犬を見分けることができる。意識するかしないかに関わらず、微妙な特徴を抽出して自分の飼い犬を見分けている。微妙な特徴の違いは主に遺伝的な違いに基づいている。種内に見られる微妙な特徴の違いは、生物学の用語を用いれば、形質の違いを意味する。形質は、その個体がどのような遺伝子を持っているか、どのような環境でその遺伝子が発現するか、の二点で決まってくる。遺伝分散と環境分散の程度問題は脇に置くとして、いずれも遺伝子が関係している。大雑把に言えば、同じ種の中に生じる微妙な特徴の違いは遺伝子の違いと考えてよい。この種内に存在する遺伝子の違いの広がり（遺伝的変異）を遺伝的多様性という。遺伝的変異は二つに分けることができる。私たちが日頃目にする集団（個体群）の中に見られる個体差を個体群内変異という。それに対して、例えば日本の冷温帯を代表する植物であるブナ（*Fagus crenata*）は太平洋側の生物集団では葉が小さく厚めで幹が曲がりくねる特徴があり、日本海側の生物集団では葉が大きく薄めで幹が通直という特徴がある。このように地理的に離れたところでは、遺伝子の交流はそれほど盛んではなく、形質に地域的な違いが認められる場合がある。このような離れた個体群の間に見られる変異を個体群間変異あるいは地理的変異と呼ぶ。個体群間変異が蓄積し、遺伝的交流の頻度が下がり、遺伝的交流が絶たれる中で、新しい種が生まれてくる。これを種分化という。生物の種が生まれるには遺伝的変異が不可欠であり、種多様性がこれまでの進化の結果であるとすれば、遺伝的多様性はこれからの進化の可能性を担保するものといえる。遺伝的多様性は多様な生物世界を理解し維持する上で重要な視点である。

種レベルから上位のレベルに目を向けてみよう。個々の生物種は単独で生育しているのではなく、複数の生物種とのかかわり合いの中で生きている。里山の自然に目を向ければ、多種多様な生物種が存在しているので、複数の生物種とのかかわり合いは目にしやすいかもしれない。水田ではイネしか栽培されていないかもしれないが、イネが植わる土壌の中には多数の微生物がいて、イネが必要とする栄養塩をイネが吸収しやすいように準備する役割をなすものもいれば、イネに寄生して病気を発生させるようなものもいる。ここにも生物同士のかかわり合いの姿が見られる。植物工場のような純粋培養系を除けば、自然の中では個々の種は複数の生物種と関わりあいながら生きている。このような生物同士の有機的な関係（生物間相互作用）と周囲を取り巻く環境との無機的な関わりが織り成す中で、生態系が成立する。種多様性はこの生態系によって維持される。多様な生態系が維持されれば、そこでは多様な種が維持されることとなり、生物多様性が豊かな状態が維持される。

生物多様性の基本は種多様性だが、種多様性を保証する内部機構が遺伝的多様性であり、種多様性を維持する外部機構が生態系の多様性である。遺伝的多様性、種多様性、生態系の多様性はそれぞれ切り離して存在するのではなく、相互が関連しあって生物多様性を構成する。「生物多様性」が漠として捉えにくいのは、言葉が意味している範囲や深みが幅広いからかもしれない。

（4）なぜ生物多様性が重要なのか？

生物多様性の重要さは、「生物多様性自体が進化の歴史や将来を含めた生物世界全体を表現する言葉である」ことにある。重要かどうかの価値判断は、判断する人の価値観に依存するが、ヒトが生物である以上、人類の生存基盤は生物界とは独立に存在することはなく、生物界の存在・維持基盤が失われれば、ヒトの生存基盤も失われる。そのため、人間にとって生物多様性を意識し、多様性を維持するために努力を図ることは、重要なことである。これが、生物多様性が重要であることの根拠といえるだろう。裏を返せば、人類の生存に価値を置かなければ、生物多様性は重要ではない、との結論を導くことも可能かもしれない。

2　里山とは何か

里山という用語の定義が様々であることを冒頭に述べた。もともと江戸時代から使われていた用語だが、全国的に広く使われていた用語とはいえず、昭和年代の後半に入って、四手井綱英が林学者の立場から「里山」という用語を用いるようになった。これが近年の里山という用語の初めといって良い。この里山は農業の用途のために用いられる山林の意味で、農用林のことを指す用語であった。その後、写真家の今森光彦の写真集『里山物語』で棚田の風景が紹介され、農業環境全体を里山というイメージで捉える考え方が増えてきたように思われる。里海、里川と捉えられるような範囲も「里山」と認識されていた時期もあり、里山という用語は混乱してきた。現在では農業生産構造を支える景観全体を指して里山という考え方である程度まとまってきたように思われる。本書の里山もそのような定義で書かれている。

それでも混乱するのは、里山景観として残されている風景の中には、すでに農業生産から切り離されて観光目的で景観を維持する努力だけが払われていたり、あるいは利用されることがほとんどなくなり放置された草地や森林が含まれていたりするからである。農業が行われていて初めて農業景観として持続的に維持されるのであって、農業と切り離された景観を「農業景観」と呼ぶことができるかは議論が必要である。一般論として里山の生物多様性は高いとされているが、放置された元里山は薄暗く鬱蒼と植物が茂り、生物多様性が低下していく。そのため、里山という言葉で表現する範囲を限定しておかないと、生物多様性の評価もできない。里山という言葉の濫用が、科学的な議論を行う上での障害となっている。

3　森林としての里山

ここでは森林としての里山の特徴と、その森林としての特徴が生物多様性を高めるように働いているという話を進めたいと思う。まず、植物の面を中心に議論を進めていく。

(1)　階層構造が多様性を担保する

狭義の里山の定義であっても、広義の里山の定義であっても、里山の中心をなすのは森林である。温帯林の特徴として、階層構造が発達するということがあげられる。例えば、近畿地方の雑木林の代表的な植物であるコナラを中心とした植物群落は、相観からコナラ林と呼ばれる。スギ人工林では林冠部はスギという植物で占められるが、自然林に近いコナラ林、例えば龍谷大学瀬田キャンパスに隣接する里山林（通称、龍谷の森）では、林冠部はコナラを中心にアカマツ、ウワミズザクラ、ホオノキといった植物が生育する。林冠に達しない樹高の植物として、ソヨゴ、タカノツメ、ウワミズザクラ、ウリカエデ、カキノキ、アラカシといった植物が生育し、その下の樹高三―四メートル程度の高さに、コバノミツバツツジやモチツツジ、ヒサカキ、クロバイ、コバノガマズミ、イヌツゲなどが茂り、林床付近にはササクサやチヂミザサ、ツルリンドウ、フユイチゴ、タチツボスミレ、コガンクビソウなどが生育する。このように、森林の高さ別に様々な植物が生育している。このような高さごとの植物の生育はしばしば層状となり、「森林の階層構造」と呼ばれる。龍谷の森の例では、林冠に達した階層を高木層、その下の階層を亜高木層、その下の階層を低木層、林床付近の階層を草本層とそれぞれ呼ぶ。階層構造を発達させることで、それぞれの高さに適した植物が生育することができ、そのため、限られた面積の土地に多くの種が生育している。私達は限られた土地の上にマンションやアパートなどの集合住宅を建てて暮らしているが、植物も階層構造を発達させることで、限られた土地で多くの植物が生育することを可能にしている。

植物に共通する特性として、光エネルギーを用いて自らの栄養を合成する光合成の営みを行うことが挙げられる。光合成を用いて独立栄養生活ができる特徴を持つのだが、この光合成の反応は植物に共通しており、大気中から気孔を通じて体内に取り込んだ二酸化炭素と土壌から吸い上げた水を材料に、太陽からの光エネルギーを用いて炭水化物を合成する。そのため、植物が必要とする資源は、植物の種を問わず共通してくる。これは光を巡って植物の個体間や種間の競争が激しくなることを意味する。少しでも光条件の良い環境を求めて、他よりも樹高を高くすることで、光を独占できるように工夫している。ただし、高く伸びるためにはしっかりした土台が必要で、茎や枝を太く発達させ木化して茎や枝を固く維持できるように、光合成器官である葉以外の器官に投資する必要がある。そのため植物の種によって光獲得の工夫は異なる。短期間に成長する特性を持ったり、ゆっくりでも着実に高くなる性質を持ったり、他の植物に巻き付くなどして幹への投資を減らす性質を持ったり、ある程度暗い環境でも生育できるように葉の性質を変えたり、様々な工夫が行われる。その結果、多くの植物が限られた土地の中で生育できるようになったと考えられる。

林冠部では太陽からの光を遮るものはなく良好な光環境に恵まれているが、強い光を受けると、葉の温度が上昇し、光合成能力を低下させる場合がある。また、葉で受けった光エネルギーが光合成の化学反応で使い切れなくなり、高エネルギーを帯びた電子が葉内部を傷つける強光阻害という現象が生じる場合もある。葉温の上昇を抑え強光阻害を回避するため、光呼吸という化学的な回避手段を葉は備えているが、物理的な回避方法として林冠部では葉を垂直に近づけて、光エネルギーを下方に逃がす工夫を行っている。下方に逃がされた光エネルギーは亜高木層で吸収され、亜高木層を透過した光は低木層で、低木層を通過した光は草本層をそれぞれ通り、林床に至るようになる。光をめぐる激しい競争が植物間には生じやすいのだが、階層構造が発達することで競争を緩和しつつ光を有効に活用できるようになり、多くの種類の植物が生育できる環境が生み出されている。

このように、森林が階層構造を発達させることにより、多くの植物が生育できる環境が提供され、それぞれに適した環境を用いて多くの植物が生育するようになる。すなわち、階層構造の発達が植物多様性を向上させるのに役立っている。

（2）水平構造が多様性を担保する

水田では隣り合った植物はイネばかりだし、スギ人工林では右も左もスギが植栽され、隣り合った植物同士の関係はすべて種内関係である。それに対して天然生の森林では、隣り合った植物は異なる種であることが多く、また隣の植物までの距離も様々である。樹冠投影図は、森林を真上から眺めて、各個体の樹冠がどのような形状でどのように分布しているかを平面図に表したものである。真上から森林を眺めるのは難しいので、林床から林冠部を見上げた時に見える各個体の樹冠の分布を描くことで、実際には投影図を描いている。樹冠の重なり合いを見ていると非常に密に樹冠が分布し、光を無駄なく利用している様子が見られる。別の見方をすれば、植物間の光を巡る競争が激しいともいえる。これを階層ごとに分けて図化すると、階層ごとに樹冠があまり重なり合わないように分布しており、過剰な競争を避けて植物同士が空間を分けあっている様子が見られる。これも一種の多種共存のメカニズムである。植物は光を巡る競争を激しく繰り広げるが、その競争の範囲は枝葉が広がる範囲にとどまっている。そのため、競争によって土地全体を覆ってしまうことはない。一本の幹から広がる枝で葉を支えるのであるから、覆っている範囲全体を同じ密度で葉を分布させることはできず、展開できる葉量には空間的に粗密ができる。このような空間の粗密が光環境の多様性をもたらし、その環境に適応した他の植物種が生育することを可能にするのである。

このように、同じ資源をめぐる競争があったとしても、大地に根を張る植物の競争では、その競争の範囲は限られ、多くの植物が共に生育することが可能である。森林の水平構造が多様性を担保しているということができる。

（3）植生遷移が時間差で多くの植物を育む

日本のように温度と降水環境に恵まれた地域では、災害や開発行為に伴って生じた裸地（植被が失われた土地）は、時間をかけて植生が回復し、森林環境になる。このような変化を植生遷移という。火山噴火後のような栄養のない土壌や植物種子がない状態から回復する場合を一次遷移という。一次遷移は数百年規模で進行する。それに対して森林伐採や山火事のように土壌がある程度残り植物種子や地下茎などが含まれる状態から回復する場合を二次遷移という。二次遷移は数十年規模で進行する。里山で見られる遷移の多くは二次遷移である。

龍谷の森周辺の里山を皆伐した場合、遷移は次のように進行すると考えられる。まず、メリケンカルカヤやカモガヤといった一年生の草本類が繁茂した後、ススキやセイタカアワダチソウのような多年生草本の割合が増え、貧栄養でも生育可能なマツ類が侵入し、徐々にコナラやタカノツメなどの落葉広葉樹が増加して、アカマツやコナラを中心とした陽樹林が成立する。その後、アラカシやツブラジイのような常緑広葉樹の高木が徐々に増加して林冠の多数を占めるようになり、照葉樹林の相観を持つ陰樹林が成立する。このように、同じ土地でも遷移の段階によって生育する植物は異なってくる。

（4）攪乱によるギャップ形成が生育環境の多様性をもたらす

滋賀県南部の龍谷の森では二〇一〇年頃からカシノナガキクイムシによるナラ枯れ被害が激化しており、多くのコナラ個体が枯死した。また、このような偶発的な出来事を挙げなくても、西日本には毎年のように台風が襲来し、多かれ少なかれ人間生活に影響を与えている。森林内部でも枝が折り取られたり、幹折れや根返りといった形で林冠木が倒壊したりする場合もある。このような森林内の変化を攪乱と呼ぶ。攪乱によって森林内には光環境の良好な明るい場所が創りだされ、新規参入の植物たちが生育するようになる。定常状態であれば森林内では生育できなかったような植物が、攪乱によって森林内で生育できるようになるのである。このような攪乱は森林全体に及ぶ場合もあるし、林冠木一個体の範囲で終わるかもしれない。面積は様々だが、攪乱は確実に森林の全体や一部分を破壊し、明るい光環境で植生高の低い環境を作り出す。植生遷移系列を逆戻りするような状況が生まれるわけであるから、その場所をめぐり新たな競争が展開され、同所的に様々な植物が生育できる状況が生み出される。遷移段階の異なる植生が森林内にモザイク状に配置される状況となるため、多様な植物が同時に生育することが可能になるのである。定期的な撹乱は、多様性を維持するメカニズムといって良い。

(5) 里山林の動物の多様性

これまで多様性といっても植物の多様性についてしか言及してこなかった。植物は太陽からの光エネルギーを用いて有機物を生産して生育するのに対し、動物は植物が生産した有機物を分解することでエネルギーを得て、そのエネルギーを用いて活動している。動物の世界をエネルギーの面で維持しているのは植物であり、植物の量的豊かさが動物の生存を支えている。多様な植物が生育すれば、動物が餌資源として利用する葉や茎の物理的な質や化学的な質は植物の種によって異なることが予想され、動物にとって多様な餌資源が存在することになる。それぞれに適した餌を選択すれば、多様な動物種が生存できることになり、植物の多様性が動物の多様性を支える基盤となる。平面的な植物の広がりや様々な遷移系列がモザイク状に分布することで植物の多様性が高まれば、動物の多様性も高まることが予想される。

森林が階層構造を持つことは先に述べた。階層構造は動物にとって、餌資源の空間分布を意味するだけでなく、動物の居住/滞在スペースとして重要な意味を持つ。階層構造は森林内の温度湿度環境の違いを生み出す。林冠部は太陽光を直接受けて温度が高く乾燥し温湿度の日周変化も大きいのに対して、林床付近では受ける光量が少ないために温度が低く一日中安定し湿度が高い傾向にある。このような温湿度環境の違いは、その環境に適した様々な動物種の生存を可能にするに違いない。このような森林の持つ階層構造は、様々な環境条件を空間的に提供することで、多様な動物群集を支えていると考えられる。

4　里山利用を通じた生物多様性

(1)　農業生産景観としての里山

里山が景観としても美しくその機能、特に生物多様性保全機能を発揮するのは、実際に農用林として利用され、周囲を取り巻く環境が農業を持続可能に行えるような態勢で維持されている時である。そのような状態の景観を、ここでは農業生産景観と呼んでおく。この景観の時には、里山景観の中に出現する動植物の種が多様な状態になり、生物多様性が高い状態になる。しかもそれが持続的に行われるのだから、生物多様性の保全機能も発揮される。

農用林として機能している里山林では、樹齢二〇―三〇年の若齢の頃に小面積ながら皆伐され、その後萌芽によって森林再生される。萌芽初期はたくさんの萌芽がお互いに競い合い伸長するが、次第に萌芽間の競争に打ち勝った少数の幹が立ち上がるようになる。伐採後は土壌表面にも直接日光が到達するため、一年生草本や多年生の草本類が芽生え、光を巡る競争が激化する。林冠が一旦鬱閉すると、草丈の低い一年生草本や多年生草本は駆逐され、樹木が優占する相観を示すようになる。その中でも競争が続き、二〇―三〇年が経過する頃には、伐採前の落葉広葉樹林が再生している。このように、里山林では二次遷移が段階的に進行しており、進行の途上で様々な相観の植生の姿を見せてくれる。伐採時期の異なる森林がモザイク状に存在することが、遷移過程の様々な植物の生育を可能にし、動物の生息を可能にするのである。

(2)　森林を持続的に利用する考え方

景観を維持する場合、一度薪炭材を収穫したら二〇―三〇年は収入なし、という状態では生業としては成立しない。毎年の必要量は限られていても、必要量が継続的に供給されなければならない。そのため、農用林として機能している里山林では、森林を一度に伐採して資源を取り出すのではなく、毎年限られた小面積の森林を伐採し、必要とする資源を取り出していく。この小面積の区画を二〇―三〇区画準備して毎年伐採していけば、二〇―三〇年後には元の森林が利用できるサイズに回復していることになる。これならば、毎年の必要量を確保しながら、森林を持続的に利用することができる。

このような森林管理の考え方を、恒続林思想や法正林思想という。森林全体の毎年の成長量を超える範囲で収穫しないルールを作ることで、森林の現存量を維持する考え方である。いわば、元本に手を加えないで利息分を引き出して使う考え方である。

この小区画は遷移段階がそれぞれ少しずつ異なってくる。通常の二次遷移であれば、遷移で淘汰されやすい一年生草本や多年生草本は、林冠の鬱閉と共にその場所から姿を消し、明るい立地環境を求めて移動していく。恒続林の発想で里山管理された森林では、比較的限られた範囲内に遷移段階が細かく区切られた区画が並ぶことになる。これは林冠の鬱閉と共に移動を余儀なくされる草本類の居場所が近傍で確保されていることを意味する。限られた範囲の中に二次遷移初期から林冠鬱閉までの様々な段階の植生が成立しているわけだから、多様な動植物の生育空間が確保され、生物多様性が高い理由となっている。

（3）　農業生産景観のモザイク状の配置

里山林の利用の仕方で植生構造が複雑化してモザイク状に配置され、生物多様性を高く維持する枠組みが確保されていることを見てきたが、農業生産景観を構成する植生要素は里山林だけではない。田圃、畦、ため池、水路、畑地、茅場、生け垣、屋敷林、用材林、里山林と様々な植生要素が組み合わさって、農業生産景観を生み出している。農業生産景観は、それ自体多様であり、様々な生物を維持することが可能な構造である。したがって、このような「里山」とも呼ばれる農業生産景観が機能していれば、それだけで多様な環境が維持され、多様な生物種を維持することができるだろう。多様な場が創出され維持されているため、里山生態系は生物多様性が高いということができる。

（4）多くの生物種は複数の生態系を利用して生活している

生物はそれぞれ、生育しやすい環境を選んで生育している。植物は大地に根を張り成長するため、根を下ろした場所の環境に応じて成長する。そのため、林冠木に被圧された状態で細々と生育するものもあれば、太陽光を十分に受けて成長するものもある。一方、動物は自らにとって多少好ましくない環境から好ましい環境に移動することができる。この好ましい環境は決まった一定の環境ではなく、成長に伴って「好ましい環境」が変化することもある。例えばカエル類は淀んだ水域に産卵し、孵化後オタマジャクシとなって徐々に成長し、後肢・前肢がそれぞれ発達した後、成体となって陸上に登る。一度陸上に登ったカエルは、基本的に陸上での生活を行う。カエルにとって、幼体期は流れの緩い水域が好ましい環境となり、成体にとってはやや湿潤な森林環境が好ましい環境となる。このように、好ましい環境が生物のライフステージで異なることがある。ライフステージで好ましい環境が変化する生物は、一生を通じて様々な好ましい環境が身近に存在することが重要である。単一の環境では生存し得ず、複数の環境が近傍に隣接している環境が、その生物の一生を通じた好ましい環境になる。里山生態系は、水路があり、水田があり、雑木林があり、と人間が日常的に行動する比較的狭い範囲内に多様な環境が併存する生態系であるため、複数の生態系を利用する生物にとって好ましい環境となっている。

複数の生態系を利用する生物の一つにオオタカがある。かつては生息環境の急速な変化にともない絶滅危惧種に指定されていたが、環境の変化が穏やかになったためか生息状況は改善され、二〇一三年からは絶滅危惧種の指定の解除が検討されている。このオオタカの営巣には、マツ類のような広がりを持つ樹冠が必要である。マツを初めとする針葉樹は林冠の中から突き出るような樹冠をもつため、見張り台のような高さを持ち、羽の大きな大型の鳥類が営巣するには適していると思われる。マツ類は陽樹のため、遷移が進んでしまう環境は営巣には不向きであり、定期的に人手によって撹乱が生じる里山環境が、オオタカの営巣には向いているかもしれない。一方、羽の大きな鳥類は林冠内部を飛行するのは難しいし、餌となる動物も森林の林冠構造を利用して三次元的に分散し、採餌のための捕獲は困難である。そのため、採餌にはやや開けた草原性の植生が好まれる。オオタカの生活には、営巣に適したマツ類を中心とした森林と、採餌に適した草原植生環境の両方が必要となる。どちらか片方がかけても生育は困難になるし、片方の環境が大きく変化しても（植生遷移により営巣に適さなくなったり、草原の土地利用が変化して必要な餌が手に入らなくなったりするなど）、生育することができない。

わずか二つの事例を示したに過ぎないが、里山の生物として知られる生きものには二つ以上の生態系を利用しているものがあり、これらの生きものが生存し続けるためには、二つ以上の生態系が維持され続けなければならない。比較的限られた範囲の中で多様な環境を構成し維持し続けている里山は、これらの生きものが暮らす限られた環境である。広大な草原でも広大な森林でも多様な環境が維持されていなければ、カエル類やオオタカは生息できない。里山の生物多様性が高いのは、比較的狭い範囲内で多様な環境が提供される「里山」が維持され続けているからといってもよい。

5　里山の生物多様性の危機

里山の生態系サービスは、里山が里山として健全に維持されることによって発揮される。すなわち、人が関わり続けることによって里山として維持され、生態系サービスがより良い形で提供され続けるのである。しかしながら、一九六〇年代の燃料革命に代表されるように、より豊かでより便利な生活を求めていく中で、人が関わり続け提示されていた里山の姿も次第に変化するようになった。すなわち、里山の利用価値が相対的に低下した結果、人が手を入れ続ける状態が維持できなくなり、放置される状況が生まれたのである。そのため、里山の生態系は分断され、宅地化され、放置され、と様々な運命を辿った。放置された里山は、樹林化し、さらには極相林化するように常緑の鬱蒼とした森林に遷移している。

里山の植物は、人間が作り上げた様々なニッチを利用して、多くの種が生存できる環境に進出して生存していた。それが里山の植物の生物多様性を高める要因であったが、人間の関与が弱まることでニッチの幅が狭くなり、生存できない種が増えてしまった。具体的には、里山全体が極相林化していく中で、明るい環境に適応した攪乱依存性の高い種は生存できる空間を失い、里山環境から消失していった。これが、里山の生物多様性の危機の本質である。一九九五年に出版された近畿地方の植物のレッドデータブックでは、里山に生育する植物の危機的な状況が浮かび上がっている。土地利用の改変も要因の一つではあるが、人間の関与の度合い＝里山管理の変化が生み出した危機といえるだろう。

このような「人の営みが縮小したことによる生物多様性の危機」は、生物多様性国家戦略の中でも「危機」として扱われている。生物多様性国家戦略 2012–2020 の中の「第二の危機（自然に対する働きかけの縮小による危機）」から少し引用する。

> 第二の危機は、第一の危機とは逆に、自然に対する人間の働きかけが縮小撤退することによる影響です。里地里山の薪炭林や農用林などの里山林、採草地などの二次草原は、以前は経済活動に必要なものとして維持されてきました。こうした人の手が加えられた地域は、その環境に特有の多様な生物を育んできました。また、氾濫原など自然の攪乱を受けてきた地域が減り、人の手が加えられた地域はその代わりとなる生息・生育地としての位置づけもあったと考えられます。しかし、産業構造や資源利用の変化と、人口減少や高齢化による活力の低下に伴い、里地里山では、自然に対する働きかけが縮小することによる危機が継続・拡大しています。

このように、里山の生物多様性が危機的な状況にあることは、国内の生物多様性の観点からも認識されており、国家戦略や地方戦略の柱として位置づけられて、多様性保全のための努力が各地で様々になされている。

これまで、里山の生物多様性が高い理由を述べてきた。簡単にまとめると、多様な生物のニーズに合った多様な景観が比較的狭い範囲内にコンパクトに集合している空間が里山生態系であるから、というのがその理由である。生態系は生きものがつくり出すシステムであるから、絶えず変化する。里山生態系を動かしてきたのが、その地に暮らす人間であれば、人間が動かし続けなければそのシステムは持続せず、持続しているシステムに依存していた生物の多様性も失われる。この本の中で、里山生態系を維持する様々な取り組みや考え方が紹介されているが、それらはすべて関連し合っているし、すべてまとまって一つの系（システム）を説明している。里山の生物多様性は、里山という一つのシステムの一つの側面に過ぎないが、里山というシステムに足を踏み入れる一つの入口になれば幸いである。

参考文献

今森光彦［一九九五］『里山物語――SATOYAMA In Harmony with Neighboring Nature――』新潮社。

環境省［二〇一二］「生物多様性国家戦略 2012-2020～豊かな自然共生社会の実現に向けたロードマップ～」（http://www.biodic.go.jp/biodiversity/about/initiatives/files/2012-2020/01_honbun.pdf　二〇一五年二月二四日閲覧）。

佐藤洋一郎［二〇〇五］『里と森の危機――暮らし多様化への提言――』朝日新聞社［朝日選書］。

四手井綱英［一九七四］『もりやはやし』中央公論社。

武内和彦・鷲谷いづみ・恒川篤史編［二〇〇一］『里山の環境学』東京大学出版会。

日本自然保護協会編［二〇〇五］『生態学からみた里やまの自然と保護』講談社。

広木詔三編［二〇〇二］『里山の生態学――その成り立ちと保全のあり方――』名古屋大学出版会。

レッドデータブック近畿研究会編［一九九五］『近畿地方の保護上重要な植物――レッドデータブック近畿――』関西自然保護機構。

鷲谷いづみ［二〇〇一］『さとやま――生物多様性と生態系模様――』岩波書店［岩波ジュニア新書］。

Noss, R.F. [1990] "Indicators for monitoring biodiversity : A hierarchical approach," *Conservation Biology*, 4.

第7章 野鳥を通して考える里山・湿地保全のための道具類

須川　恒

はじめに

秋に里山の観察会に参加してみよう。地上に落ちているドングリを集めることで、ナラ類の存在に気付く。指導者が深刻なナラ枯れがおこっていることに注意を向ける。つい数十年前まで続いていた里山の持続的利用を放棄したツケがナラ枯れだと知る。さらに自分の生きている時代が、地球環境の非持続的利用で成り立ち、未来につながらないことを自覚する。では、どのようにすれば、持続的な未来をつくることができるのか。

私はかつて「里山保全のための道具類」〔須川 二〇〇七〕と題する文を書いた。里山などの地域の自然環境の持続的利用をめざすために様々な道具類（法制度・プログラム・アイデアなどの諸ツール）が、二〇世紀末にラムサール条約や生物多様性条約などの地球環境の持続的利用をめざす国際環境条約の批准にともなう国内法整備もあって形成され、「龍谷の森」の出発にも影響した点を指摘した。

扱った諸ツールは、私が関心を持つ野鳥を通して何らかのかかわりをしたものである。実際に作成に参加し、発信し、また育てることでその役割がわかってきた。しかし、かかわり続けることによって、多くの課題があることに気づかされている。本章では、私の経験から気づいた課題をいくつか紹介して、このようなツールを通して里山や湿地の持続的利用をすすめる活動への誘いとしたい。

第一点は、野鳥にかかわることによって判ってきた生物多様性の個人レベルおよび社会レベルの認識に関する課題である。

第二点は、水鳥や水辺の鳥にかかわることで判ってきた主にラムサール条約が提唱する湿地目録作成を通して湿地保全を進める作業に関する課題である。

第三点は、ラムサール条約の歴史にかかわることで見えてきた、国際環境条約の重要性を認識する上での課題である。

1　生物多様性の個人および社会の認識

(1)　個人レベルでの生物多様性認識としての野鳥識別

野鳥は、飼鳥と違って、採食も営巣もねぐらも全て自然の資源を利用して生活している。いわば、多様な自然の生態系サービスに依存して生活していると言える。野鳥の存在を通して、私たちは多様な自然や環境、生態系サービスの実態を、観念的でなく心から理解できる。

まず、龍谷大学の「野外観察法」や「日本の自然」の私の講義時間の最初に学生に聞いてきた問を紹介する。

問　いまから五分間で、思いつく限りの鳥のなまえ（種名）を紙に書きだしてください。次に、そのうち「野外で見たことがある、あるいは鳴き声を聴いたことがある」鳥を○で囲んでください。思いついた鳥の種数と、野外で見たり聴いたことがある鳥の種数をそれぞれ数えてください。

学生が思いついた鳥の種数は概ね数種―四〇種で一〇―二〇種が一番多い。野外で見たり聴いたことがある種数は圧倒的に一〇種以下が多く、カラス・ハト・スズメの三種に、ツバメとかカモが加わるというパターンが一番多い。京都市内に普通にいるヒヨドリやムクドリを書いている学生は極めて少ない。

野鳥の識別力のある人がいるならば、一般の学生達とは全くパターンがちがい、今まで見たことがある鳥を五分間で数十種（一〇〇種を超える場合もある）書きだすことになる。こういった識別力のある人（バードウォッチャー）が人口に占める割合はまだ極めて低いのが現状である。

さらに次の問を出す。

問　みなが見たことがあるというスズメ。ではスズメの横顔を想像でもいいので描いてください。
（ヒント：丸い頭に嘴、目。頭部から背にかけては赤茶色なので斜線で描き、残りの顔面に黒い模様がどうあるのかを想像で描く）

想像でスズメの横顔を描いてもらった後に、プロジェクターで実際のスズメを描いた絵を見せてスケッチしてもらう。スズメは頬（もみ上げの部分）やのどが黒い。スズメは見たことがあると多くの人は答えるが、横顔を正しく描けている人はまずいない。

両方の絵を比較してもらうと、スズメらしい鳥に「どうせスズメだ」と決めつけていたいままでの自分と、正しいイメージを身につけてスズメを見るこれからの自分がいると指摘する。

正しいスズメのイメージを持つことによって、「この鳥は確かにスズメだ」あるいは「スズメとはここが違う」（では何という鳥だろう）との問いがうまれる。小鳥を「どうせスズメだ」と決めつけて見ていると、スズメは実は見えていない。しかしスズメの横顔のイメージを心の中に正確に持つことによって、はじめてスズメという鳥が見えてくるという原理を理解してもらう。

もし数十種でも心の中に正確な野鳥のイメージを持つことができれば、野鳥が見え、鳴き声が聴こえてくる体験をすることができる。龍谷大学深草学舎近くの伏見稲荷の森で実習をする機会も多い。耳をすませることで、今まで無意識だったカラス類やヒヨドリの鳴き声が聞こえてくることをまず指摘する。さらにカラ類の混群や小型のキツツキであるコゲラも鳴き声に注目することで見つけ出すことができると学生に気づいてもらう。

冬には多くの冬鳥が京都市内に渡来し、鴨川でも数種のカモ類やカモ類以外の水鳥を見ることができるようになる。数種のカモ類のイメージを持つだけで、鴨川の冬の風景がまったく違って見えてくると野鳥観察の醍醐味へ誘っている。

つまり個人レベルにおいては、どれだけ生物多様性を感知できるイメージが心の中に育てられストックされ、継承されているのかが、生物多様性を楽しみ、生物多様性を支える社会の基本であると言えよう。

（2）驚いた京都市生物多様性プラン

では社会的なレベルで、生物多様性をどのように認識すべきだろうか。

最近驚いた例を紹介する。京都市が二〇一四年三月に京都市生物多様性プランを公表した［京都市 二〇一四］。一見充実した計画のようだが、その中に不思議な表を見つけた。

京都府では三四三種の鳥類が確認されていると書かれている。これは私も関わってきたので知っていた（三四四種が正しい)。京都府で何らかの絶滅危惧のランク指定されたのは京都府の確認種の約三分の一で一〇八種いると書かれていた。この点も、私はかかわってきたのでよく知っていた。では、京都市では何種鳥類が確認されたのか、その表には確認種数が掲載されていなかった。驚いたのは、京都市で絶滅危惧の指定がされているのは二種(イヌワシとミゾゴイ)のみだけだと書かれていたことである。

こんな少ないわけがないと複数の野鳥観察者にメールで問い合わせをした。京都市で確認された鳥類は、個人的にも一〇〇種以上確認している。その結果、一週間ほど(二〇一四年五月一日に問い合わせ、五月七日に情報が集まった)で情報が集まり、京都市で確認された鳥は少なくとも二四〇種あり、この中で絶滅危惧などの希少性が指定されている種(京都府のランク指定にしたがう)は八九種あることがわかった。そもそも基本的な生物グループの種(野鳥は基本的な生物グループと思う)もリスティングされておらず、鳥類の絶滅危惧対象種が二種だけだと認識している京都市の生物多様性プランっていったいなんだろうとショックを受けた(こちらで判った情報は、京都市の生物多様性プランをつくっている担当課に送付した)。一つひとつの残したい(生かしたい)自然には、このようにそれだけでない多くの自然がありそれを意識しない作業など意味がないのではないだろうか。

(3)　自然財の財産目録

次世代に生物多様性を伝えていくための自然財の財産目録として、国レベルで一九九〇年代になってからレッドデータブックが作成され、二〇〇二年になって京都府も地方版のレッドデータブックを作成したことを紹介した[須川 二〇〇七]。ほぼ一〇年たって二〇一三年に京都府はレッドデータリストの改訂を行い、各種の解説を加えたレッドデータブックが近々出版される予定である。改訂に際しては、京都府の多くの野鳥観察者から、各種の個体数の規模や変化傾向についての情報提供を受け、二〇〇二年版で採用したフローにしたがって各種の希少性のランクの改訂を行った。

京都府の二〇〇二年版のレッドデータブックにおける鳥類の選定種は、絶滅寸前種が八種、絶滅危惧種が四九種、準

表７－１　生息環境・希少カテゴリー別京都府RDB掲載鳥類種数（2013年版）

	海域・海岸域・離島	河川・池沼・ヨシ原	水田・畑地・草地	山地・山林	他（都市緑地等）
絶滅寸前種 8種	3種(カンムリウミスズメなど)		1種(ウズラ)	4種(**ブッポウソウ**など)	
絶滅危惧種 48種	6種(**ヒメクロウミツバメ**など)	8種(**コアジサシ**など)	16種(**タマシギ**など)	16種(**オオタカ**など)	2種(ヒメアマツバメなど)
準絶滅危惧種 50種	6種(コハクチョウなど)	9種(カイツブリなど)	14種(チュウサギなど)	20種(ハイタカなど)	1種(ササゴイ)
要注目種 2種	2種(オオミズナギドリなど)				
計（108種）	17種←13種	17種←14種	31種←30種	40種←41種	3種←3種

（注）太字　京都府希少野生生物指定種．表内の←は，左側が2013年度版の種数，右側が2002年版度版の種数．

絶滅危惧種が四五種、要注目種は二種で、計一〇四種がレッドデータブックで何らかの希少性の判定がされた。二〇一三年版では絶滅寸前種は八種のまま、絶滅危惧種は一種減って四八種、準絶滅危惧種が五種増え、要注目種は二種のままで、計一〇八種と四種増加した。希少性のランクはあがった種、さがった種があるが、まとめるとこういう結果となった［須川二〇一四a］。

京都府では、二〇〇二年当時は三二一種の野鳥が記録されており、京都府確認種の三二・四パーセント（約三割）は、何らかの希少性が指摘されていた。二〇一二年に確認された種は三四四種と増加したので、三一・四パーセントの種が何らかの希少性が確認され、約三割の種が赤信号や黄信号がともっているという状況に変化はなかった。

表７－１に、改訂された一〇八種について、京都府のどのような環境にどれだけレッドデータ種と判定された種がいるかを示した。環境別の合計種数には二〇〇二年度の種数も併せて示した。

京都府は北部には海があり島（舞鶴市冠島や沓島など）もある。そういった環境で希少性がある種として判定されたのは一七種だった。川や湖沼（宇治川・由良川、京都市内の鴨川など）にいるのが一七種。水田や畑地といった農耕地にいるのは三一種とやや多かった。京都盆地の南部にはかつて巨椋池があったが干拓され、広々した農耕地（巨椋干拓地）となっていて、レッドデータ種も含む多くの鳥類が渡来する。一番多いのは山地・山林で四〇種がレッドデータ種に判定されている。ほかに都市などの環境にもいるのが三種で、合計して一〇八種となった。

環境別にみても一〇年前と基本的なパターンは変わっておらず、府内の山地・山林などの森林環境とともに、海岸域や河川、水田などの湿地環境が鳥類の生息環境として重要であることがあらためて確認された。

（4）希少野生生物種指定種保全活動

表7－1に太字で示した五種は、京都府の希少野生生物指定種になっている。京都府は絶滅の恐れがある野生生物の保全に関する条例を二〇〇八年に施行した。これは国の種の保存法にあたり、その京都府版である。ある程度見通しがあるとか保護の緊急性があるという種を選んで、まずモデル事業を始めようということで五種類の鳥類を含む計二五種が選ばれた。

鳥類五種は以下である。ヒメクロウミツバメは舞鶴市沓島で営巣が確認されている。「龍谷の森」でも関係したオオタカは、府内の里山域で繁殖するが数は非常に少ない。ブッポウソウは深い里山に住み、京都府の繁殖個体群はほとんど絶滅している状況である。コアジサシは木津川の河川敷の裸地で集団営巣していたが、現在府内ではコロニー（集団営巣地）はなかなかできない。タマシギは水田に周年生息するが、非常に数が少ない。こういった五種を、各環境の代表選手として希少野生生物種に指定した。

これらの種に関しては、保護にむけての法的な規制も期待できる。保護活動を進める際に保護活動に府の予算が付くわけではないけれど、保護計画をたてて府として活動団体を認証し、関係機関や助成財団から支援を受けやすくなる。

五種のうち二種について、少し詳しく紹介する。

ヒメクロウミツバメが京都府野生生物種に指定されたのは二〇〇八年である。京都府舞鶴市沖合の沓島で分布調査をしたところ、ヒメクロウミツバメの営巣数が一〇〇〇巣を超え、日本で一番営巣数の多いコロニーであることがわかった［Sato, Karino and Oshiro et al. 2010］。国内にもいくつか繁殖地があるが、最近ドブネズミなどの捕食者が入ってきて壊滅したりして、個体数が減少している繁殖地が目立つ。沓島は幸い今のところドブネズミはまだ入っておらず、沓島の尾根の部分を中心として営巣していることが判ってきた。営巣の様子を継続的にモニタリングして、もしドブネズミが入ったりするようなことがあれば、すばやく対策する体制をつくることがヒメクロウミツバメの保護をする上では重要である。

ブッポウソウは一九八〇年代までは京都府内で営巣していた。北山で木製の電柱にキツツキが掘った穴を自分たちの巣穴にしていた。ところが一九九〇年代に入って電柱がどんどんコンクリート化されていくと営巣地がなくなって京都府で営巣をしなくなった。同じようなことが岡山県や広島県でも起こったが、両県では地元で鳥類を観察している人が気づいて、コンクリートの電柱にブッポウソウのための巣箱をつける保護活動を始めたところ、両県やさらに鳥取県でもブッポウソウの営巣数が増えている。この活動が兵庫県やさらに京都府にも広がっていくと、京都府にもまた繁殖するブッポウソウを取り戻すことができるかもしれないとの期待を込めて希少野生生物種としている。

岡山県（吉備中央町）では、里山景観の山の緩斜面の電柱に多数の巣箱が営巣している。ブッポウソウを案内する場所もあって地域おこしのシンボルとして役立っている。

鳥類の指定種に関しては、基礎調査しかしていないが、植物や両生類については、複数の登録保全団体が京都府から認証を受けて保全計画に基づく活発な保全活動をおこなっている。二〇一四年二月に認証を受けて活動を行ってきた七つの保全団体の代表から活動報告を受ける会があった。共通して発言された課題は、若い人の活動への加入が少ないこと、採集した標本や資料を託すことができる公的機関が京都にないことであった。

京都府では、地方版のレッドデータブックの改定や希少野生生物種の保全活動の経験を踏まえて、京都府版の生物多様性戦略計画を現在策定中である。

(5)　生物多様性保全のための諸ツール

以上述べたように地域の生物多様性保全のためには、基本的な生物群の種目録やレッドデータブックを作成し、希少種の保全のための法的措置や保全に向けての様々な分野の方との協働の計画を含む戦略計画を策定し実施するといった「諸ツール」が必要となる。その際に、地域にある自然系のセンター（自然系博物館・保護センターなど）をいかに活用していくか、また連携していくかが大きな課題となる。近畿圏・関西圏ではほとんどの府県ではこのようなセンターを持っている。環境省生物多様性センターが中心となって自然系調査研究機関連絡会議（通称　ＮＯＲＮＡＣ（ノルナック）：Network of Organizations for Research on Nature Conservation）といった機構が設けられて連携が進んでいるが、京都府・京都市に関しては、ＮＯＲＮＡＣに属して地域の生物多様性に責任をもつ保全をもつ自然系博物館などがない現状である。

2　地域の自然（湿地）保全のための触媒的情報集の役割

レッドデータブックは希少種の目録を通して地域の自然財を把握する手法だとすれば、特定の生息環境を必要とする種の分布情報に着目して、地域資源の存在を把握する生息地目録作成も、自然財を把握する手法として重要である。生息地目録について、私がその重要性に気づいたきっかけと、国レベルでの進展、また里山学研究センターの研究会で話題となったフットパスまで広げて触媒的情報集の役割の概要を紹介する。

(1)　ツバメの集団ねぐら地の保護

一九九一年から八月はじめに、龍谷大学深草学舎のサマーセッションの集中講義として「野外観察法」をおこなってきた。講義の一部として宇治川向島地区の河川敷で夕方に京都盆地のツバメが二万羽以上集結してヨシ原に集団ねぐらに入るようすを学生に観察してもらっている。宇治川向島地区では一九七四年にツバメの集団ねぐらが見つかっていたが、一九八〇年頃にヨシ原をつぶして河川敷公園をつくろうとする計画があり、ヨシ原の生物群集の重要性を示す活動の一部として、集団ねぐら地の重要性を明らかにするために鳥類標識調査〔須川 一九八二〕や観察会などの活動を行った。幸い近畿地方でも最大規模のヨシ原であるということで当時の建設省によって向島地区のヨシ原は自然地区として保全の方向性が決まった。

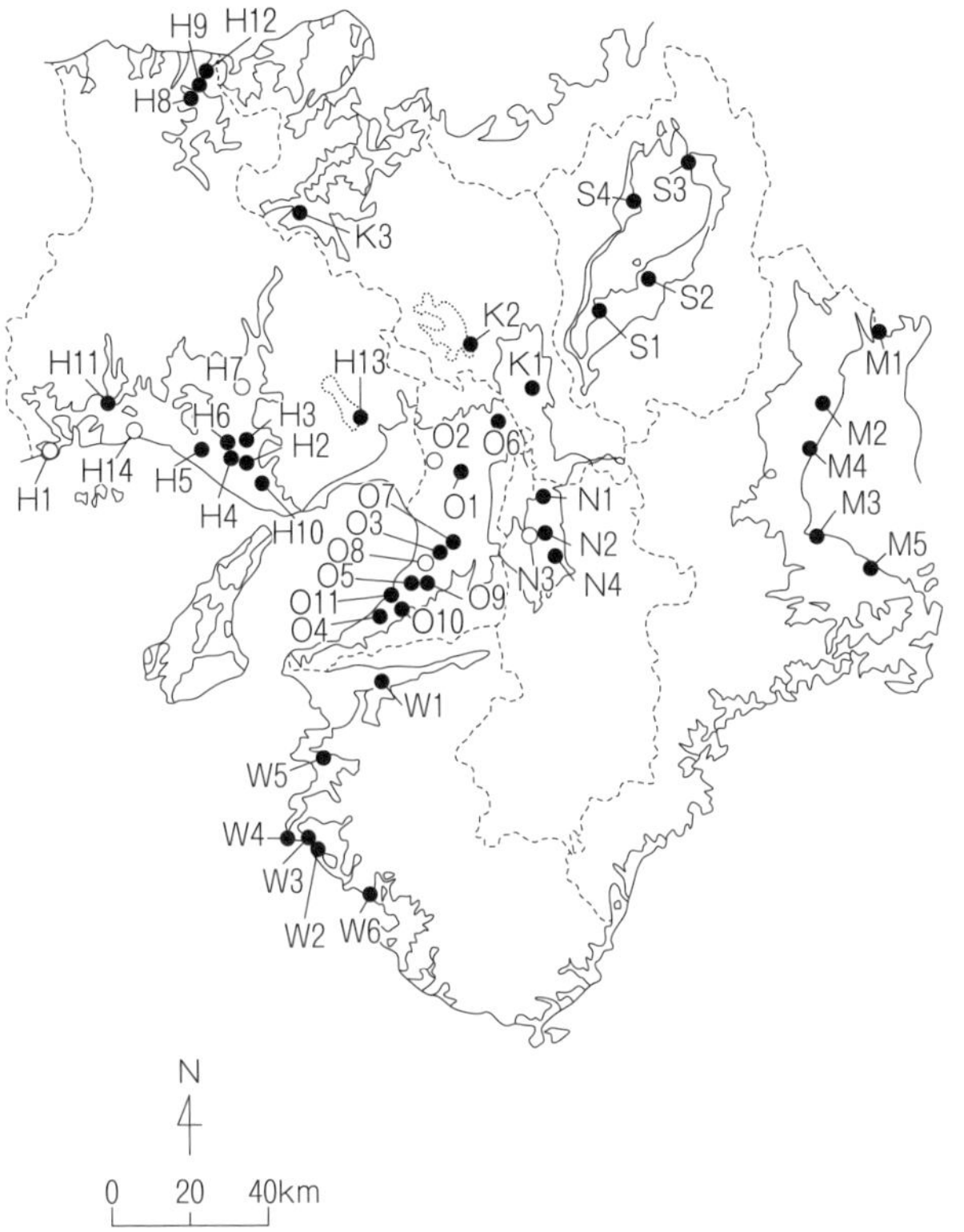

図7－1　近畿地方におけるツバメの集団塒地の位置

●現存する塒地　○消滅した塒地

平地（平野・盆地）を海抜100m（または200m）の等高線で示す（実線：100m の等高線，点線：200m の等高線）.

（注）記号は集団ねぐら地の記号コード（府県名のアルファベットの頭文字とその府県の通し番号）.

（出所）須川［1999］.

向島地区のヨシ原保全の方向はきまったが、ツバメの集団ねぐら地となっているヨシ原の重要性が知られずに開発で破壊されてしまう場合が多数あった。集団ねぐら地を保護するためには、まず見つけること、そして調査や観察会をし、あるいはメディアで紹介されることによってその重要性が地域の多くの人々に理解されることが必要であった。一九八一年時点では近畿地方で把握されていた塒地は九カ所だけだったが、その後、機会あるごとにねぐら地の発見をよびかけ［須川 一九九二］、近畿地方では各地の観察者の努力で確認されるねぐら地が増加し、図7－1に示すように一九九八年には近畿地方で四七カ所（季節的に移動する地域における塒地を一カ所と数えると二七カ所）に、最大二―三万羽ものツバメが集結していることが確認された［須川 一九九九］。

規模が大きいヨシ原は安定的にツバメが集団ねぐらとして利用し、また繁殖地や越冬地として多種類の鳥類が利用し、希少な湿性の植物種も多く生育していることが確認された。また、規模の大きいヨシ原は、ヨシの業者によって定期的に刈り取りや火入れをすることで、良好な状態で維持されてきた。

私にとっては、ツバメの集団ねぐら地の目録は、社会的にも力をもつことができる生息地目録だと実感できる経験であった。

(2)　ガン類の渡来地目録の作成

ツバメの集団ねぐらの目録を作成するのと同じ考え方は、日本国内の生息地が五〇カ所ほどになってしまったガン類の渡来地（生息地）目録を作成する上で大きな支えとなった。

私は一九七八年に鳥類標識調査員の資格を得た。これは鳥類標識調査に関して国の許可を得ることができる資格で、環境省から事業を委託されている公益財団法人山階鳥類研究所が資格の認定をしている。標識調査員としての一つのテーマが前述した宇治川向島地区のツバメの集団ねぐら地における調査であり、もう一つのテーマが鴨川に一九七四年以降の多数越冬するようになったユリカモメの渡りに関する調査であった。

一九七八年秋に足環のついたユリカモメが鴨川をはじめ全国で多数発見されたことをきっかけとして、ユリカモメに足環をつけたカムチャツカの鳥類学者ニコライ・ゲラシモフ氏との手紙のやりとりがはじまった［須川 一九八六；二〇〇五］。このやりとりを通して、カムチャツカで営巣するガン類の一種ヒシクイの渡りの解明につながる宮城県に事務局がある「雁を保護する会」（「日本雁を保護する会」の前身）とカムチャツカの研究者の共同調査がはじまることになった。ヒシクイをカムチャツカの集団換羽地で捕獲して、日本から送った個体番号が刻印された首環を装着すると、多数の標識個体が日本国内の中継地や越冬地で確認された［呉地 二〇〇六］。首輪の確認作業を通して、雁類渡来地の観察者のネットワークが強化された。同時に、各地の雁類の渡来地が多くの保全上の問題を抱えていることも判明した。「雁を保護する会」は、各地の観察者の要望に応えて、多数の渡来地保護（その中には私が関心を持っていた琵琶湖北地方の雁類渡来地も含まれていた）にむけての作業に追われることになった。

貴重な雁類の渡来地があることがわかっていても、その情報が開発計画者や保全部門の行政機関に充分に伝わらず、開発計画が動きだした時には手遅れになってしまうという例が多かった。そこで、貴重なガン類の渡来地をあらかじめ公に明らかにすることによって、渡来地に関わる開発計画を抑制し渡来地の保護を進めようとの考えで、「雁を保護する会」は日本国内のガン類渡来地目録第一版を一九九四年に出版した［宮林・須川・呉地 一九九四］。

この目録は、日本全国にある約五〇のガン類の渡来地（図7-2）について、各地の観察者の協力を得て、ガン類の渡来状況や渡来地保護上の問題点、参考となる資料・地図などの基礎的な事項について集約し、全国的な渡来地の状況を俯瞰した情報集である。

この目録を見ると、ガン達が、日本国内に残されたすばらしい湿地を探りあてて、渡りの際の中継地や越冬地としてしっかりと利用しているたくましさに驚かされ、同時に、ガン類の渡来地となっている湿地が、実に様々な保護上の問題を抱えていることもわかる形になっている。渡来地目録は助成を得て二〇〇〇部印刷し、一〇〇〇部は、五〇カ所の渡来地で、執筆した観察者によって、渡来地にかかわる様々な立場を持った行政機関や保護団体などに渡来地の重要性を説明して配布された。その結果、ガン類渡来地保護に向けての流れは劇的に変化した。

開発部門の人は雁類渡来地にかかわる開発計画を抑制するか、必要があったとしても事前に関係者ときめ細かく相談をするようになった。地域振興や農業振興、あるいは教育にかかわる部門の人々は、自分たちの地域にある貴重なガン

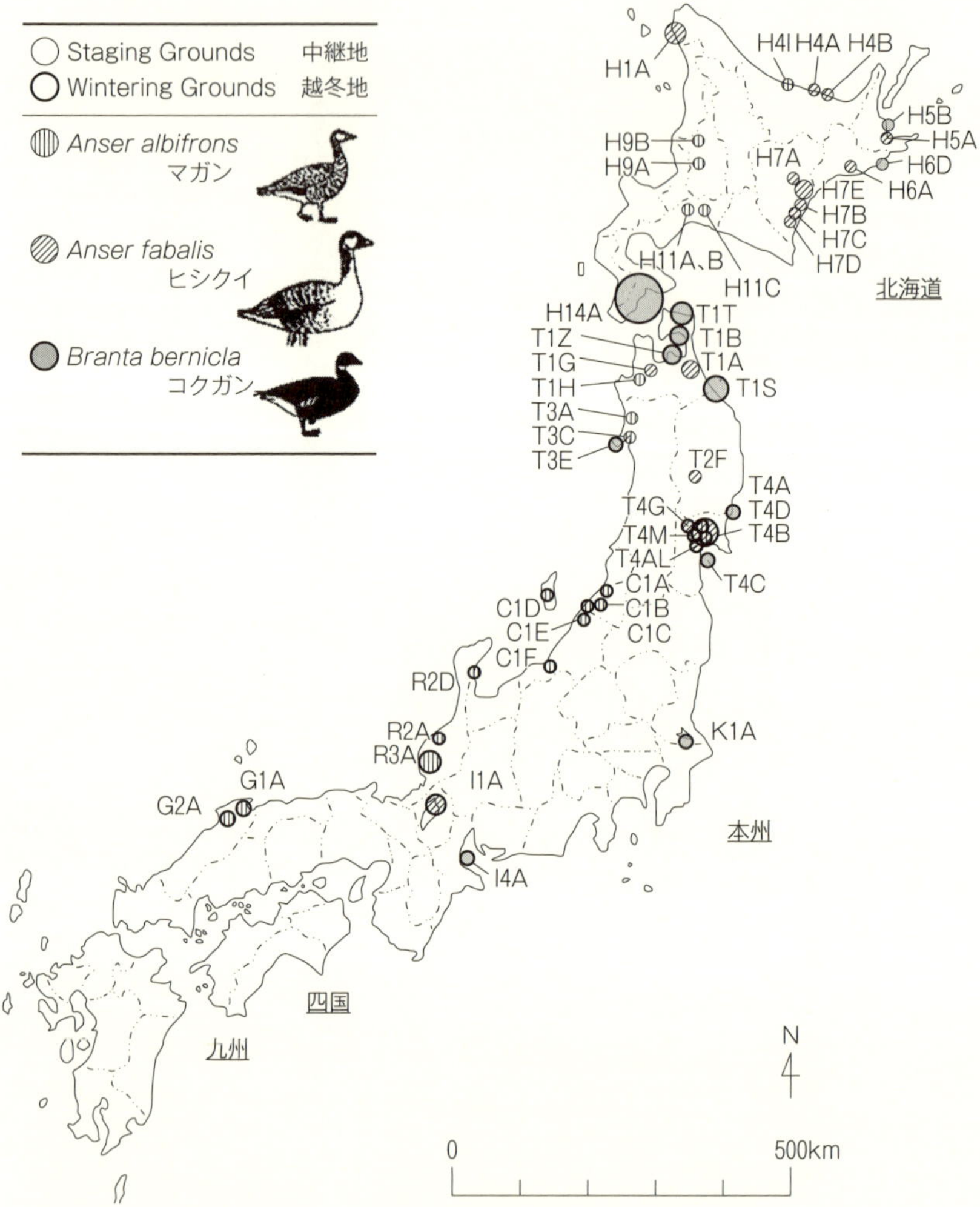

図7－2　日本における主要なガン類渡来地

（注）記号は雁類渡来地の地名コード．詳しくは，http://www.jawgp.org/jghi1994/p005.htm を参照．地名コード：雁を保護する会で与えているコード．はじめのアルファベットは地方，真中の数字は都道府県をあらわし，最後のアルファベットを地域毎に与えている．複数の小地域をまとめている場合は，筆頭の小地域のコードを示した（例：伊豆沼のコードは T4A，内沼のコードは T4E なので，伊豆沼・内沼地域に対して T4A のコードで示した）．

（出所）宮林・須川・呉地［1994］.

類渡来地を生かす地域計画を模索する方向へ進むことが多くなった。

このような目録は、渡来地にかかわる多くの人々が渡来地の保護にむけてどのような点に努力すればよいのかが自然と見えてくる点が重要である。このような貴重生物の生息地の目録は、生息地に関わる多くの人々が生息地の保護を進める際の「触媒的」な役割を果たしてくれる。ラムサール条約でも湿地目録を作成することが湿地保全を進めるためにまずおこなうべき定石的作業の一つとしているが、ガン類の渡来地目録によって、湿地目録の役割を認識することが可能となった。

(3) 国レベルでの進展

民間団体である「雁を保護する会」が作成したガン類の渡来地目録は生息地目録の重要性を関係者に認識させる効果があった。

国レベルでは、一九九七年にシギ・チドリ類渡来湿地目録が出版された[1]。この目録では、シギ・チドリ類の渡来数から見て国際的に重要と判断される干潟(または他の湿地)が把握されている。この渡来湿地目録は農水省による諫早湾の広大な干潟を破壊しての干拓事業阻止には間に合わなかったが、名古屋市がゴミ処理場として埋め立てを計画していた伊勢湾の藤前干潟の保全については大きな役割を果たした。名古屋市はゴミ処理行政を大きく転換し、藤前干潟の破壊を避けるだけにとどまらず、ラムサール条約の条約湿地として登録して湿地保全の方向への歩みをはじめ、二〇一〇年に生物多様性条約第一〇回締約国会議が名古屋市で開催される基礎をつくった。藤前干潟はNPOの保護活動と、国による干潟保全への認識がかみあって干潟保護につながった事例である[松浦編 一九九九]。

二〇〇一年環境省によって「日本の重要湿地五〇〇」が作成された[2]。ガン類やシギ・チドリ類の目録によって把握された重要な湿地に、ラムサール条約の条約湿地のための基準によって国際的に重要と判断される湿地が加えられた。これは国内にラムサール条約湿地を増やす際のシャドーリストとしての役割も持つ目録である(実際に条約湿地となるかどうかは、地元自治体の意向が重要なポイントとなる)。

二〇〇三年から環境省によって「モニタリングサイト一〇〇〇」(3)の事業がはじまった。これは、国内的に重要な一〇〇〇サイト(ガンカモ類やシギ・チドリ類生息地となっている湿地、草原、湖沼、海鳥が集団営巣する島、森林など)を研究者や市民が連携して一〇〇年間モニタリングをしようとの趣旨の活動である[環境省二〇〇六]。生息地目録で特定された重要なサイトの情報が定期的に蓄積されていくため、そのサイトの啓発や保全に向けての課題を把握し、また対応した結果の効果を判定していくことが可能となる。

私はモニタリングサイト一〇〇〇の事業でガンカモ類と海鳥類の検討委員をしており、それぞれの活動による成果を実感している。ガンカモ類については琵琶湖について、海鳥については京都府舞鶴市冠島や沓島のオオミズナギドリなどの海鳥の生息状況を、いずれも数十年にわたって調査をして関心を持ってきたが、全国的な位置づけが可能となったのは、モニタリングサイト一〇〇〇が始まってからである。

(4)　地域資源を可視化するフットパス「が」から「も」へ

以上のように、地域の自然財保全のためには触媒的な情報集をつくり活用していくことが重要である。冒頭にスズメのイメージを持っていないと身近なスズメの存在も認識できないと述べたが、足元にある地域資源も同じことで、そのイメージを持つことで、はじめて見えてくるものがある。

二〇一三年五月に里山学研究センターの研究会でフットパスについての講演があった[神谷二〇一四：Talbot 2014：江南二〇一四]。フットパスは、地域にある自然・文化・歴史などの資源を可視化する活動である。フットパスの活動では、様々な地域資源の存在に地域の人々や訪問者が理解できる出版物としての地図、道標や案内板、そして地域資源をささえている地域の人々と訪問者の交流の場をつくるしかけが欠かせず、里山景観保全にも大きな役割を果たす[宮崎・麻生二〇〇四]。

地域の情報が集約された出版物としての地図は、やはり地域資源の保全に向けて機能する触媒的情報集だと理解できる。ある地域についての地域資源情報を集約したポータルなウェブサイトも同様な働きをすると思われる［須川 二〇一四b］。

「野鳥が大切だ」、「生物多様性が大切だ」との主張のみが込められていると、その活動は限定される。しかし、自然財だけでなく幅広く文化財などの地域資源も含むスタンスがあると関心を持つ人の層も劇的に増える。コウノトリの保護に力を入れている兵庫県豊岡市市長中貝宗治氏の講演におけるキーワードは「コウノトリがすめる豊岡」でなく「コウノトリもすめる豊岡」だった。「野鳥が大切」から「野鳥も大切」へ、「生物多様性が大切」から「生物多様性も大切」へと、「が」から「も」に変える姿勢が大切である。

龍谷大学深草学舎近くの聖母女学院では長年にわたって様々なテーマで「伏見学」の連続講演会が開催され出版物も多い。私も二〇〇七年に「伏見の湿地と水鳥」と題する講演をして、かつては「巨椋（おおくら）の入り江響（どよ）むなり射目人（いめびと）が伏見が田居に雁渡るらし（万葉集 柿本人麻呂）」と雁が飛んでいた伏見について紹介したことがある。

「龍谷の森」の紹介も含めた龍谷大瀬田学舎周辺の瀬田キャンパスフットパスといった情報集が作成されれば、瀬田学舎の学生はもちろんこの地域に住む人々、この地域を訪問する人々にとっても興味深い情報集となるにちがいない。様々な「キャンパスフットパス」が標準ツールとして作られるようになれば、大学と地域の関係はかなり密になることであろう。

3　国際環境条約の歴史を理解する

「龍谷の森」の保全のきっかけとなった希少種であるオオタカが「パワーアップ」したことは自然環境の保全に関わ

る諸ツール（道具類）が一九九〇年代にどっと増えてきて、様々な国内法の施行やそれにともなう動きと関係していた［須川 二〇〇七］。

二〇世紀後半になって、もうこのままでは地球環境は持たないと多くの国々が思うようになり、様々な環境に関わる国際条約ができた。毎年のように生物多様性条約や地球環境温暖化枠組み条約などの国際環境条約の締約国会議が開催され、様々な論議や決定がされたとのニュースは流れているが、あまり意識しない人がほとんどだと思う。しかし、国際的な決定に基づいて国内法の整備や、様々な取り組みがなされて、ふとしたきっかけで私たちの周りは、この国際環境条約によって生まれた諸ツールによって、とても影響されていることに気がつくと思う。

そういう流れを認識するためにはどうしたらいいか、最近の国際条約の決定内容だけを手っ取り早く理解しようとしてもなかなか難しく、源流からたぐっていかないとわからない。

（1）国際環境条約の展開

図7-3は国際環境条約の展開を示した図である［須川 二〇一四a］。左側にジッパー（ファスナー）を描いている。右側に下から国際環境条約の歴史を書いている。ジッパーは下から締めていくと、左右があわさって暖かいが、上だけでなんとか閉めようと思っても締まらない。国際環境条約の最新の決定をてっとり早く理解して、環境問題に対処しようとしてもほとんど役立たないということを表した図である。

過去から歴史をたぐっていく必要がある。五〇年前にアメリカのレイチェル・カーソンが、春になったけれど鳥たちは鳴かない、毒性の強い農薬が深刻な問題をもたらしていると指摘した『沈黙の春』の出版年（一九六二年）を一番下に置いた。

湿地保全をめざす国際環境条約、ラムサール条約は一九七一年にできた。一九八〇年に日本がラムサール条約に加入した。一九八六年、ウクライナでチェルノブイリ原発事故があり、その次の年（一九八七年）にブルントラント委員会という国連の環境と開発に関する世界委員会が“Our Common Future”という報告書をだした。地球資源の「非持続的利用」の方向を「持続的利用」へ転換することがキーワードとなった。このあたりが節目となる源流と思う。

ラムサール条約では欧米諸国による水鳥生息湿地の保護への関心だけでなく、多くの国民の生存に関係の深い湿地の持続的利用（ワイズ・ユース）について関心が深まりはじめた時期であり、多くの開発途上国がラムサール条約に加盟するようになった。

この報告書の方向にしたがって、五年後の一九九二年ブラジルで開催されたリオサミットで二つの重要な国際環境条約ができた。生物多様性条約と地球温暖化枠組条約である。一九九三年には琵琶湖がラムサール条約の条約湿地に登録された。一九九七年には地球温暖化枠組み条約の第三回締約国会議が京都で開催され、京都議定書が世界中に影響を与える。二〇一〇年には名古屋市で生物多様性条約の第一〇回締約国会議が開催された。このように、身近なところでも次々と国際環境条約の動きが続いた。

源流をつくったグロ・ブルントラントという女性はどういう人か。二〇一〇年に京都国際会議場で行われた「第一回ＫＹＯＴＯ地球環境の殿堂」という行事で殿堂入りした三人のうちの一人が彼女であった。彼女の自伝を読み［Brundtland 2002］、課題を主張するだけでなく、

← 2013　琵琶湖が条約湿地登録20周年
← 2012　Ramsar COP11，Rio+20，CBD COP11
← 2011　Ramsar WWD2011　条約40周年　東日本大震災
← 2010　生物多様性条約COP10　名古屋
← 2009　温暖化防止条約COP15
← 2008　RamsarCOP10　韓国，西の湖追加登録
← 1997　ナホトカ号重油流出事故
Kyoto Protocol（京都議定書）
← 1995　阪神大震災
← 1993　RamsarCOP5　釧路，琵琶湖ラムサール条約湿地登録
← 1992　リオサミット地球温暖化枠組＋生物多様性条約
← 1992　ワシントン条約COP8　京都
← 1987　ブルントラント委員会「Our Common Future」
← 1986　チェルノブイリ原発事故
← 1980　日本がラムサール条約へ参加　釧路が登録
← 1971年２月２日　ラムサール条約締約，環境庁できる
← 1962　レーチェル・カーソン「沈黙の春」

図７－３　国際環境条約の歴史の流れを理解する

20世紀後半にこのままでは地球環境はもたないと様々な環境条約ができた．ジッパー（ファスナー）は途中ではめようとしてもできない．最初からはめておくと，きちんとかみ合って役に立つ．諸条約の流れを理解することが大切．

具体的に世の中を動かしていく政策にしていく能力を持っている人だと理解した。ノルウェーで初めての女性首相、世界で最初に女性大臣も多い内閣をつくった人として、ある哲学者がこの女性内閣を記念する石碑を堺市に立てた。

ブルントラントは医師で、ＷＨＯ（世界保健機構）の事務局長もしていた。ＷＨＯが提唱した、たばこ規制枠組条約という条約が二〇〇三年にでき、日本もこの条約を批准した。たばこ産業だけではなく、交通産業、教育機関でもたばこは規制されてきた。龍谷大学でも、つい数年前には、講義終了直後には建物の入り口でもうもうと煙がただよっていたが、今はそういう情景はない。たばこ規制枠組み条約を、国際環境条約に含めてよいかどうかはともあれ、このような国際条約が、私たちの生活や環境にも大きく影響してくるという例として、たばこの条約はわかりやすい。喫煙は、健康面だけでなく、社会にとってマイナスだからという方向性で文句を言う人は少ない。地球温暖化枠組条約については、これも国内法（地球温暖化対策の推進に関する法律（一九九八））ができた。CO_2削減、資源循環、エコというキーワードで企業活動、市民生活に大きく影響がある。無駄なエネルギーをなくすのは企業にとっても個人の生活にとっても良いことだから、非常にわかりやすい。CO_2を減らす必要がある、エコの生活が大切だと、若い世代は小さいころからそう理解して育ってきた。ところが、湿地や生物多様性の保全についてはタバコの害とか、エコの重要性に比べてまだ認知度が極めて低い現状であり、それだけにやるべき課題が多くある。

（2）ラムサール条約の理解と展開

国際環境条約の役割を理解するとはどういうことかは、ラムサール条約にこだわることで判ってきた。琵琶湖は一九九三年に日本最大の条約湿地として登録されたが、条約の趣旨を理解して琵琶湖の湿地保全にどう活用するかの意識は極めて低い状況が続いていた。そこで二〇〇一年に、長浜市湖北町にある琵琶湖水鳥・湿地センターの活動として、ラムサール条約の考え方を普及・啓発する「琵琶湖ラムサール研究会」の活動を関係者数名とともに開始した［村上編 二〇〇二］。活動内容はウェブサイトによって発信され、環境省によって翻訳された締約国会議の文書を参照しやすく組みなおしたページはラムサール条約の考えを活用したい全国の関係者によく利用されている。ラムサール条約の「ラ」も理解できない初心者でも「目から鱗」の理解ができた名講演を集め、ラムサール条約がどのような切り口で湿地の持続的利用（ワイズ・ユース）を展開しているのか知ることができるようにしている。ラムサール条約で重要な取り組みとされているCEPA活動（対話・教育・参加・啓発活動）の一環として重視されている「世界湿地の日」の活動を通しても、四〇年の歴史をもった条約の経験を、世界のネットワークを生かした取り組みを通して理解できる［須川 二〇一四c］。

ラムサール条約に関しては、単に締約国会議でできる文書を理解するだけでなく、締約国会議で「世界の潮流に影響を与える」文書をつくり育てて影響を与える段階にまでなっている。二〇一二年七月二一日里山学研究センターでラムサール条約第一一回締約国会議（ルーマニアで開催）参加直後の「日本雁を保護する会」会長の呉地正行氏から水田決議の進展についての講演を聞いた［呉地 二〇一二］。二〇〇五年に宮城県蕪栗沼が周辺水田も含めた条約湿地として登録される新しい流れをつくり、ラムサール条約や生物多様性条約の締約国会議の場で、水田の生物多様性の役割を認識する国際的文書作成にNGOの立場から支援した活動である。

（3）見えてきた課題

スズメのイメージを心の中にもってないと、実はスズメの存在に気づいていない。「どうせスズメだ」と決めつけてすませているだけである。社会が、次世代に伝えるべき自然財のイメージを正確にもつことができなければ、生物多様性を生かした未来をつくることはできない。ツバメの集団ねぐらとなる湿地の目録や雁類の渡来地目録がないと、地域の人々が価値ある自然に気付くこともなく、湿地保全へ向かうこともできない。様々な持続的利用のための道具類（諸ツール）をうみだすもとになっている国際環境条約の活動を意識しつつ、湿地や里山の研究や保全活動をすすめていくことが大切である。

ツールは誰かがつくっている。ツールを活用し、ツールの維持や展開に参加し、また必要なツールがなければ提案してつくっていくという姿勢を通して、あらたな世界が見えてくることであろう。

注

（1）「シギ・チドリ類渡来湿地目録」（http://www.env.go.jp/press/files/jp/612.html、二〇一五年一月三〇日閲覧）。
（2）「日本の重要湿地五〇〇」（http://www.sizenken.biodic.go.jp/wetland/、二〇一五年一月三〇日閲覧）。
（3）「モニタリングサイト一〇〇〇」（http://www.biodic.go.jp/moni1000.html、二〇一五年一月三〇日閲覧）。

参考文献

江南和幸〔二〇一四〕「ロンドン郊外 Public Footpath Chess Valley 谷歩き」『龍谷大学里山学研究センター　二〇一三年度年次報告書』。

神谷由紀子〔二〇一〇〕「フットパスによるまちづくりの公式」みどりのゆび（http://www.midorinoyubi-footpath.jp/フットパスによるまちづくりの公式.pdf、二〇一五年一月三〇日閲覧）。

神谷由紀子〔二〇一四〕「日本におけるフットパス」『龍谷大学里山学研究センター　二〇一三年度年次報告書』。

環境省生物多様性センター〔二〇〇六〕「モニタリングサイト一〇〇〇　一〇〇年の自然の移り変わりをみつめよう」（http://www.biodic.go.jp/moni1000/moni1000pamph.pdf、二〇一五年一月三〇日閲覧）。

京都市〔二〇一四〕「京都市生物多様性プラン――生きもの・文化豊かな京都を未来へ――」（http://www.city.kyoto.lg.jp/kankyo/page/0000164243.html、二〇一五年一月三〇日閲覧）。

呉地正行〔二〇〇六〕『雁よ渡れ』どうぶつ社。

――〔二〇一三〕「水田と生物多様性：ラムサール条約ＣＯＰ１１（ルーマニア・ブカレスト）における展開――ローカルの活動をグローバル発信する意義と課題――」『龍谷大学里山学研究センター　二〇一二年度年次報告書』。

須川恒〔一九八二〕「宇治川河川敷のツバメ類の集団塒とその保護について」『関西自然保護機構会報』八。

――［一九八六］「ユリカモメ」、京都の動物編集委員会編『京都の野生動物Ⅰ』法律文化社。

――［一九九二］「ツバメの集団ねぐらウォッチング」『野鳥』一二月号。

――［一九九九］「ツバメの集団塒地となるヨシ原の重要性」『関西自然保護機構会報』二一（二）。

――［二〇〇一］「生き物からみたミティゲーション　鳥類」、森本幸裕・亀山章編『ミティゲーション――自然環境の保全・復元技術――』ソフトサイエンス社。

――［二〇〇五］「都市河川と水鳥」、森本幸裕・夏原由博編『いのちの森　生物親和都市の理論と実践』京都大学学術出版会。

――［二〇〇七］「里山保全のための道具類」、丸山徳次・宮浦富保編『里山学のすすめ』昭和堂。

――［二〇一四ａ］「京都の自然と産業――野鳥が語る京都の自然――」（二〇一三年度経営学特別講義）、龍谷大学京都産業学センター。

――［二〇一四ｂ］「湖北地方でフットパスを作成するための基礎資料」『龍谷大学里山学研究センター　二〇一三年度年次報告書』。

――［二〇一四ｃ］「ラムサール条約の国際的ネットワークを生かした活動の紹介――湖北における世界湿地の日の活動と条約事務局ホームページ――」『龍谷大学里山学研究センター　二〇一三年度年次報告書』。

松浦さと子編［一九九九］『そして、干潟は残った　インターネットとＮＰＯ』リベルタ出版。

宮崎政雄・麻生泉［二〇〇四］「多摩丘陵におけるフットパス計画による里山景観保全への取り組み」『ランドスケープ研究』六八（二）。

宮林泰彦・須川恒・呉地正行［一九九四］「ガン類渡来地目録の作成とそれによって明らかになった渡来地保護の課題」、宮林泰彦編『ガン類渡来地目録　第一版』雁を保護する会（http://www.jawgp.org/ghi1994/p005.pdf、二〇一五年一月三〇日閲覧）。

村上悟編［二〇〇二］「ラムサール条約を活用しよう――湿地保全のツールを読み解く――」琵琶湖ラムサール研究会（http://www.biwa.ne.jp/~nio/ramsar/projovw.html、二〇一五年一月三〇日閲覧）。

Brundtland, G. H. [2002] *Madam Prime Minister: A Life in Power and Politics*, New York: Farrar, Straus and Giroux（竹田ヨハネセン裕子訳『世界で仕事をするということ』ＰＨＰ研究所、二〇〇四年）.

Sato,F., Karino, K. and A. Oshiro et al. [2010] "Breeding of Swinhoe's Storm-Petrel Oceanodroma monorhis in the Kutsujima Islands, Kyoto, Japan," *Marine Ornithology*, 38（http://www.marineornithology.org/PDF/38_2/38_2_133-136.pdf 二〇一五年一月三〇日閲覧）.

Tarbot, S. [2014]「フットパスから"Walkers are Welcome Town"へ——英国での展開——」（吉田絵梨子翻訳）、『龍谷大学里山学研究センター　二〇一三年度年次報告書』。

第8章
里山の恵みが支えた日本の文化

江南和幸

1 里山の草木が育てた日本と世界の園芸文化

――われわれはわざわざ庭に果物のなるきをうえる。日本人はその庭 niwasu にただはなを咲かせるだけの木を［植えることを］むしろよろこぶ――ルイス・フロイス

大航海時代の大波が日本に及んだ一六世紀、真っ先にやってきたポルトガルイエズス会の宣教師の一人であるルイス・フロイス［一九九一］が、当時のヨーロッパの知識人の眼に映った日本の姿を冷徹かつ公平な眼で記録した「ヨーロッパ文化と日本文化」にある、植物への人々の接し方の東西の違いを述べた記述である。われわれの祖先たちは、一六世紀末にもなると、ヨーロッパの知識人の思いも及ばぬ「園芸文化」を享受していたことが分かる。

しかし、日本に本格的に園芸文化が開花したのは、長い戦乱ののち、ようやく平和を取り戻し、近世封建社会の封建諸国の殖産による経済活動が商品経済を生み、その結果としての市民階級の勃興が本格的に始まった元禄時代以降とい

える。日本庭園といえば、京都五山の龍安寺、南禅寺の石庭を思い浮かべるかもしれないが、経済力を背景に勃興する市民階級が求めたものは、四季折々に異なった姿を見せる華やかな花の庭であった。

（1）勃興する市民化階級が求めた新しい日本の農学と植物学

元禄時代にもなると、厳しいキリシタン禁制を受けたとはいえ、中国を超えたはるか海の向こうに広がるヨーロッパの文化を覗き見た後では、圧倒的な影響をもたらし続けた中国文化も、日本の知識人たちの中で相対化されざるを得なかった。中国の本草学の解釈に終始していた日本の「本草学」は、日本の自然に目を向け、日本の生きた草木と動物とに直接向かい合うこととなった。学問のみやこ京都に活動の本拠を置いた、江戸時代初期の最大の知識人、貝原益軒が一七〇八（宝永五）年に刊行した『大和本草』[1]は、中国の本草学の聖典である「本草綱目」を土台にしつつも、日本の植物を初めて体系的に記述した大著であった。貝原益軒はこれより以前、元禄七（一六九四）年にすでに、『花譜』[2]を著し、さらに宝永元（一七〇四）に、野菜の栽培法も教示した『菜譜』[3]を出版している。益軒の朋友であった宮崎安貞〔一九三六〕が、江戸時代の不朽の名著『農業全書』を刊行するのは元禄一〇（一六九七）年であった。それに先立つ寛文六（一六六六）年には、日本初の百科図鑑、中村惕斎〔一九七五〕の『訓蒙図彙』が刊行された。この本では、農作物一二一、采蔬五三、果物四五などに加えて、花草は一一九種に上る種類が絵入りで記載されている。江戸初期にすでに、どれほど人々が花を生活の中に採り入れていたのかがわかる。一七世紀末―一八世紀初めは、まさに日本の自然に根差した新しい学問が開花した時代であった。益軒の『花譜』は、花木、草花の栽培法の総論についてこそ、中国の『斎民要術』、『農政全書』に依拠しつつ、自らも花を愛で栽培した経験を踏まえて、四季ごとの花について具体的に日本の気候と土地に適した栽培と管理とを詳述した日本独自の「園芸書」であった。

しかし、この時代の「園芸書」はこれらの「漢学者」の手になるものだけではなかった。江戸幕府のおひざ元の江戸の染井（現在の東京の駒込近辺）に元禄時代から、のちに幕末に江戸を訪れたイギリスのプラントハンターのフォーチューンさえも「世界一の園芸基地」と驚愕させた［農山漁村文化協会編 二〇〇二］、伊藤伊兵衛が率いた園芸一家の残した、『花壇地錦抄』以下一連の園芸書は、(4) 自らを「野人」と称した根っからの園芸人の残した、中国、ヨーロッパ諸国にも類を見ない当時最高の「園芸指南」の書物であった。今紹介したこれらの「園芸書」には、四君子の「梅・竹・蘭・菊」、また妖艶な洛陽の牡丹に象徴される中国の伝統的な園芸植物ももちろん登場するが、最も多くの花は里山に自生する日本の植物である。園芸指南であるから、植物の種というよりも、当時すでに「園芸種」として認められていた花木、草花の品種を数多く記載する。例えば、ツバキはすでに二〇八品種が登録され、サザンカは五〇品種、ツツジ、サツキはそれぞれ一六二、一五二品種の多数に上る。花の咲く植物に限らず、冬木の部に、イブキ、ヒノキ、アスナロ、コウヤマキ、モチノキ、サカキ、ユズリハ、ニッケイまでもが記載され、人々がどれほど、花と緑を楽しんでいたことかが伺える著作でもある。人々のごく身近な花に美を見出した私たちの先人たちの感性こそ、「里山」が私たちに贈ってくれた恵みである。それがどのような花々であったかは、おいおい紹介しよう。それではなぜこのような新しい日本の「本草書」、「農書」、「園芸書」が一気に開花したのであろうか？　徳川幕府は、文禄・慶長に豊臣秀吉が起こした対朝鮮の侵略戦争の後始末を終えた後、対外戦争を幕末に至るおよそ二七〇年の間行わず、近隣諸国との平和外交を行っていた。(5)

封建制のもと「身分」の低い町人たちが求めたものこそ、続く太平の世の中での「文化の楽しみ」であった。四季に花の絶えない植物の溢れる環境の真っただ中にある日本人を真っ先に捉えたのは、その花を楽しむ文化であったことは想像に難くない。新しい学問の勃興の背後には、経済力を得た町人たちの熱い希望があったのである。

(2)　庶民で賑わう花の庭園

江戸時代の初期以来日本経済の中心地であった大坂は、徹底的に都市開発がなされ、現在に至るまで市内の緑はいたって少ない。幕府のおひざ元の江戸では、火災の延焼を防ぐ意味からも、大名屋敷をはじめ、武士の屋敷の緑化を義

図8－1　蓮華王院　カキツバタ園

（出所）秋里籬島編『都林泉名勝図会』吉野屋，寛政11（1799）年．

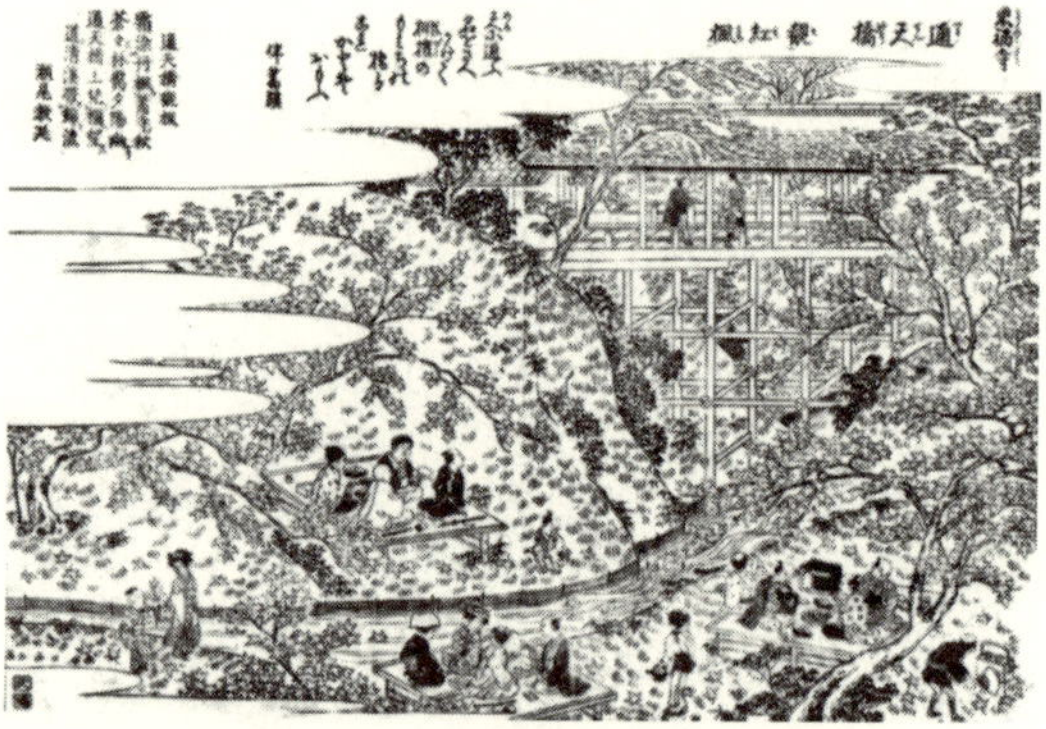

図8－2　東福寺通天橋観紅楓

（出所）秋里籬島編『都林泉名勝図会』吉野屋，寛政11（1799）年．

務付けたため、武蔵野の原野の中に緑あふれる都市が出来上がった。屋敷を飾る園芸は、やがて庶民たちの園芸熱を生む一つの契機となったことは疑いがない。武士のいない上方で緑を残す場所は、広大な庭をもつ仏教寺院が林立するみやこ京都であった。この庭をただ遊ばせておくのはもったいない。都の人々は、ここに花を植栽し、遊山の場所として楽しむ文化を造り出した。安永九（一七八〇）年刊『都名所図会』(6)に始まり、続いて天明七（一七八七）年、『拾遺都名所図会』(7)、寛政一一（一七九九）年、『都林泉名勝図会』(8)、天保七（一八三六）年には大著『江戸名所図会』(9)、さらに天保九（一八三八）年、『東都歳時記』(10)が刊行された。これらの名所図会に見られる庶民が楽しむ花の宴を見てみよう。図8－1は、蓮華王院（三十三間堂）の名高いカキツバタ園に集う京の人々である。京の寺院はただ参詣の場所というわけではなく、庭、花壇、料理を楽しむ庶民の憩いの場所であった。経営は僧侶ではなく、僧侶を手玉にとった一婦人であったという。

図8－2は、庶民の秋の遊山の場所として紅葉の下酒宴で賑わう通天橋。ヨーロッパの秋は「黄金の秋」であり、紅

葉に溢れる京都の秋はヨーロッパのツーリストを魅了する。

図８－３は、清水山に続く高台寺山の麓の秀吉の正妻北政所が余生を過ごした高台寺である。「大木の桜数株ありて、妖艶たる花の盛りは園中に遊宴を催し、春を惜しむのともがら多し。また秋の頃も萩の花いみじゅう雅やかにいろそへて、衆人のこころを動かす。これ当境の佳境なり」。この寺もまた、花を愛でる庶民の憩いの場であった。

天保以降になると、江戸も上方に負けず「名所図会」が刊行され、庶民の行楽を誘った。つつじ、さつきの園芸は日本独特のもので、その美しさはヨーロッパの花壇に大きな影響を与えた。つつじの園芸を生み出したのは、中間たちであった。江戸大久保のつつじ園は、かれらの内職による植木基地であった（図８－４）。

図８－３　高台寺の萩

（出所）秋里湘夕編『拾遺都名所図会』吉野屋版，天明７（1787）年．

図８－４　江戸大久保のつつじ園

（出所）松涛軒斎藤長秋編『江戸名所図会』須原屋版，天保７（1836）年．

図８－５（a）は、江戸染井の植木職人たちの市民へのサービス。一八六〇年来日したイギリスのプラントハンター・R・フォーチュンは、染井の植木屋群を「世界に類がない」と驚愕したという［農山漁村文化協会編 二〇〇二］。狭い江

図8－5(a)　染井の観菊

（出所）藤月岑幸成編，松斎雪堤補『東都歳時記』須原屋版，天保9（1838）年.

図8－5(b)　所沢卯の花

（出所）松涛軒斎藤長秋編『江戸名所図会』須原屋版，天保7（1836）年.

図8－6　向島百花園秋の七草

（出所）藤月岑幸成編，松斎雪堤補『東都歳時記』須原屋版，天保9（1838）年.

戸のうちだけが遊山の場所ではない。図8－5（b）にある武蔵野の雑木林を開墾した農家の屋敷林を空っ風から守る生垣の「卯の花：ウツギ」は、江戸の庶民の格好の遊山の地となった。空にホトトギス、垣根ににおう卯の花。日本歌曲「夏は来ぬ」のもとになった。

江戸のごみを埋め立ててできた人工島を、里山の草木で飾り、花を楽しむ風流は、後述のようにヨーロッパのガーデニングの重要な規範となった（図8－6）。

（3）里山の植物に溢れる江戸の花の図鑑

花を楽しみ、園芸を自分たちの文化として育てることは、ただ名所に出かけて受動的に花を見るだけでは不可能である。植物の名前を認識し、生きた植物の姿を身近に認識するためには、正確で、美しい植物の図鑑が必須である。隆盛な出版業はまた、世界的に見ても優れた「植物図集」を造りだし、市民の植物好きをさらに盛り上げる役目を果たした。以下、それらの「図集」を代表する、大坂の絵師橘保国の『絵本野山草』[11]、江戸時代の最大の本草学者、小野嵐山と弟子の島田充房による『花彙』[12]、に見る美しい花の姿を紹介しよう。どちらも「やまと絵」の生気のない「花鳥画」と違い、生きた植物を写実的に写した意味では、「植物図鑑」の名前に値すると同時に、比類のない独創的な「画法」で、江戸のボタニカルアートの代表作でもあった。また描かれた植物の多くは、野や里山に当たり前に生育する「野草」であり、「雑木」であった。これらはまた、三之亟伊藤伊兵衛の『花壇地錦抄』に栽培を奨励される、野の花、里山の木々の花であった。私たちの「自然を美ととらえる心」を図らずも描き出している（図8－7、図8

図8－7(a)　鬼あざみとタンポポ

（出所）橘保国『絵本野山草』渋川清右衛門版，宝暦5（1755）年．

図8－7(b)　オモダカ、ホシクサ、ミツガシワ

（出所）橘保国『絵本野山草』渋川清右衛門版，宝暦5（1755）年．

図8－8(a)　ミヤマシキミ

（出所）小野嵐山・島田充房『花彙』平安衆芳軒蔵，宝暦9（1759）年．

図8－8(b)　マムシグサ

（出所）小野嵐山・島田充房『花彙』平安衆芳軒蔵，宝暦9（1759）年．

－8）。これらの絵に見られる葉の表を一面墨色とし、裏は白抜きとする画法は、保国の父であった守国に始まり、小野嵐山・島田充房の『花彙』（花彙では表裏が逆）、さらには幕末の飯沼慾斎の「草木図説」にまで受け継がれた日本独自の画法で、木版調版刷りの手法を上手に使った日本独特の、ボタニカルアートを打ち立てた。

図8－7（a）の鬼あざみは、春に咲くノアザミの棘が多く、大きいものをこのように呼んだ。『花壇地錦抄』にも、タンポポとともに春の草花として記載されている。江戸時代からノアザミの園芸化がみられ、今ではドイツアザミ（ドイツとは全く無関係）として、花屋の店頭を飾る。タンポポは、宮崎安貞の「農業全書」では栽培を推薦される蔬菜であるが、ここでは花を愛でることも薦められた。

ラムサール条約で湿地の保存がうたわれている今、貴重な湿地植物。ホシクサ、オモダカ、ミツガシワはいずれも、めったに見られなくなった貴重種である（図8－7（b））。『花壇地錦抄』では、ホシクサを、「四五寸ほどある小草なり。中よりほそき茎数多《あまた》立出て、さきに丸き星のごとくなる物あり。色銀粉にてぬるがごとし」とある。ホシクサは江戸時代には、西本願寺の障壁画にも描かれたほど愛玩された水草であったようだ。

図8－8（a）の植物を知る人はよほどの植物通であろう。近畿地方の低山帯に普通に見られるミヤマシキミは、春の花も、冬の紅い実

も常緑の緑の葉に映えて美しい小木で、『花壇地錦抄』には、「実の秋色付きて見事なるるい」とされる。ロンドン郊外Kew Garden Wakehurst Placeで開発されたミヤマシキミの園芸種Kew skimmiaがヨーロッパ中に広がる。アオキと同様、冬でも緑の葉が落ちずに紅い実を見せる植物は、ヨーロッパの冬の庭になくてはならない大切な花木である。日本で忘れられた花木がヨーロッパの庭を彩る。

今でいう「美しい花」とはとても言えないマムシ草として嫌われるコンニャクの仲間も、「花壇地錦抄」で、「天南星」として「草花春の部」に、「薬種につかうなり」とある。「花彙」には、「観ルニ堪タリ」と観賞に供したことが分かる（図8－8（b））。

（4）ヨーロッパに渡った日本の庭つくりと日本の花

ルイス・フロイスからおよそ九〇年後、長崎出島のオランダ商館の医師として赴任したケンペルは一六九〇―九二年の二年間の滞在中に、日本の歴史・政治・経済、そして本職の「博物学」について広くかつ深く研究したことでよく知られている。その大著*History of Japan*は死後の一七二七年に英語版が公刊され〔Kaempfer 一九九三〕、ヨーロッパにおける日本研究の古典中の古典となった。ケンペルによる日本の豊かな植物とそれを楽しむ日本の文化の記述を、英語版から紹介しよう。「私の考えるところによれば、日本は知られている国々の中でおそらくもっとも変化に富み、美しい植物と花に恵まれ、野原、丘陵、森、林を問わずあちらこちらを飾っている。その中のいくつかは、庭に移植され、熱心に改良され、栽培され、驚くほどの完成がなされている。……中でも、綺麗なやや大き目の灌木のツバキは、多くの美しい変種があり、日本の書物が正しいとすれば、九〇〇もの名前がある。サツキも今一つの灌木であるが、これもまた数百の変種を庭で目にすることができる」。

ケンペルの日本植物研究は、同じくオランダ商館員として来日、滞在した、ツュンベリー（一七七五―七六年、一六カ月滞在）、またシーボルト（一八二三―二九年および、一八五六年の二度滞在）の二人に受け継がれ、リンネの分類体系によった初の日本の植物誌である、ツュンベリーの一七八四年刊の*Flora Japonica*[13]、シーボルトによる一八三五〜七〇年刊の大型豪華本*Flora Japaonica*が出版されるにおよび[14]、そこに記された珍しい日本の植物は、ヨーロッパの植物愛好家の憧れの的となった。

ＮＨＫの園芸番組も、日本の園芸本のほぼすべても、イングリッシュ・ガーデン（英国式庭園）こそ、ガーデニングの元祖といってはばからない。一九世紀、ヴィクトリア女王のイギリスで、それまでにない美しい庭園造りがヨーロッパで始まったことは間違いがないが、その手本となったものこそ、ケンペルが見た日本の庭園であった。造園の技術だけでなく、花の咲く植物が一五〇〇種類と、日本の三五〇〇種類と比べものにならない貧弱な植物しかないイギリスが求めたものもまた、日本をはじめとする東アジアの豊かな植物であった。

イングリッシュ・フラワーガーデンの父といわれるウィリアム・ロビンソンは、ビクトリア時代の派手な花で飾り立てるガーデニングから、繊細で自然の息吹をもつガーデニングを目指し、一八八四年ロンドン郊外の貴族の館（グレイヴタイ・マナー）のフラワー・ガーデンを設計した。その後この庭造りが、今に続く英国式庭園の規範となった[15]。図8－6に見た、江戸向島の「百花園」は、ロビンソンのガーデニングの半世紀も前に、すでに江戸の庶民が、自然を楽しむ風雅な心を広く持っていたことを私たちに教えてくれる。ちなみに、グレイヴタイ・マナーのフラワー・ガーデンを飾る呼び物は、ツツジの花壇であり、庭園にはさらに水場にしつらえたツルアジサイの大株、秋に美しい紅・黄葉とクッキーの香りの葉が人気のカツラなどなど、日本発の花に溢れている。これまで、ロンドンを中心にモスクワ、ベルリンなどヨーロッパの各都市で公園、個人の庭から植物園を廻り、見出した日本の花と木々、またヨーロッパの園芸書に紹介されている日本からヨーロッパに渡った日本の植物は、合計一九七種におよぶ。これまでの探索の結果は、龍谷大学里山学研究センターの二〇一〇年、二〇一二年の年次報告に詳しいので［江南二〇一一；二〇一三］、詳細は省略するが、ヨーロッパの南の端からから北の端に至る各地で筆者が出会った日本の植物のいくつかを紹介しよう（**写真8－1**）。広いヨーロッパ全体に、日本から渡った植物が公園から家々の周りを飾っていることが分かる。

1 桐の並木(パリのイタリア広場)　2 ツバキ（ロンドン・リージェントパーク）　3 アオキ(斑入り)（ロンドン・リージェントパーク）　4 アジサイの植木鉢（イタリア・ファブリアーノ）　5 コブシの実（パリ・チョアジー通り公園）　6 ソテツの植え込み（イタリア・ファブリアーノ）　7 バイカウツギ（モスクワの園芸クラブ花壇）　8 ギボウシ（モスクワの園芸クラブ花壇）

写真８－１　ヨーロッパの街に広がる日本の植物

(すべて筆者撮影)

2　世界第一の江戸の出版文化を支えた里山の恵み
――和紙―楮・雁皮――

里山の産物である楮《こうぞ》・ガンピを基にした大量の和紙の生産に支えられ、江戸時代の日本は世界に類を見ない出版業の隆盛があったといわれている［中野 二〇一二］。太平の元禄時代には、日本の文化の中心であった京都・大坂の上方で、仏教書から、謡曲本、学問書、さらには井原西鶴に代表される上方文学の書物が次々と出版された。一九世紀以降になれば、文化の中心も江戸に移り、江戸の出版業が、大量の浮世絵の刊行、式亭三馬、曲亭馬琴の「読み本」類の大量出版を担い、これに尾張が加わり、三都の出版業が江戸の庶民の旺盛な知識欲を満たすことになった。この出版を支えた物質的基礎は、何といっても紙の誕生の地である中国をもしのぐ良質な紙を大量に作った江戸時代の和紙の生産であった。

日本の紙の研究の第一人者である壽岳文章の「日本の紙」によれば、享和二（一八〇二）年の記録に基づく、大坂西浜の紙問屋に卸された諸国からの蔵物と呼ばれる正規取引の紙は、年間平均一三万丸（一丸は半紙に換算して一万二〇〇〇枚。一三万丸＝一五億六〇〇〇万枚）、脇物と呼ばれる民間取引の紙が、一七―一八万丸（二〇―二二億枚）という、とてつもない数字であった。また同書によれば製紙業は、米と並んで諸藩の重要な換金産業であったため、製紙業への農民の囲い込み、農地を楮栽培に召し上げるなどのあくどい政策に、明和七（一七七二）年、唐津藩で総勢二三〇〇人の参加する百姓一揆が起こるほどであった［壽岳 一九四九］。和紙の生産はまた農民の労苦の賜物であった。

中国から直接製紙法を受け取らずに、はるか紀元七五一年にアラブに捕えられた、中国の辺境トルファン（安西）旅団の兵舎でぼろ布を使って紙を作っていた紙すき工兵により、アラブに伝えられた原初のぼろ布を原料とする製紙法を［Enami, Sakamoto and Okada et al. 2010 : 12］、アラブからようやく一二世紀に取得し、一九世紀まで延々と原初の方法で作り続けたヨーロッパでは、元来生産物ではないぼろ布が不足し、一六六六年イギリスで、紙の生産のために遺骸の埋葬にリネン、木綿の布を使うことを禁止する布告が出されるほど紙の絶対的不足がみられたことと比較すると［Hunter 1978］、日本の紙の生産は夢のような話である。

このような大量の和紙の生産を保証したものこそ、日本全国の里山にいくらでも普通に生える、楮（*Broussoneta kazinoki*）と世界の紙の王ともいわれる最上等の雁皮紙《がんぴ》の原料となる、ガンピ（*Wikstroemia sikokiana*）の存在である。楮は秋に徒長枝を刈り取ると、翌年またすぐにひこばえが生じ、毎年絶えることなく原料が得られる、日本の豊かな自然の今一つの恵みである。ガンピは、栽培がほとんど不可能ではあるが、日本各地の里山に多く見られ、五〇年ほど前には、近江雁皮紙の原料に信楽の中学生たちが山からガンピの枝を採りお小遣いにしていたほど普通に生えていたという。これもまた里山の恵みである。冒頭のフロイスの記述に、「われわれの間では女性が文字を書くことはあまり普及していない。日本の高貴の女性は、それを知らなければ、価値が下がると考えている」［フロイス 一九九一］という有名なくだりがある。ヨーロッパでは、一五世紀でも王でも文字が読めないことはよくあることであった。ケンペルが必死に紹介した日本の紙作りの技術は、「自然の恵み」の薄かったヨーロッパではついに実ることがなかった。

3　文化を輸出した江戸時代と戦争を輸出した近代日本

最後に、日本の里山の恵みが世界に果たした役割の意味を考えてみよう。右に見たように、氷河期に多くの植物が絶滅し、花の咲く植物が乏しいヨーロッパに、美しい花の咲く庭園を提供したのは、平和が続き、自然に寄り添った生き方を選んだ江戸時代の市民たちが作り上げた園芸であり、また里山の花々そのものであった。日本は、別に見返りを求めることもなく、花作り、庭造りの知識をヨーロッパに「文化輸出」をしていたことになる。

マルコ・ポーロが描いた黄金の国ジパングを目指したポルトガル宣教師たちが、日本で発見したものは、エルドラド（黄金郷）ではなく、美しい紙を作る国日本であった。イエズス会宣教師たちが彼らの「キリシタン版」に使った紙は、右に述べた「紙の王」と称される日本の雁皮紙であった。宣教師たちの追放後、その紙の存在はオランダ商人の知るところとなり、平戸オランダ商館から輸出された日本の鳥の子紙（上質雁皮紙）がレンブラントの銅版画の用紙に使われていたことが、つい最近エルミタージュ美術館と龍谷大学古典籍デジタルアーカイブ研究センターとの共同研究により明らかとなっている［Enami, Sakamoto and Okada et al. 2014］。レンブラントの新しい版画芸術を生み出したのは、日本の自然からの贈り物「和紙」であった。

二〇―三〇回の刷りにも耐える丈夫な和紙があって初めてできた、江戸の多色刷り浮世絵印刷もまた、一九世紀半ばまで多色刷り印刷技術がなかったヨーロッパのひとびとをびっくりさせ、印象派の絵画につよい影響を与えた「文化の輸出」であった。これもまた、豊かな「里山の恵み」である和紙に支えられた。

細井和喜蔵の『女工哀史』に見られる、農民とうら若い女性の犠牲のもとに生み出された生糸の他に確たる輸出品のない近代日本が輸出したものは、「琉球王国」であった宮古島の漁民が台湾に漂着し現地住民に襲われたことを口実にした、一八七四年の「台湾出兵」に始まり、一八七九年「琉球王国」の沖縄県への編入、一八九四年日清戦争、一九〇四年日露戦争、一九一〇年朝鮮併合……そして一九四五年の敗戦に至るまで、少なく数えても一五回におよぶ、他国への出兵と自らが仕掛けた戦争、すなわち「戦争の輸出」であった［江南 二〇一二：七六］。

「里山の恵み」による「文化を輸出した日本」をふたたび私たちの基本的な生き方とするためにも、「里山」を現代に取り戻すことを続けたいと願うものである。

❀注

（1）宝永六（一六六六）年、平安伏照軒蔵。白井光太郎考証、有明書房、一九七五年の復刻版がある。
（2）元禄七（一六九四）年。次の『菜譜』とともに、筑波常治解説、八坂書房、一九七三年による復刻版がある。
（3）宝永元（一七〇四）年刊行。

(4) 三之亟伊藤伊兵衛、元禄八（一六九五）年刊行。
(5) 一六〇八年の江戸幕府公認の許での島津藩の武力による琉球支配後も、琉球王国はなお独自の文化と社会制度をもつ独立国として一八七九年明治政府による日本への編入まで存続した。詳しくは、松島［二〇一四］を参照のこと。
(6) 秋里湘夕撰『都名所図会』吉野屋版、安永九（一七八〇）年。
(7) 秋里湘夕編『拾遺都名所図会』吉野屋版、天明七（一七八七）年。
(8) 秋里籬島編『都林泉名勝図会』吉野屋、寛政一一（一七九九）年、須原屋再刊。
(9) 松涛軒斎藤長秋編『江戸名所図会』須原屋版、天保七（一八三六）年。
(10) 斎藤月岑幸成編、松斎雪堤補『東都歳時記』須原屋版、天保九（一八三八）年。
(11) 橘保国『絵本野山草』渋川清右衛門版、宝暦五（一七五五）年。
(12) 小野嵐山・島田充房『花彙』『草部』平安衆芳軒蔵、宝暦九（一七五九）年、『木部』平安衆芳軒蔵、宝暦一三（一七六三）年。
(13) いくつかの復刻版もあるが、いずれも入手が困難か高価。Bibliothèque Nationale, France（フランス国立図書館）の電子図書館 Gallica で全文が無料で閲覧、複写が可能である。
(14) 原著は稀購本であるが、木村陽二郎・大場秀章解説による彩色図版復刻版が八坂書房より二〇〇〇年に出版。一部の銅版無彩色の図とともに、全文が右の Gallica でも閲覧可能。
(15) Gravetyle Manor 英文案内パンフレット（興味のある方は www.gravetyemanor.co.uk を参照のこと）。

参考文献

江南和幸［二〇一一］「ヨーロッパの公園・街を飾る日本の植物」『龍谷大学里山学研究センター　二〇一〇年度年次報告書』。

――――［二〇一二］「〝輸出立国日本　日本はなにを輸出するのか〟」『薬のチェックは命のチェック』四六。

――――［二〇一三］「ヨーロッパの公園・街を飾る日本の植物・補遺」『龍谷大学里山学研究センター　二〇一二年次報告書』。

三之亟伊藤伊兵衛［一九七六］『花壇地錦抄』（加藤要校注）、平凡社（元禄八（一六九五）年）。

壽岳文章［一九四九］『日本の紙』（日本歴史叢書一四）、吉川弘文館。

中野三敏［二〇一一］『和本のすすめ』岩波書店。
中村惕斎［一九七五］『訓蒙図彙』（杉本つとむ解説）、早稲田大学出版局（寛文六（一六六六）年）。
農山漁村文化協会編［二〇〇二］『江戸時代にみる日本型環境保全の源流』農山漁村文化協会。
フロイス、L.［一九九一］『ヨーロッパ文化と日本文化』（岡田章雄訳注）、岩波書店。
細井和喜蔵［一九五四］『女工哀史』岩波書店。
松島泰勝［二〇一四］『琉球独立論』バジリコ。
宮崎安貞［一九三六］『農業全書』（土屋喬雄校訂）、岩波書店（元禄一〇（一六九七）年）。
Enami, K., Sakamoto, S. and Y. Okada et al. [2010] "Origin of the Difference in papermaking technologies between those transferred to the East and West from the Motherland China," *Journal of the International Association of Paper Historians*, 14 (2).
——— [2014] "Encounter of Japanese Paper with Europeans: from Portuguese Jesuit Mission to Rembrandt," *International Association of Paper Historians*, 31.
Hunter, D. [1978] Papermaking: The History and Technique of An Ancient Craft, New York: Dover Publication（久米康生訳『古代製紙の歴史と技術』勉誠出版、二〇〇九年）.
Kaempfer, E. [1993] *The History of Japan*, Richmond, Surrey: Curzon Press (reprint of 1906 edition).
Thunberg, C.P. [1784] *Flora Japonica*, Leipzig: I.G. Mülleriano.
von Siebold, P.F.B. [1835] *Flora Japonica*, Lugduni Batavorum: Apud Auctorem（木村陽二郎・大場秀章解説『日本植物誌——シーボルト「フローラ・ヤポニカ」——』八坂書房、二〇〇〇年）.

第9章 里山のバイオマス
――生産と利用――

宮浦富保

はじめに

里山が利用されていた頃は、木材や枝、落ち葉、山菜、草などの里山の資源が、いろいろな用途に使われていた（図9－1）。しかも一回使ったらおしまいではなく、例えば家の材料は古くなれば薪として燃やされ、その灰は田んぼや畑に入れられ、肥料として使われていた。草は牛や馬に食わせて、その糞尿は堆肥として田んぼや畑に使われた。里山から得られるすべてのものは、食料や燃料などに利用された後、最終的には田畑の生産力を維持するための肥料として使われていた。

一九六〇年代までは、日本の家庭で使われるエネルギーのほとんどは国内の森林で生産された薪や炭によってまかなわれていた［熊崎 二〇〇八］。ところが、ガスや電気などのより便利なエネルギーの普及に伴って、一九六〇年以降、薪炭材の需要量は急速に減少してしまった（図9－2）。この図は、里山だけでなく、日本の森の資源が全般的に利用されなくなったことを象徴的に示している。

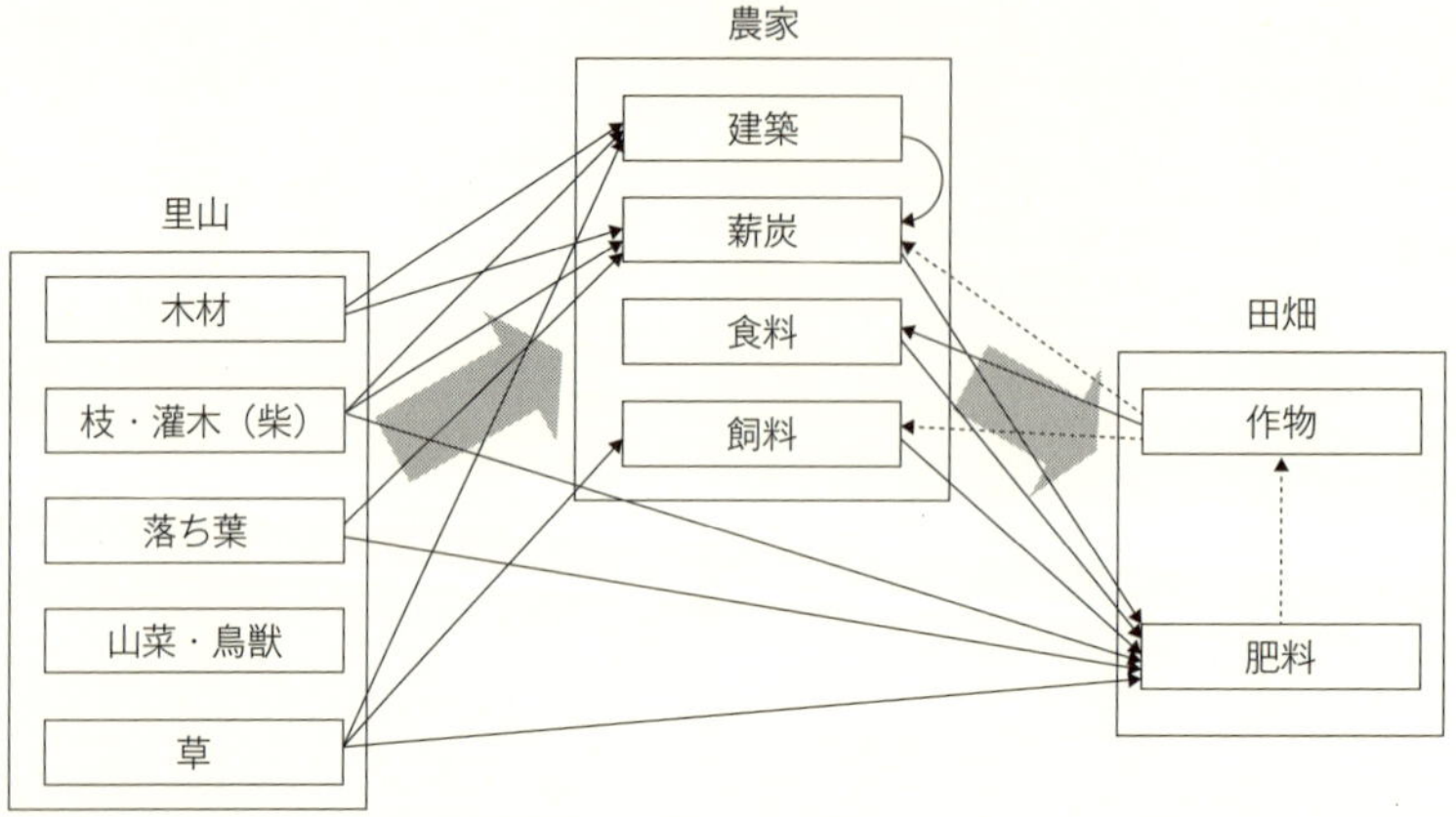

図９－１　里山景観における物質とエネルギーの流れ

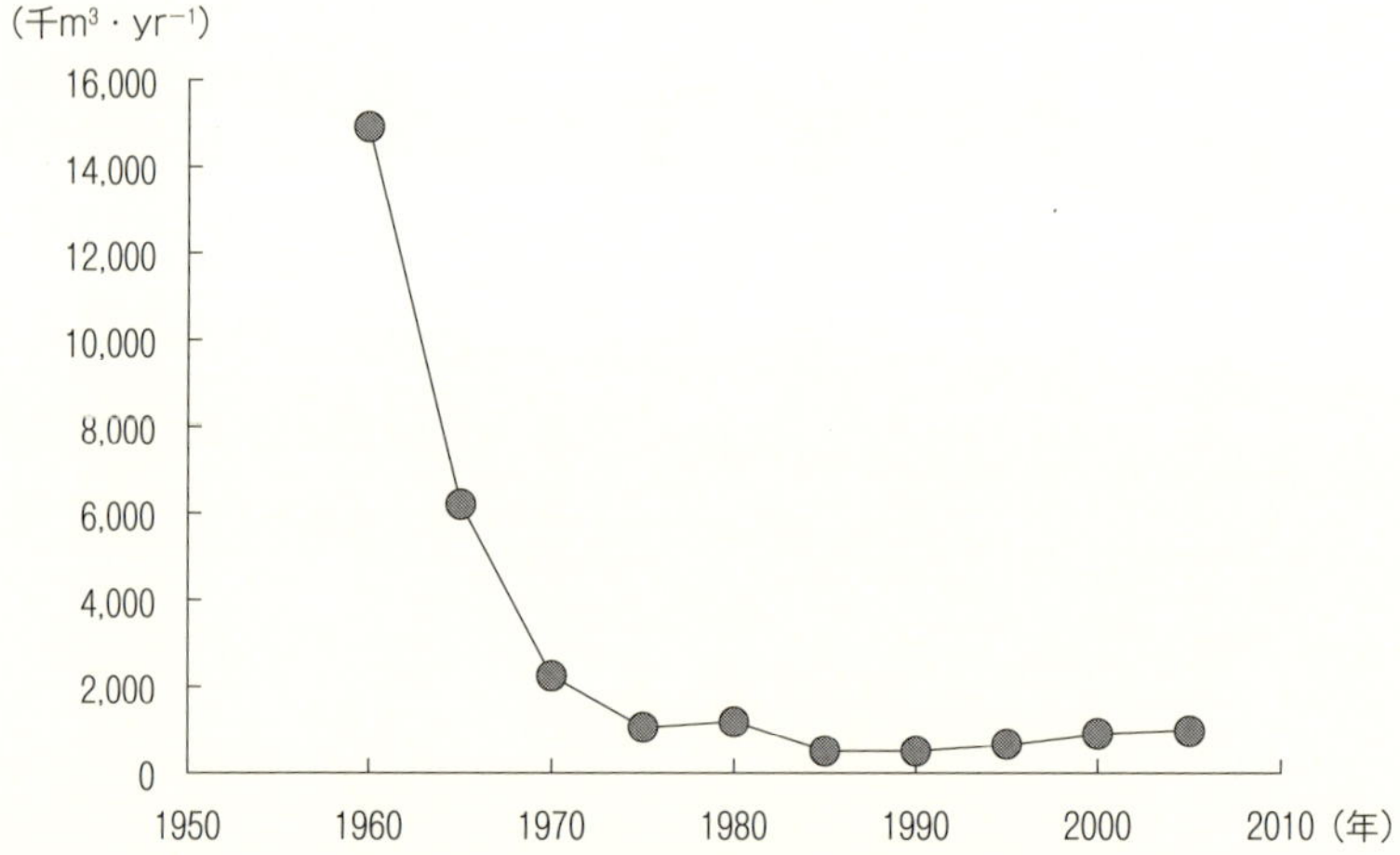

図９－２　日本の薪炭材需要量の推移

（出所）「政府統計の窓口」林野庁 HP（http://www.e-stat.go.jp/SG1/estat/List.do?bid=000001022382，2015年１月30日閲覧）.

二〇一二年度の日本のエネルギー消費量は14×10^{15}Jであり、その大部分は石油や石炭、天然ガスなどの地下資源によってまかなわれている［資源エネルギー庁 二〇一四］。このエネルギー消費量は一九六〇年頃の七倍ほどである。日本の里山に存在する木質バイオマスの一〇分の一をエネルギーとして利用したと仮定して、国内で消費されるエネルギーのどれだけをまかなうことができるのか試算した例がある［恒川 二〇〇二］。それによると、〇・一パーセントというわずかな貢献にしかならないという結果であった。現在の日本ではあまりにも大量のエネルギーを消費しており、里山の木質バイオマスを全て使っても国内で消費されるエネルギーの一パーセントにしかならないのである。仮に日本の森全体の木質バイオマスによって国内のエネルギー消費量をまかなおうとすれば、数年―数十年で日本の森は消滅してしまうだろう。

世界的に見ても歴代四位に入る超弩級の地震［鎌田 二〇一二］によって引き起こされた二〇一一年三月の福島第一原子力発電所の事故により、福島県を中心とする広い範囲が放射能に汚染されてしまった。多くの住民が避難せざるを得なくなった。汚染された畑、水田、里山、森林、河川、湖沼、海は、代々安全な食料やエネルギーを作り出してくれた。原子力発電所の事故により、豊かな国土の一部を失ってしまった。

日本は火山や地震、津波などの大規模な災害の多い国である。現在の日本列島周辺域は地殻変動の活発な時期に入ったと考えられており、再び原子力発電所の事故が起こる可能性は高いと思われる。エネルギーを原子力に依存し続ければ、放射能汚染によってさらに国土を失うことになりかねない。原子力への依存度を下げることが必要であることは当然であるが、依存原子力の比重を下げる、あるいは廃止する場合、石油などの地下資源で代替すれば、温室効果ガスである二酸化炭素の排出量が増大してしまう。二酸化炭素の排出削減が強く訴えられている現在、これまでと同じようにエネルギー消費を続けていくことはできないはずである。何よりもまず、エネルギー消費の少ない社会を目指すべきであるし、大気中の二酸化炭素濃度を増加させる地下資源の利用も控えるべきである。

持続可能なエネルギー利用を目指すのであれば、太陽からもたらされるエネルギーを積極的に利用するべきであろう。現在の日本のエネルギー消費を木質バイオマスのみでまかなうことが不可能であることは明らかであるが、身近な里山で太陽エネルギーを固定してきた木質バイオマスのエネルギー利用は、持続可能な生活のモデルとして最適なものであると思われる。

(1) バイオマスとは何か

「バイオマス」という用語はもともと生態学の分野で用いられていたものであり、英語では biomass と記される。bio-は生物を、mass は質量を示しており、biomass は「生物の量」という意味である。バイオマスは、生物が外界の物質を取り込んで自らの体を構成することによって作り出される。その際にエネルギーとして利用されるのが太陽の光である。「光合成」は太陽エネルギーを利用して二酸化炭素と水から糖(有機物)を作り出す過程である。「光合成」の他に、「化学合成」によって有機物を作り出す生物も存在するが、海底の熱水噴出孔などの極限的な環境に生育している。地球上の有機物合成のほとんどは光合成によって行われているといってよい。

里山や森林で作り出されるバイオマスは、太陽エネルギーが生物体に固定されたものである。例えば薪を燃やしてエネルギーとする場合、薪の中に固定されたエネルギーは、樹木が生きていた数十年の間に太陽からもたらされたものである。柴や落ち葉、草を利用する場合は、もっと最近の太陽エネルギーによって作り出された有機物である。里山のバイオマスを利用するということは、数年から数十年間ため込まれた太陽エネルギーを利用するということである［石川一九九三：一九九四］。これに対して、化石燃料である石炭や石油、天然ガスなどは、数百万年前、あるいは数億年前の生物に由来すると言われている。これらの化石燃料を利用するということは、遙か昔の生物体にため込まれていた太陽エネルギーを掘り出して利用していることになる。地中に閉じ込められていた炭素を大気中に放出させていると言うことにもなる。

バイオマスを燃料として利用した場合、固定された太陽エネルギーは熱エネルギーとして放出される。それと同時に、炭素が酸素と結合し、二酸化炭素として大気中に放出される。二酸化炭素は地球温暖化を促進する性質を持っているため、大気中の二酸化炭素濃度を増加させることは温暖化を促進することにつながる。地中に閉じ込められていた化石燃料の場合には、燃焼によって発生した二酸化炭素はそのままでは地中に帰ることはなく、大気中の二酸化炭素は増加する一方である。これとは異なり、バイオマスを構成する炭素は、数年から数十年前には大気中に二酸化炭素として存在していたものである。里山などでバイオマスの生産が永続的に行われるならば、燃焼に伴って二酸化炭素が放出されても、それに匹敵する量の二酸化炭素が光合成を通して再びバイオマスに固定されることになる。このように、バイオマスを利用することは地球温暖化に無関係であると考えられており、CO_2ニュートラルと呼ばれている。本章では里山のバイオマスとして、主に木材や薪などの木質バイオマスを取り上げ、生産過程の基礎的なことをまとめ、利用法についても若干考察する。

生態学では、対象とする生物の土地面積あたりの重量をバイオマスと定義している。木質バイオマスの量は重さ（[$t\ ha^{-1}$]や[$g\ m^{-2}$]など）で示されることもあるが、多くの場合体積（[$m^3\ ha^{-1}$]）で示される。木質バイオマスの体積は「材積」と表現されることが多い。一般的に針葉樹の木材は広葉樹の木材よりも比重が小さい。そのため、同じ材積であっても針葉樹の木材は広葉樹の木材より軽い。英語では針葉樹をsoft wood、広葉樹をhard woodと表現する。比重が小さいため、針葉樹材は広葉樹材よりも軟らかい。木材はセルロース、ヘミセルロース、リグニンなどでできている。セルロースは四〇―五〇パーセント、ヘミセルロースは一〇―三〇パーセント、リグニンは二〇―四〇パーセントを占めている［日本エネルギー学会編 二〇〇九］。これらの組成は樹種によって異なっているが、木材一キログラムあたりの熱量（高位発熱量）は樹種による違いはあまりなく、二〇メガジュール[MJ]前後の値である。ただし、針葉樹のほうがリグニン含有量が若干大きいために、単位重さあたりの熱量も針葉樹のほうが若干大きい傾向がある。このような傾向にかかわらず、単位体積当たりの熱量は逆に広葉樹のほうが大きい。これは広葉樹のほうが比重が大きいことによる。

ここでバイオマスの熱源としての可能性を、簡単な数値で検討してみよう。灯油の熱量は一リットルあたり三七・三

[MJ] である。二〇一四年一一月現在、一リットルの灯油の単価は約一〇〇円なので、これを基準に考えれば、一キログラムの木材は約五四円の燃料としての価値をもつことになる。『平成二五年版　森林・林業白書』〔林野庁二〇一四〕によれば、平成二五（二〇一三）年の紙・パルプ用木材チップの一キログラムあたりの価格は、輸入広葉樹チップが一九・九円、輸入針葉樹チップが一八・八円、国産広葉樹チップが一六・三円、国産針葉樹チップが一二・二円であった。一[MJ] あたりの価格にすると、灯油は約三円、木材チップは約〇・一—〇・二円となる。製紙と燃料という用途の違いはあるが、木質バイオマスが、同等の熱量をもつ灯油よりも遙かに安い値段で販売されているという実態がある。木材チップはかなり安いエネルギー源であり、安定に供給されるならば灯油との競争力は十分にあると考えられる。

（2）木質バイオマスの生産の特徴

木質バイオマスは更新の初期はゆっくりと増加し、やがて増加速度が大きくなるが、ある程度時間が経つと増加速度が徐々に低下し、最大材積に達して頭打ちになるのが一般的な傾向である。グラフにすると図9－2のようなS字曲線で表される。このようなバイオマスの変化を示す曲線を成長曲線と呼ぶ。

バイオマスを収穫する時期によって収穫効率が異なる。図9－3のA、B、Cの時期に収穫したと仮定して考えてみよう。それぞれの材積をV(A)、V(B)、V(C)とすると、図からV(C)>V(B)>V(A)であることがわかる。つまり時間が経つほど収穫される材積が大きいことになる。更新後の年数あたりの収穫材積を収穫効率と考えれば、V(B)/B>V(A)/A>V(C)/Cであることがわかる。Bの時期に収穫すると収穫効率が最大となる。

収穫効率の高い時期は、スギやヒノキでは更新後三〇—四〇年程度である場合が多い。ただし、収穫効率のみで収穫時期を決めることは適切ではない。スギやヒノキを柱や板に利用するのであれば、もう少し時間をかけないと適切な太さの木材を収穫することができないからである。

クヌギやコナラの場合、主な用途は薪や炭、シイタケの榾木（ほだぎ）、チップなどである。このような用途の場合にはむしろあまり太くないほうが利用しやすいことが多い。直径が三〇センチメートルを超えるような太い樹木の場合、伐り倒すのに労力がかかり、しかも危険を伴う作業となる。また木材を搬出するのにも大型の機械が必要になる。薪として燃やすためには細かく割らなければならない。直径が一〇センチメートル前後であれば、容易に伐採ができるし、搬出にも労力がかからず、薪割りの労力も少なくてすむ。このようなこともあって、薪や炭、榾木などへの利用では、更新後二〇年前後のローテーションで伐採を行っている場合が多い。クヌギやコナラの場合、伐り株からひこばえ（萌芽）が出てきて速やかに成長して、再びクヌギやコナラの林として更新するという優れた性質を持っている。このような更新の仕方を萌芽更新（coppicing）という。

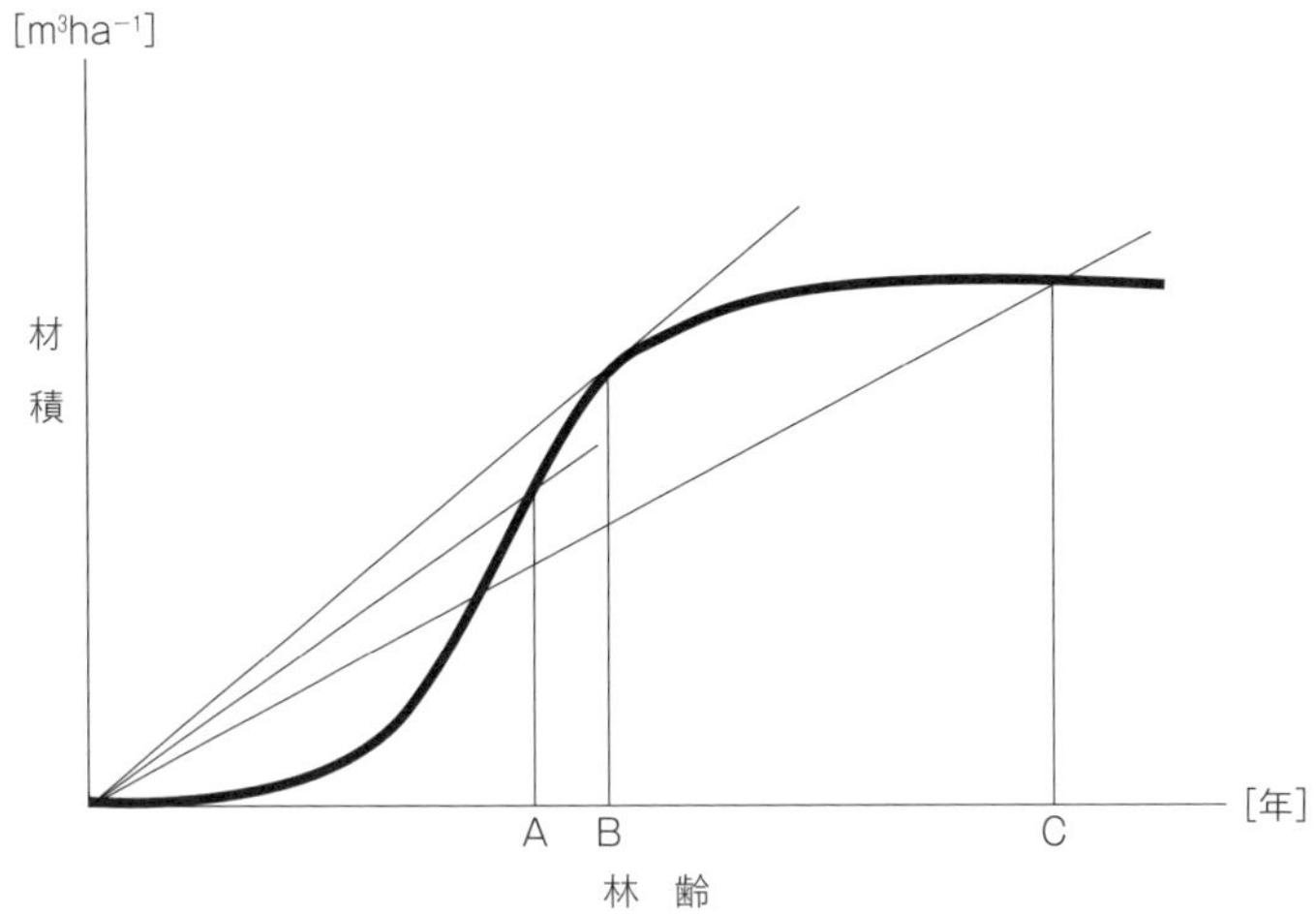

図9－3　木質バイオマス（材積）の成長曲線

　単位面積あたりの樹木の本数を立木密度という。立木密度が高い場合、一本一本の樹木のサイズは小さくなるが、面積あたりの材積は速めに最大材積に達する傾向にあることが知られている。これを密度効果という［穂積 一九七三］。早めに最大材積に達するということは、図9－3の成長曲線が左側にシフトすることに対応する。つまり立木密度の高い状態で育てれば、高い収穫効率を与える林齢を小さくできることになり、収穫のローテーションを短くできる。木質バイオマスを主に燃料などに利用する場合には、高めの立木密度にするのが有利であろう。

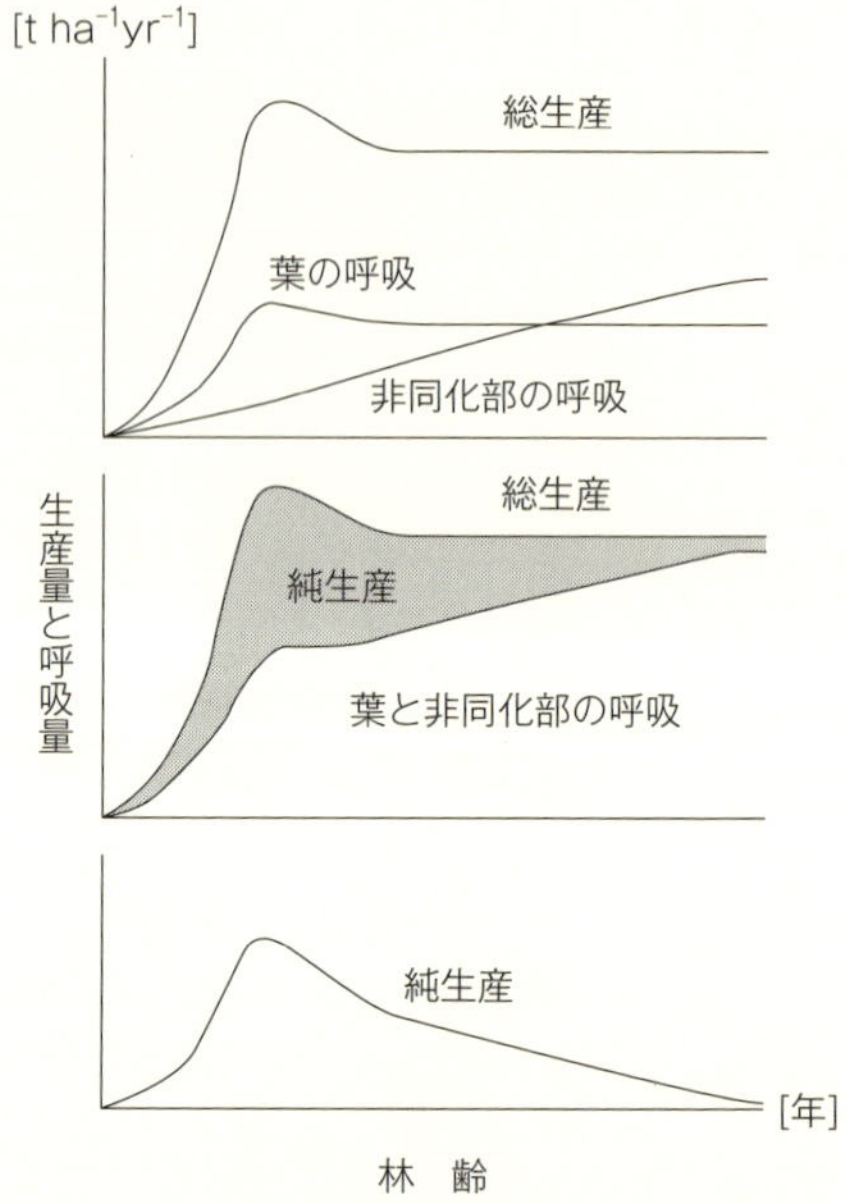

図9－4　林齢に伴う総生産量，呼吸量，純生産量の変化

（注）同種同齢の森林を想定している．
（出所）Kira［1977］を元に筆者作成．

（3）バイオマス生産のプロセス

バイオマスの生産過程を、光合成量や呼吸量という森林の生産量の観点から説明しよう。図9－4は、林齢に伴う総生産量、呼吸量、純生産量の変化を模式的に示している。ここで総生産量というのは、光合成によって生産される有機物の総量であり、光合成によって固定された太陽エネルギーの量でもある。また純生産量は、総生産量から植物全体の呼吸量を差し引いたものである。

光合成を行う器官である葉は、更新直後は量が少ない。葉量は、樹種や環境によって異なるが、一〇—三〇年くらいの比較的短期間で最大に達し、その後はほぼ一定の量を保つのが普通である。これは、下層の葉が利用できる光の量が少なくなるために、葉を展開するのに見合う光合成を行えなくなることによる。更新直後の光合成量は少ないものの、葉量に比例して増加し、葉量が上限値に達するのと同じ頃に最大値に達して、その後はほぼ一定となる。

光合成で作り出された有機物はそのすべてがバイオマスとして蓄積されるわけではない。樹木も生物であるので、生命活動を行うために、光合成で作り出された有機物の一部をエネルギーに変えて利用している。呼吸という過程である。葉の呼吸量は葉量に比例して増加し、やがて一定量に安定する。これに対して、枝や幹、根などの光合成を行わない器官（非同化器官）の量は葉量のような上限値はなく、かなり長期間にわたって増加し続ける傾向にある。非同化器官の量が増加すれば、非同化器官の呼吸量も同様に増加し、葉と非同化器官の呼吸量の合計はやがて総生産量に迫ってくる。

純生産量は一年間に固定された正味のエネルギー量であり、従属栄養生物が持続的に利用できるエネルギーの最大値でもある。純生産量は総生産量が最大となる頃に最大に達し、その後は徐々に減少していく。十分な時間が経ち、森林が成熟すると、総生産量と呼吸量がほぼ同じになり、純生産量は〇に近づく。つまりこの状態の森林では正味のエネルギー固定量もゼロに近づく。この段階では森林のバイオマスはほぼ一定になると考えられる。純生産量が最大となる時期は正味のエネルギー固定量が最大となる時期であるため、木質バイオマスの成長量（図9－3の成長曲線の接線の傾き）はこの時期に最大になると考えられる。

実際の森林で測定された純生産量として、暖温帯の常緑広葉樹林で二〇・七±七・二[t・ha^{-1}・yr^{-1}]、温帯落葉広葉樹林で八・七±三・〇[t・ha^{-1}・yr^{-1}]という値が報告されている［千葉 二〇一二］。これらを木質バイオマスとして熱量に換算すれば、それぞれ四・一および一・七[10^5MJ・ha^{-1}・yr^{-1}]となり、灯油に換算すれば一一および四・六[m^3・ha^{-1}・yr^{-1}]となる。ドラム缶（〇・二立方メートル）の本数で表すと、それぞれ五五本および二三本に相当する。純生産量の実測値が図9－4のどのあたりに相当するのか分からないし、葉や細い枝、根などの収穫しにくいバイオマスも含んでいるので、これらの推定値はある程度割り引いて考えるべきである。仮に半分とすれば、一ヘクタールの暖温帯広葉樹林では毎年ドラム缶二七本の灯油に相当するエネルギーが利用可能である。

（4）バイオマス利用はローカルに

里山の資源は人々の生活の近くに存在している。かつて里山の資源が盛んに利用されていたころは、近くの自然に様々な影響を与えていた。利用しすぎて環境を壊してしまう場合もあったが、その原因と結果は身近なところにあり、理解しやすいものであった。現在、人間の活動は地球全体にわたって広く活発に行われるようになり、その影響も地球規模のものになった。私たちが利用している資源は消費地から離れた場所で生産されており、その資源を誰がどのように生産しているのか、直感的に理解することが難しくなっている。例えば電気エネルギーは水力、火力、原子力の発電所で作り出され、長い距離を送電線で運ばれてくる。火力発電や原子力発電の燃料である、石油や石炭、天然ガス、ウラン鉱石は、さらに遠くから、船やパイプラインによって運ばれてくる。人々の活動の総和として、地球全体の環境に深刻な影響を与えるまでになっているが、一人ひとりの生活と自然との関係が見えにくくなってきている。

繰り返しになるが、灯油の熱量は一リットルあたり三七・三[MJ]であり、木材一キログラムあたりの熱量は二〇[MJ]前後の値である。木材の比重は針葉樹で〇・三―〇・四[g・cm^{-3}]、広葉樹で〇・六―〇・七[g・cm^{-3}]程度なので、木材の一リットルあたりの熱量は六―一四[MJ]となる。単位体積当たりの熱量で比較すると、灯油は木材の二・七―六倍となる。単位体積当たりの熱量が大きいために、灯油は比較的少ないコストで輸送できる。また液体であることも、輸送や貯蔵、燃焼時の取り扱いなどにおいて灯油の利点となっている。木材はそのままではかさばるし重量物であり、取り扱いに労力を要する。細かく割って薪にしても、輸送のコストが大きい。薪やチップなどの木質バイオマスの場合、生産される場所に近いところで熱資源として利用するのが基本であろう。

近年、木質ペレットの生産が行われ、これを燃料とするストーブが多数開発されている。木質ペレットは主に針葉樹のおがくず等の製材時の副産物を原料とし、圧縮して製造する。直径六―一〇ミリメートル、長さ一〇―三〇ミリメートル程度の円柱状の形で、比重が〇・六―〇・七[g・cm^{-3}]である［日本エネルギー学会編 二〇〇九］。輸送のコストも小さいし、ストーブへの燃料供給がほぼ自動的に行われ、また温度制御も容易であることなど多くの利点がある。ほとんどのペレットストーブが外気を取り込み、燃焼ガスを屋外に排出する形式であるため、室内の空気を汚染しない。人口が密集した環境でも快適に木質バイオマスを利用できるものであり、今後の普及が期待される。

おわりに

里山から得られる資源は、人々の生活に欠かすことのできない貴重なものであった。過度に利用すれば、資源が失われてしまい、土地の荒廃や災害にもつながった。日本の各地に、里山の資源を永続的に利用するための仕組みが存在した。「入会（いりあい）」といわれる資源利用の社会的な仕組みがその例である。「入会」という仕組みは、地域や対象とする資源によっていろいろな種類のものがあったようだ。例えば落ち葉をかき集める場合、採取できる日、一軒の家から参加可能な人数、使用できる道具、落ち葉を詰める籠の大きさなど細々としたことまで決められていたようである。大勢でやってきて大きな籠に詰め込んで持って行ってしまえば後の人の取り分が少なくなり、不公平になる。ものによってはそういった行為が資源の枯渇を招き、持続的な利用が不可能になってしまう。

江戸時代には、入会地や里山をめぐって争いごとがたくさん発生した。「山論」と書いて「やまろん」とか「さんろん」と言われるものである。その一つとして、滋賀県蒲生郡日野町に、「鉄火裁判」という江戸時代初め頃の事件の伝承がある。(1)

「鉄火裁判」はこの地域の神社（馬見岡綿向神社）の境内で行われたらしい。東村の代表である音羽村の庄屋音羽喜助と、西村の代表である浪人の角兵衛が、白装束で待機しており、その周りには数百人の村人が固唾を飲んでことの推移を見守っていた。炭火が熾され、斧が真っ赤に熱せられていた。傍らには棚が用意されていた。二人の代表者がそれぞれ真っ赤に焼けた斧（つまり鉄火）を素手で持って、用意されていた棚まで先に運んだ方が裁判に勝利するという決まりだったらしい。両手に大やけどするだけでなく、下手をすると命に関わる可能性もある。二つの村では、何十年にもわたって入会地の権利をめぐって争いごとが続いていたが、この裁判によって決着をつけようとしたものである。この裁判では結局東の村が勝利した。「鉄火裁判」のような方法で入会地の問題を解決したのは大変珍しい例であるが、入会地あるいは里山、そしてそれらから得られる資源が、それぞれの村にとって、命がけで守らなければならないほど大切なものであったと言うことが分かる。

科学技術の進歩により、太陽光や風力、潮力、地熱、小水力など、色々なエネルギー源を効率的に利用することが可能になってきた。発電に利用する場合、電気を溜めておく技術がまだまだ発展していないため、安定したエネルギー供給という観点から問題が残されている。一方で、スマートグリッドという考え方が提唱されている。多様な電力供給源と多様な消費先を繋いで電力網としてネットワークを作り、ソフトウェアで制御することによって、安定な電力供給を可能にしようというものである。現在試行中の技術であるが、多様なエネルギー源の特徴を活かして、全体として調和させ、安定した利用が可能となるかもしれない。

木質バイオマスは古くから利用されてきたローテクなエネルギー源であるが、相変わらず重要なエネルギー源であり続ける。数年から数十年間の太陽エネルギーが固定されたものであり、薪や炭、チップ、ペレットとして貯蔵しておいて、必要な時に必要なだけ使うことが可能である。持続可能な利用に心掛ければ、大気中の二酸化炭素濃度を上昇させることもない、安定したエネルギー源である。

❀注

（1）中西武「鉄火裁判」(http://hino.anime.coocan.jp/past07/tekkasaiban/tekkasaiban-2.htm、二〇一五年一月三〇日閲覧)。

参考文献

石川英輔［一九九三］『大江戸エネルギー事情』講談社。

――――［一九九四］『大江戸リサイクル事情』講談社。

鎌田浩毅［二〇一一］『火山と地震の国に暮らす』岩波書店。

熊崎実［二〇〇八］「眠れる資源、森林のバイオマスをどう活用するか」、森林環境研究会編『森林環境　二〇〇八――草と木のバイオマス――』森林文化協会。

資源エネルギー庁［二〇一四］『エネルギー白書　二〇一四』（http://www.enecho.meti.go.jp/about/whitepaper/2014html/、二〇一五年一月三〇日閲覧）。

千葉幸弘［二〇一二］「森林の物質生産」、日本生態学会編『森林生態学』共立出版。

恒川篤史［二〇〇二］「里山における戦略的な管理」、武内和彦・鷲谷いづみ・恒川篤史編『里山の環境学』東京大学出版会。

日本エネルギー学会編［二〇〇九］『バイオマスハンドブック　第二版』オーム社。

穂積和夫［一九七三］『植物の相互作用』共立出版。

林野庁［二〇一四］『平成二五年度　森林・林業白書』（http://www.rinya.maff.go.jp/j/kikaku/hakusyo/25hakusyo/、二〇一五年一月三〇日閲覧）。

Kira, T. [1977] "Production Rates," in T. Shidei and T. Kira eds., *Primary Productivity of Japanese Forests : Productivity of Terrestrial Communities*, University of Tokyo Press.

第10章 里地の水辺

遊磨正秀

はじめに

ここでは、暮らしのまわりの身近なところにある水系について、自然の成り立ちに加え、人の営み、とりわけ水田農耕との関連において発達した水系について解説する。そして、人々が造り維持してきた水系にも様々な生き物が住み着き、これら生き物を含む風景が地域の自然文化の一部となってきたことについて述べる。

1　暮らしのまわりの水辺

人々の暮らしに水は欠かせず、暮らしのまわりには多様な水辺環境がある。あまり意識されていないかもしれないが、暮らしのまわりの水系は大きく二つに分けることができる。つまり、自然水系と人工水系である。前者は文字通り、自然にもともとあった水系であり、いわゆる河川や湖沼がそれにあたる。後者の人工水系は、人々の暮らしや農耕などのために造った水路や水田、そこへの水供給のために貯水しているため池も含まれる。

自然水系の河川は、予測しがたい洪水などの脅威を与える存在であり、人々の財や暮らしを守るために様々な整備が施されてきた。そのため、とりわけ人々の暮らしの近くでは、残念ながら純粋な自然の姿を留める河川は皆無に等しい。これに対し人工水系は、水量が管理されていることもあって概ね安全であり、生活用水路や農業用水路などは人々の暮らしにより近いところに敷設されていた。そしてもっとも大きく景観を変えたものが水田（圃場）である。広大な土地を平らにして水をたたえた浅い湿地、それが水田である。日本最大の湖、琵琶湖は滋賀県の六分の一の面積を占めるが、滋賀県には琵琶湖にほぼ匹敵する面積の水田が存在する。これら水路やため池、水田は人工的に造られた水系であるが、自然水系に加えて、あるいは自然水系に代わって多くの水生生物を支え、さらには日本人の水辺に対する原風景を育んできた環境である。

日本の河川は、一般に流況係数（大水期と渇水期の河川流量の比）が非常に大きく、平水時や渇水時とは比べものにならない規模の大水が度々生じる。この脅威から暮らしを守るために、古くから川岸に堤が築かれてきた、なかでも中世・戦国時代に発達した治水技術の例として武田信玄による甲斐国釜無川流域に築いた信玄堤、豊臣秀吉による淀川沿いの文禄堤などが有名である。これらの堤は、家屋や圃場といった人々の財を守ることに役したが、一方で、自由に流れたい流水をその場所に閉じ込めることになった。そして、ここは川、こちらは人が使う土地、という区分を発達させてしまった。洪水の脅威が少なくなったことにより、人々は河川に近いところに圃場を造り、あるいは家屋を建てることになり、ますます河川の治水が望まれることとなった。残念ながら、急峻な地形の日本では山地での土砂崩壊が頻発し、その土砂を河川が運んでくることにより、土砂堆積により河床が上がってくる。そうなると、せっかく築いた堤では高さが足りなくなり、さらに堤を積み上げることになる。このような河床への土砂堆積と堤の更新はやがて、天井川と呼ばれる、河床が周囲の家々より高くなってしまった河川を形成することにもなった［陸水学会二〇〇六］。

天井川周辺では大水時には屋根より高いところを水が流れており、また堤を越水すると大きな災害につながる可能性が高いことから、人々にさらなる恐怖を与えてきた。ところが一方で、大きな恩恵を得てもいた。河床が高く、地下水位が高いことから、土手からの湧き水（正しくは浸出水）や浅井戸から豊富な良水を得ていたのである。この恵みを人々はどう感じていたのだろうか。近年の様々な整備によりこの恵みの水の多くは姿を消してしまった。その整備とは、浸出水を乏しくする護岸造成および河床掘削を伴う河川整備に加え、乾田化による減水深（水田の蒸発散量と浸透量の和）の増大に象徴される地下水位低下をもたらした圃場整備である。

水の流れる水路は、力のいるくみ上げを必要とする井戸よりもはるかに楽である。上水道が整備されるまで、人々はとりわけ家々の近くを流れる水路（生活用水路）に依存してきた。そこで米を研ぎ、野菜を洗い、食器をも洗った。なお、おむつも含め、シモのものを洗う場所は別のところに設けていたので、生活用水路は清い流れが維持されていた。

2　日本の河川の三つの系における人為改変

前述のように日本では、広大な面積を利用する水田農耕のため、土地を大きく改変してきた（図10－1）。縄文時代晩期にさかのぼるといわれる水田農耕［窪寺 一九九三：農業土木歴史研究会 一九八八］の初期の様相は必ずしも明らかではないが、谷域・扇状地域・沖積平野域においてそれぞれに異なった水系改変の技術、例えば水源確保や導水・排水の技術が必要であったことは間違いない。

谷域では、そもそも水田を作る平坦部が少ないため、谷にわずかに広がる平坦部や山腹の斜面を利用して棚状の水田が開かれた。ここでは土地の高低差が大きいため、河川や沢水から水田への導水、水田からの排水も容易であり、用水路や排水路の距離も短い。

水の獲得に苦労したのは、谷の出口に拡がる扇状地域であろう。そこは地表の浸透性が高く、河川にも表流水が乏しいため、谷域の方に堰やため池を作り、そこから導水するために延々と水路を造る必要があった。もちろん、水田も水

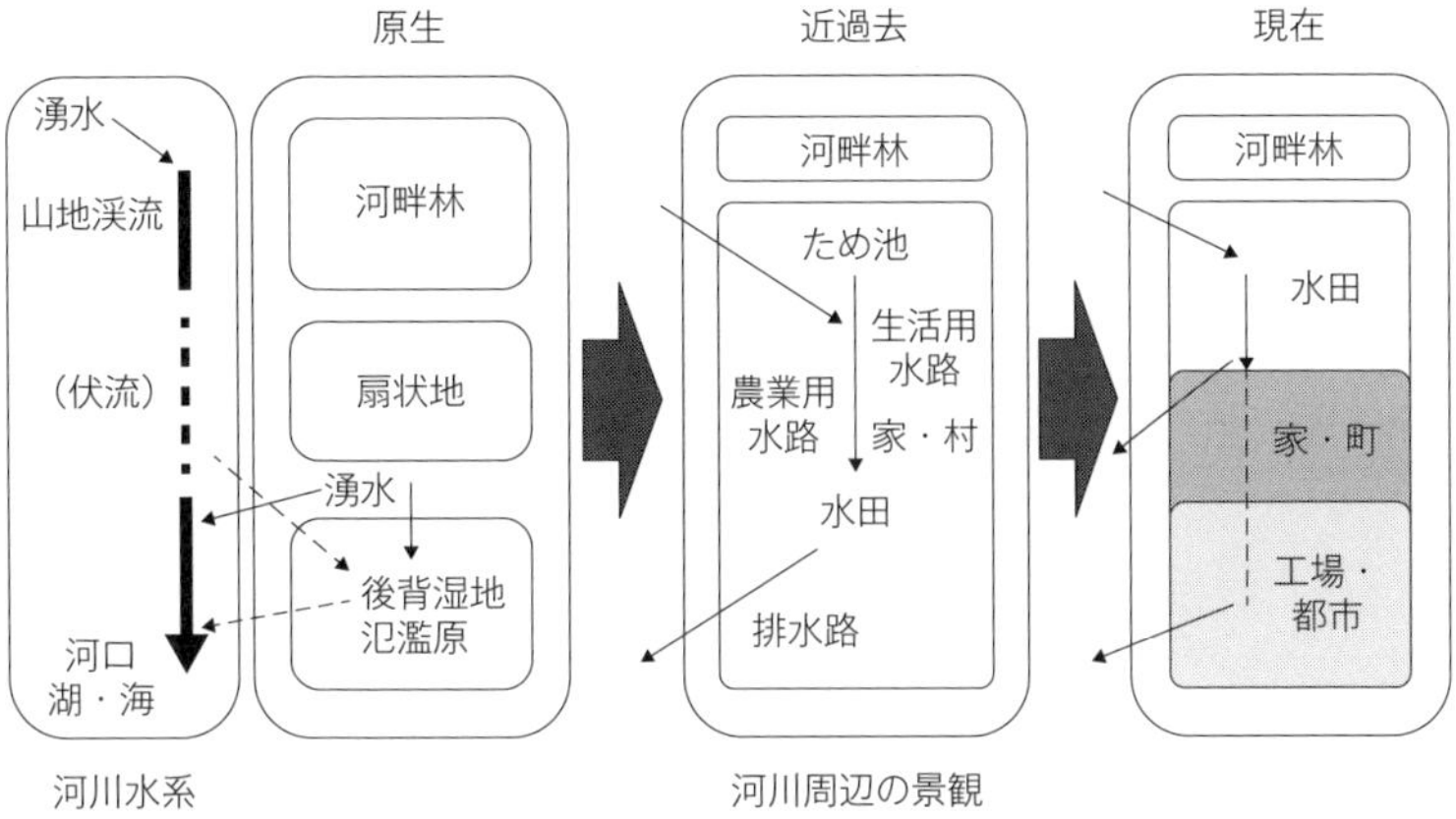

図10－1　土地改変の歴史

（注）河川（左端）周辺とその周囲の土地利用の時代変遷を示す.
（出所）遊磨［2003］.

が抜けないように周到に底固めをしなければならない。水が不足がちなため、水利用に関する争いやきびしいきまりが発達したのもこの地域であろう。いずれにせよ水系としては、元来干上がりがちな扇状地域も、水田とその周囲の水路・ため池という恒常的に水のある人工の水系に置き換えられたといえる。

一方、沖積平野域では河川周辺に湿地が広がっていたため、その地域から排水して水田を開かねばならなかった。排水技術が未発達の折には、湿田あるいは泥田と呼ばれる、腰まで浸かって植え付けをしなければならないような水田も多かった。踏車に始まり排水ポンプにいたる排水技術の発達は、この湿地帯からほぼ水を抜くことに成功し、ここも浅い湿地である水田へ、それも近年は冬期に水がなくなる乾田へと化したのである。ただし今日では、この沖積平野域の大部分が都市型の宅地利用に変わっている。

これらの改変の結果、急峻な谷域、水浸透性の高い扇状地域、排水性の悪い沖積平野域のいずれの場所も、ほぼ一様な環境である水田系に一度は変えられたのである（図10－1）。

3　自然水系と人工水系での環境変動

　自然水系と人工水系では、環境変動の起こり方が大きく異なっている。自然水系では、降雨という自然現象によって生じる大水によってたえず環境が変動する。増水や減水という水位変動だけではなく、その規模に応じて石礫が移動したり瀬や淵の形状が変化したりするような河床変動や、水が流れる場所そのものが変わることすら起こる。かつては下流部の河川周辺に拡がっていたであろう後背湿地は、大水の折に普段の流路からあふれる水によって潤い、そのたびに後背湿地の洗掘や堆積が繰り返され、また沖積平野が形成されてきたに違いない。

　一方、人工水系では環境変動はもっぱら人の所作によって生じる。人の所作とは、水田での春ごろの湛水、代掻き、そして田植えに始まり、草刈りや水管理を繰り返しながら秋の落水、稲刈りまでの米作りに伴う管理作業のことである。水路では、泥や水草の除去、土手の草刈りが繰り返される。これらの作業を怠ると小さな水路はすぐに埋まってしまうため、良好な通水を維持するために欠かせない作業である。ため池も、たいていは冬に池干しをして泥や水草の除去をしていた。ため池といえども、周囲から流入する土砂や水生植物の枯死体の堆積により浅くなっていくからである。このような人工水系における管理作業は、様変わりしようとする水系環境を変化させる、いや元に戻す、いわば人為的攪乱である。加えて、これらの管理作業は年間スケジュールが概ね決まっており、かつ毎年行われる。したがって不定期に生じる自然水系の攪乱とはまったく異なって、毎年定期的に同じような規模で生じる攪乱という特徴をもつ。これらの攪乱の生じ方は、そこに住み着いた生き物たちの暮らし方にも大きな影響を与える。

4　自然水系の代償としての水田系

水田農耕や都市部の土地開発にともなって、純粋自然の湿地は事実上消滅したと言ってよい［角野・遊磨 一九九五］。しかし日本では、稲作が水を使う農耕であるが故に、むしろ水系そのものは増えたといえる。その水系とは、湿地の代償とも考えられる水田、そこへの用排水路網、ため池、それと集落まわりの水路網である。これらの人工水系は、谷の脇のわずかな空間、水の少ない扇状地、下流部の後背湿地のすべてに置き換えて造られたのである。

水田は、毎年五、六月の梅雨期になると必ず数センチメートルの草（＝稲）が突然現れ、秋には茂っていた稲が突然、しかし必ず無くなるという、大変定期的な季節変動を示す浅い湿地である。水路の方はほぼ一定量の水量が流れるように工夫され、通水に支障が生じないように維持管理されてきた。これらの人工水系の年間スケジュールは毎年ほぼ一定であり、かつかなりの時代、景観の遷移を起こすことなく存続してきた、生態学的には奇妙な環境なのである。

そして、これらの人工水系にも多様な生物が住み着いてきた。田圃に水が張られると、突然のようにマルミジンコなどのプランクトン類やマルタニシなどの貝類が姿を現わす。田圃の土の中で眠っていたものや、休眠卵として冬を過ごしていたものが一斉に息吹を吹きかえすのだ。逆さになって泳ぐ変わった習性をもつ体長一〇ミリメートルほどの緑色のきれいなホウネンエビも、春先の一時だけ水田に現われ、すぐに休眠卵を産んで翌年まで姿を消す。

梅雨時の雨の後、水田周囲の水路は増水し、濁流が流れる。その濁流をさかのぼって、コイやフナなどが産卵のために琵琶湖周辺の水田へ上がってくる。人々は水田に上がってきたこれらの魚を競って捕まえた。水田にはナマズやドジョウも産卵にやってくる。これらの稚魚はしばらく水田付近で暮らしている。水深わずか数センチメートルの浅い湿地である水田には大型の捕食魚などが少ないため、小さな魚にとっては安全な場所なのである。しかも春から初夏にかけて水を張った水田には小魚の餌となるプランクトン類が多く発生する。まさに小魚の温床である。夜、暗闇の中で目をこらして水田の中をのぞき込むと、ヘイケボタルの幼虫が光っているのが見える。成熟したヘイケボタルの幼虫は畦に上がって蛹になり、成虫は五―八月の夕べにチカチカと光りながら水田のまわりを舞う。また、様々なカエル類も水田で繁殖している。小魚やオタマジャクシを狙ってタガメやタイコウチなどの水生昆虫もため池から水田へやってくる。サギ類も集まってくる。

稲の葉の上では、ウンカ、イナゴ、ニカメイチュウなど、害虫として嫌われている昆虫類が暗躍し始める。それらを狙ってクモ類や捕食性カメムシ類が葉から葉へ徘徊し、上空にはツバメやトンボ類が滑空し、水面ではカエルが待ちかまえている。水面に落ちたウンカなどはアメンボ類などにも食べられてしまう。

実りの秋になると水田から水が落とされ、それまで水中の世界を賑わしていた生き物たちは、水路へ下ったり、土中にもぐって翌年を待つ。稲刈りが始まると、落ち穂を求めてスズメが群がり、あるいは刈り取った稲の間を逃げまどう小動物を求めてムクドリが群れる。稲刈りが終わった後の湿った圃場には、アキアカネなどが産卵にやってくる。このように水田はまさに、姿を消した自然の湿地の代償といえる。

5　里地の人工水系の様々な環境

水田はたしかにある部分、湿地の代替となる。しかしながら、水田はわずか数センチメートルの水深しかないため、湿地の中でも深いところを利用する生き物には不適である。このような生き物にとっての代償となりえたのが、水田などに水を供給するために造成されたため池であろう。

ため池は止水性の動植物の宝庫である。水田はイネ以外の植物が繁茂することは許されないが、ため池にはジュンサイやガガブタ、ヒシ、ヨシ、マコモなど多彩な水生植物が生育する。またゲンゴロウ類やガムシ類、タガメ、ミズカマキリ、トンボ類などの昆虫、タナゴ類などの魚類も含め、ため池に住む動物も多い。いや、これらの動植物は、自然の湿地が消滅した今、ため池に依存して生活していると言っても過言ではないだろう。

これらは、もともと下流部の後背湿地（氾濫原）や谷間に散在する湿地や沼地、水たまり、あるいは流れの大変緩い河川などを生活の拠点としていたのだろう。しかしこれらの場所が水田や住居などの開発で失われたものの、特に西日本では潅漑用水用のため池が多く造られ、そこへ移り住んだのである。ため池も人によって管理されてきた水系ではあるが、水田とは異なって、これらの動植物たちが住みづらくなるほどに徹底管理されなかったことが幸いしていたようだ。

一方、河川やため池から水田へ水を引き、水田から排水するためには水路が必要である。山の上から平野部を見おろすと、山裾から延々と水田が続いている景色に出会う。場所によっては谷深くまで水田が続いている。そしてよく見ると、谷筋の本流などから実に複雑な水路が引かれているのがわかる。

水路にも様々な環境のものがある。山裾に沿って造られた小さな水路は、水量こそ多くないが、山からのしみ出し水を受けて年中干上がることがない場所である。まだ水田に水がない早春には、こういった場所をアカガエル類などが産卵に利用する。また、山からの冷たい水を利用している水田の用水路では、わざと流れの緩い水路を長く造り、水を少しでも温めてから田へ入れるようにしている。

水田のまわりには灌漑用水の導水、水田からの排水のために延々と水路が造られた。加えて、集落の中を流れる水路では洗い物をしたり、水の力を利用して水車を回したり、雪の多い地方では屋根から降ろした雪を流水で融かすなど、様々に利用されていた。このような利用のために、人は川に様々な工夫を凝らしていた。単純なものは、水辺へ近づくための洗い場（写真10―1、カワト、カバタなどとも呼ばれる）である。場所によっては屋敷内に水路を引き込んで、屋根付きの洗い場を設けている。水が豊富な場所では、舟運のために広い水路をつけていた。

これらの水路には、かつてはフナが泳ぎ、メダカが群れをなしていた所が多かったようだ。ただし、どの水路にもフナやメダカが住んでいるわけではなかったはずである。体の大きなフナは少し深みのあるような大きな水路の方が住み

写真10－1　水路と洗い場（カワト）
（滋賀県東近江市能登川町，1994年）
（筆者撮影）

やすいし、小型のメダカは流れが緩くて浅い水路の方が住みやすい。つまり、例えばフナは小舟が通るくらいの水路の方が住みやすく、メダカは水田の脇の水量が少な目の小さな水路の方が住みやすい、というように、水路の形態や環境に合わせて、それぞれの生き物たちが住み着いていた。

流れの速い水路では、泥など粒子の細かなものは流され、水路の底は砂や小さな礫で構成される。そのような水路には、流れに強いカワムツなどの魚、砂礫底を好むマシジミなどの二枚貝が住む。一方、流れの緩い水路は泥質になりやすい。特に一度田を通った水は、田の泥を受けている。このような水路には、泥底を好むドジョウ類などが住み着いている。

さらに、谷の出口に発達する扇状地では、伏流した水が扇状地の末端付近で湧水となって再び地上へ現れる。集落や街道の宿場町の発達も、この湧水に頼っていることが多い。湧水は水温の季節変化が小さく、高水温や低水温という極端な条件の少ない特殊な環境である。しかし湧水は、一般に生物生産を支える栄養塩類が乏しいため、生息する生物は少ないものの、バイカモやトケウオ類など冷水を好む生き物が住む。

川や湧水などの水源に恵まれると、人はその付近に集落を築いてきた。暮らしに水が欠かせないからだ。特に水田農耕を主とする地域では、それぞれの家のそばへ水路を引くだけでなく、集落のまわりのそれぞれの水田への水路も含め、長大な水路網がめぐらされている。これらは人が造った水系である。また、天井川の周囲では、川の地下水位が高いために、浅井戸を掘れば豊富に水が得られることが多い。井戸を掘らなくても、自然と水が湧き出るところも少なくない。こういう場所も実は、人が川に手を加えたことによって新たに生じた水系と言える。

このように、人工の水系とはいえ、様々な環境のものが存在し、それぞれの環境を利用できるかなり多様な生き物が住みついてきていた。

6　里の水系からの恩恵

里地を流れる水系からの恩恵は、単なる水の恩恵だけではない。集落や水田まわりの水路では藻とりが行われていた。良好な流れを維持するための清掃作業ではあるが、それよりも化学肥料がない時代においては、水路や湖沼から揚げた水草や泥は田畑の貴重な肥料であった［平塚・山室・石飛 二〇〇六］。

これは湖沼の周辺でも同様であり、琵琶湖の北に位置する余呉湖では、五月下旬、藻あけの合図の太鼓がなると、周囲の農家が一斉に舟を出して湖底の藻を掻きとり、近隣の田畑へ揚げ、三日ほどで湖辺の藻がなくなったという［遊磨・嘉田・中山ほか 一九九八］。必要から生じた役務であるが、富栄養化の抑制にも役していたと考えられる。

里地の水系には様々な魚が住んでいる。産卵のために海から川へ上ってくるサケは、かつては信州の長野盆地（善光寺平）が有数の産地でもあり、江戸城に献上されていた。これは海から信濃川を延々と遡上してきたものである。とりわけ琵琶湖周辺の水系では、琵琶湖や流入河川に遡上してくるアユやビワマスはいまでも重要な漁業資源である。そのほかにも様々な魚類が琵琶湖と河川を行き来している。これら漁業資源をめぐって、水路でさえも入札により権利配分が行われていた。

水田ではフナやドジョウなどの魚もよく獲られていた。前述のように、これらの魚は初夏に産卵のために水田へ上がってくる。水田から水が水路へ流れ出るところにウケ（筌）を置いてこれらの魚を獲り、食料としても利用していた。ため池ではコイを放している場合もあり、泥あげをするための池干しの折、大きな竹かごをかぶせてコイをとるオオギ漁［渡辺 二〇〇五］もあった。

魚とりは子どもたちの遊びの対象でもあった。「かいどり」とは細い水路をせき止めて水をかい出して魚をとる手法であり、複数の人が協力して行う社会性が高い方法である［嘉田・遊磨 二〇〇〇］。田用水路で行うことが多かったのか、子どもたちはしかられることを覚悟の上での作業ながら、これを経験した人々はかつての「かいどり」の話に座が賑やかになるほど楽しかったことなのである。

これら水辺遊びの対象は、暮らしのまわりに巡らされ、人の生活の場の一部となっていた人工水系に住み着いていた生き物たちであった。このような生き物たちの存在と水辺の原風景は、里川の意義を考える上で重要である。

7　里山の利用と水系への影響

里での暮らしには、山の資源もさかんに利用していた。人々は集落の周囲から、燃料として薪をとり、田畑にすき込む肥料として下草や柴、落葉落枝までもとり続けた。多量の燃料を必要とする山間部のたたら製鉄場や海岸部の製塩場の周辺も相当に伐採が行われていたようである［千葉 一九七三］。これにより近郊の山々の様相も変化をもたらすことになる。ただし、すべての森林が荒らされていたわけではない。奥山より深い場所では御領地や木地師の生業の場所として森が守られていたようであるし、また社寺の周りに森林が残されてきた場合も多い。しかし翻すと、そのような聖域以外では森林は相当に荒らされていたと言えるだろう。

林地からの過度の栄養分収奪の結果、林の土壌はやせ衰え、マツ類のみが生育できる場所に変わり、あるいは往々にして基盤岩が露出し、風化した砂礫が大量に河川に流出したと考えられる。小椋［一九九二］は、絵図などを手がかりに、江戸時代には京都近郊の山々はほぼ禿山であったと推定している。

森が川を作ると言われるように、河川の上流部や周囲の植生によって川の様相が変わってくる。過剰利用された林からは表土が流出し、往々にして土壌の基盤が露出し、それが風化され、砂となって流出する。このような林の下流では砂の堆積が促進される。砂が河川に運ばれると、中流以下では砂州が形成され、河口部では砂浜が拡大するというように水系の景観も変化する。

近郊の山々に松林が続き、その下流には広大な砂浜があるという景観も、少なくとも一部は人為作用によって形作られたものと言えるだろう。先の水田農耕による土地改変と併せて考えると、白砂青松を愛で、薪炭林や小川の生き物と慣れ親しんできたと言われる日本の文化は、実は、長年にわたって人為改変が行われ、かつ人が利用・管理することで結果として一定の状態が維持されてきた「人為的な景観」によっても育まれてきたものであることがわかる。

ただしこれらの山々の植林地以外の場所では、明治以降の燃料革命により、さらに昭和中期以降の化学肥料の増大により、林地からの収奪が減り、かわって植生が回復してきた。

8　近年の水系の変化

里地の人工水系は近年の農法の変化や圃場整備などによりかなり様変わりした。一九二〇年代からは化学肥料が肥料の大半を占めるようになり、一九四五年以降2・4-Dをはじめとする除草剤や、ＤＤＴ、ＢＨＣ、パラチオンなどの殺虫剤も大量に使用されるようになり、水生生物を中心として生態系へかなりの悪影響を与えた。なお、ＤＤＴやＢＨＣはその残留性の強さと生物濃縮の問題から一九七一年に使用禁止となっている。

時代が進み、一九四九年の「土地改良法」制定以後、用排水施設、圃場整備、農地集団化のための土地改良事業が積極的に展開された。とくに一九五〇年代からは動力耕転機が普及し始めたこともあり、一九六一年に制定された「農業基本法」に基づいて、大型圃場整備を中心とする土地基盤整備が推進されることになる。一九七〇年ごろからは、それまでの田越し潅漑から用水路・排水路分離の潅漑方式への転換も行われ始めた。これによって旧来の水路の姿だけでなく、用水源であるため池の様相も農業用ダムの建造とともに決定的に変わることになった。しかし、旧来より悲惨を極めてきた稲作にかかる水争いは激減した。

ところがこれらの圃場整備は、里地周辺の水系の在り方を大きく変えた。大きな変化としては、用水路と排水路の分離、非灌漑期の乾田化などである。前者は、用水排水を分離し、とりわけ排水路を田面よりかなり低い位置に流すことになる。このため、下流の河川や湖沼から遡上してきて水田で産卵しようとするコイやフナは、水田と排水路の落差のため水田に入れなくなってしまった。つまり河川・水路と水田の間の水系の連続性が途切れてしまったのである。また乾田化により、水を落とした後の水田付近には湿った場所がなくなり、水生生物は土中で冬眠することが難しくなってしまった。

さらに、ダムや取水堰に加えて、琵琶湖周辺では琵琶湖よりの逆水灌漑も加わり、用水確保のインフラが整備されると、ため池はその機能を失い、埋め立てられるか、管理されなくなり富栄養化が進行してしまうところも多くなってしまった。

里地の水系環境の変化には圃場整備によるものも大きいが、もっと根本的な問題は、実は生活の中での水の使い方にあると思われる。上下水道の整備により、集落の方では、表流水利用の必要がなくなると、車が通行しやすいように水路に蓋が付けられ、あるいは地下に埋没した管を水が流れるようになる。こうなるとほとんどの水辺の生き物は住めなくなる。里地の水系は、生活用水路の流水を用いなくなり、農業だけの目的の水系となってしまったのである。そして、生活用水を支えていた慣行水利権の整理に伴い、灌漑期のみに水田系に水が流され、非灌漑期には水田まわりに水がなく、水生生物にとってますます住みづらい場所となる、という事態を引き起こしてしまった。

ところが融雪目的も含め、生活用水の需要がある場所では年中水が流れている。このような「常水」がある場所には今でも多くの水生生物が生活している。まさに「水を使っている場所」には生き物が住み着いているのである。

9　里地の水辺から培われる水辺観

水辺は人にとって楽しい場所である。しかしそこに水だけしかないと寂しいものである。やはり生き物がいての水辺であろう。ところで、そこに住むものが、文部省唱歌にも現れるようなメダカやフナ、ホタルという生き物たちの組み合わせでよいのだろうか。それは果たして自然の姿なのだろうか。特に日々の生活にとけ込んでいるような身近な水辺の場合はどうなのだろうか。

これらの生き物は、人が環境に手を加えることによって、本来の生息状態より増えていたと考えられる場合が少なくない。一方で、人手が加えることにより住めなくなったものもたくさんいたはずだが、どういうものたちが住めなかったのかは今では分からない。

人里周辺の水系は、人によって特定の環境が維持されてきた場所であることは繰り返し述べてきた。そしてこれらの特殊な環境にメダカやボテ（タナゴ類）、フナ、あるいはトンボやホタルなども住み着き、身近な生き物たちとして親しまれてきたのである。

人里周辺で増えたと思われる仲間では、例えばホタルはその光の舞いがきれいなので人々に好まれてきたし、小魚も魚つかみの対象として、また重要な食料源としても親しまれてきた。これらのものは勝手に入り込んで住み着いていたために「自然のもの」と思われてきた。人がこれらの動植物の侵入を許容していたことは重要であるが、その動植物の量的なバランスは自然のものではなかった。

人々の自然観や自然文化は、日常に触れ親しむ自然によって形成されているはずである。それは、触れ合う機会の少ない純粋に近い自然によるものよりも重要なものと考えられる。ここに、興味深い、しかし少なからず深刻な事例を一つ示そう。

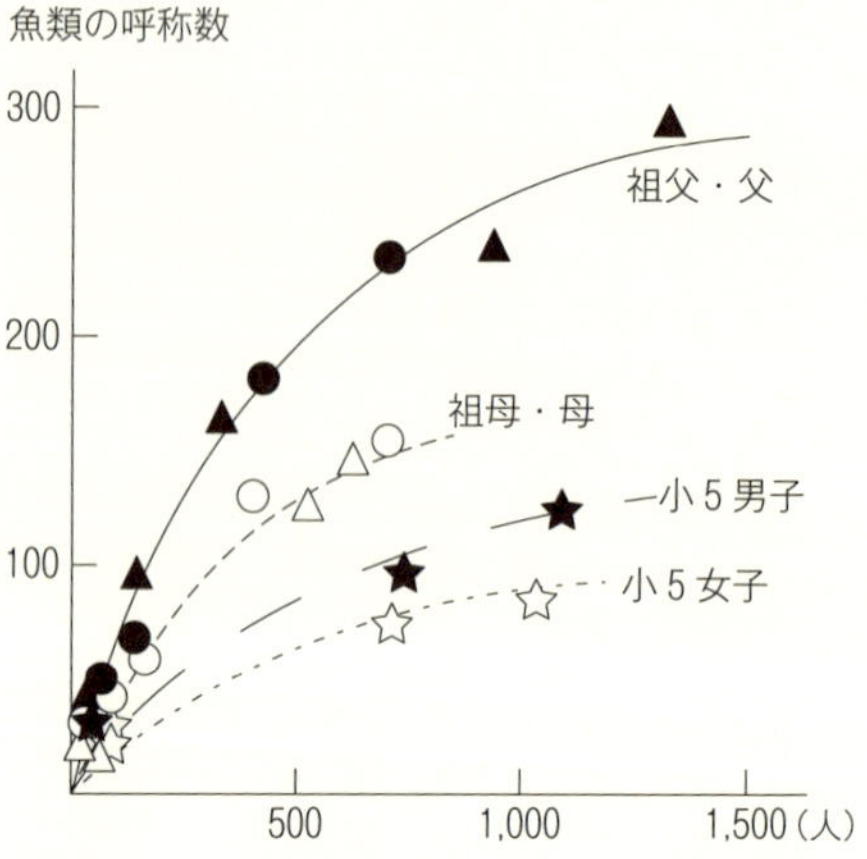

図10－２　琵琶湖周辺での魚の地域の呼び名

（出所）嘉田・遊磨［2000］.

少々昔の資料であるが、滋賀県下五〇市町村（当時）の小学校五二校の五年生の協力で、子ども世代（一九八三、八四年生）の回答者二一一七名、父母世代（一九四〇—六〇年代生）総数二〇二九名、祖父母世代（一九〇〇—四〇年生）一四三〇名からのアンケート調査の回答から解析したものである［嘉田・遊磨 二〇〇〇］。アンケートでは水辺遊びに関する様々なことを問い、その中につかんだ魚の呼び名を問う項目を設けていた。例えば、ヨシノボリ類の魚は、大型のものはゴリと呼び、若魚はウロリと呼ぶ人が多いが、地域によってその呼び名は異なる。ここでは、各世代の人々がどれくらいの呼び名を知っているかを集計した（図10－２）。すると、琵琶湖流域に約六〇種いる淡水魚に対して、一〇〇〇人の祖父・父親世代は二五〇ほどの呼び名を知っているが、子ども世代男子では一二〇ほど、女子でも祖母・母親世代では一五〇ほど知っているのに対し、子ども世代は親・祖父母世代の半分しか知らないことがわかった。

科学教育が浸透している現代、学校では図鑑に載っている、例えば「ヨシノボリ」という名を教えられる。それに対して「ウロリ」などという言葉は、学校で教えられるものではなく、まさに地域の水辺遊びの中で年長者から教えてもらうものだろう。ところが、そのウロリという語には、図鑑に載っている情報以上のものが含まれている。つまり、ウロリといえば二、三センチメートルのヨシノボリの若魚で、夏に琵琶湖から群れをなして川の浅いところを遡上し、手拭いですくっても簡単にとれ、それを持ち帰って釜揚げ醤油炊きするととてもおいしい、と大きさ、動き方、獲り方、料理の仕方までを伝えるとても重要な地域の呼び名なのである。そのような地域の呼び名を若い世代が知らないということは、地域の文化の継承が危うくなっていることを示している。地域の呼び名が乏しくなっているのは、学校での科学教育の浸透だけでなく、学校教育の仕組みから遊びの場での異年齢集団が形成されにくいこと、そして圃場整備などにより生き物が減っていることに加え、子どもたちが水遊びをする水路のような環境が乏しくなっていることにもよる。このような地域の呼び名の消滅は文化の消衰を意味する。こういった地域文化の継承のためにも、里地の水系の健全な姿を、そしてそこに育む生き物たちの世界を維持したいものである。

近年、里地の水系に新たな用水の概念が出始めた。それは環境用水である。環境用水とは「水質、親水空間、修景等生活環境又は自然環境の維持、改善等を図ることを目的とした用水」と定義されているようだが、その水利権や需要主体など解決すべき問題は残っているようだ［秋山・澤井・三野編 二〇一二］。いずれにせよ、里地の水系が、単に用水の主目的を果たすだけでなく、地域の文化をも継承できる場となるよう、水辺環境をも改善されることを期待したい。

参考文献

秋山道雄・澤井健二・三野徹編［二〇一二］『環境用水』技報堂出版。

小椋純一［一九九二］『人と景観の歴史』雄山閣。

嘉田由紀子・遊磨正秀［二〇〇〇］『水辺遊びの生態学――琵琶湖地域の三世代の語りから――』農山漁村文化協会。

角野康郎・遊磨正秀［一九九五］『ウエットランドの自然』保育社。

千葉徳爾［一九七三］『はげ山の文化』学生社。

窪寺紘一［一九九三］『米の民族文化誌』世界聖典刊行協会。

日本陸水学会［二〇〇六］『陸水の事典』講談社。

農業土木歴史研究会編著［一九八八］『大地への刻印』公共事業通信社。

平塚純一・山室真澄・石飛裕［二〇〇六］『里海　モク採り物語』生物研究社。

遊磨正秀［二〇〇三］「身近な水辺における『人―水―生物』共同体――自然水系と人工水系の環境と生物多様性――」、大串隆之編

『生物多様性科学のすすめ』丸善。

遊磨正秀・嘉田由紀子・中山節子ほか［一九九八］「身近な水辺環境における「人―水辺―生物」間の相互作用――滋賀県余呉湖周辺の事例から――」『環境技術』二七（四）。

渡辺守順監修［二〇〇五］『湖東の今昔』郷土出版社。

第Ⅲ部

暮らしのなかの里山

大分県玖珠郡九重町大字田野の渓谷
（撮影：嶋田大作，2014年 9 月25日）

第11章 景観概念の変遷と景観保全の法整備

牛尾洋也

はじめに――里山、環境、景観の保全

「里山」は、人の手が入ることによって維持されてきた自然であって、里山の環境を守ることは、里山における人間と自然との共生的な関係を全体として維持することを意味する。環境保全への実践的関心の増大こそが「里山」概念の発展を促した［丸山二〇〇七：一一］とされるように、「里山」問題は広く環境問題の中に位置づけることができる。

ところで「環境法」の理念は、近代化以降、特に第二次世界大戦後の産業化、都市化の進展により、環境が回復不可能な仕方で破壊されるようになって意識されてきたものであり、人の健康の保護と生活環境を保全し、現在及び将来の世代の人間が健全で恵み豊かな環境の恵沢を享受し、発展の持続可能性を保障する基本的権利（人権）が環境権とされる［阿部・淡路編二〇〇四：三二］。

そこで語られる「持続可能性」（Sustainability）という言葉は、そもそも、中世から近世にかけて、ドイツにおける深刻な森林荒廃を克服し再生するため長期間の継続的で計画的な知恵の総体としてドイツの林学が生み出した“Nachhaltigkeit"という概念に由来し［Hamberger 2013］、国際連合の「環境と開発に関する世界委員会」（一九八七年）が発行した最終報告書"Our Common Future"（「われら共通の未来」）の中で中心的な理念とされ、現在の世代と次世代とを結ぶ新しい価値として示された(1)。さらに、国連は、リオ・デ・ジャネイロで開催された「環境と開発に関する国際連合会議」（UNCED）（一九九二年）で合意された「環境と開発に関するリオ宣言」を出し、全人類の権利を尊重し、地球的規模の環境と開発のシステムの一体性の保持を進め、私たちが住む地球の不可分性、相互依存性を再認識することを誓った(2)。

ところで、里山が有する機能として指摘されているのは、①生産物・物質供給という本来的機能のほか、②国土保全・災害防止機能、③地球環境・生活環境保全機能、④生態系・生物資源保存機能、⑤景観保全や文化的機能などの多面的機能、⑥バイオマスなどのエネルギー確保や、⑦地域コミュニティづくりの場としての新しい機能などである［関東弁護士会連合会編 二〇〇五：三一―三三；小寺 二〇〇八：五六］。

これらの里山の諸機能は、「広義の景観」保全の諸機能と多くの点で共通している。「里山」は、里地・里山・里海など、ある観点から把握された「地域」概念として理解されるため、里山を保全することは、地域の様々な自然要素や地因子、人との関係を軸とする広義の「景観」を保全することと多くの点で重なる。

景観保全を目的とした「景観法」は制定（二〇〇四年）から一〇年が経過したが、その間の行政の自主的取り組みはめざましいものがある。景観計画を策定するための要件でもある景観行政団体は五九八団体（四六都道府県、五五二市区町村）（全体は四七都道府県、一七四二市町村）、景観計画は三九九団体（二〇都道府県、三七九市区町村）（二〇一三年九月三〇日段階）にものぼる［舟引 二〇一四］(3)。

しかし他方で、後述のように、景観保全は、空き家対策や新エネルギー対策との交錯など新しい様々な課題も現れてきており、より広がりのある新たな保全の段階に入ってきたといえよう。そこで、以下では、まず「景観」概念のもつ多様性や広範な射程について再検討し、次に広がりのある景観保全の法制度の全体を再把握し、最後に、新しい課題への対応を概観することとする。

1　景観概念について[4]

(1)　景観概念の由来

景観概念には、いくつかの系譜があるといわれている。第一は、ドイツのLandschaft概念に基づくもので、古く中世から、ラテン語のregioやprovinciaなどを意味する一片の土地の区画、地域という意味に始まった［山野 一九九八：二五：五一］。やがて、ルネサンス以降の合理的・科学的な世界観を受け継いだ一六、七世紀のオランダ風景画（Landschafts-malerei）における地図や都市景観図の意味合いや（図11－1）［山野 一九九八：三六：五二］、人の労働の賛美を基礎とする「人間か関与し形成した場所の様子」など（図11－2）［窪田 二〇一三：二二］、人との関係を有する客観的な自然描写の意味が付

図11－1　フェルメール『デルフトの眺望』（1666年頃）

図11－2　ブリューゲル『干し草の収穫』（1565年）

図11－3　J・コンスタブル『コンスタブルの菜園』(1815年)

与され、景観概念は描写表現の意味をも含意するようになり、①同質の像を見せる「地域」、②人間に見える地域の像としての「風景」〔渡辺・進士・山辺二〇〇九：二五〕の意味を持つようになった。

当時、大航海時代を迎え、世界観が変化し旅行や観光が積極的に行われるようになるなか、各地の様々な地理の知識をもとに地誌が作成され、自然科学や観測技術が発達してきたが、とりわけ、近代地理学の創始者であり植物学者でもあったフンボルトは、オランダ風景画の影響を受け、一瞥される風景の全体印象を「相貌」(physiognimie)と呼び、景観が外観の全体的知覚印象という性質のものであることを強調したとされる〔山野一九九八：一六七；中村・手塚・石井編一九九一：二〕。

第二は、この後者の流れがイギリスに渡り、一八世紀にLandscapeという言葉で「地域」とは離れた「風景」というもっぱら認識分野の意味として理解され、やがて、絵画的造園技法として造園文化として発達し(図11－3)〔窪田二〇一三：二三二〕、カナダ、アメリカの造園学、工学系の景観概念を形成していった〔渡部・進士・山部二〇〇九：二五；二〇一〇：三〇四〕。

したがって、「景観」概念は、客観的な科学性と主観的な美や芸術性の二つを含意しているものといえる。

(2)　景観概念の展開〔丸山二〇〇九：一―三五〕

景観概念は、その後、さらにその内実に豊かなものを内包するよう展開した。すなわち、植物学者から地理学者となったドイツのトロールは、景観に生態学的視点を持ち込み、景観は人が目にする単なる景観・風景を意味するものではなく、垂直的、水平的広がりをもった三次元空間単位であり、景観因子(気候、地形、地質、土壌、水、動物、植物)の相互作用の結果としての像として捉えたとされる［横山 一九九五：六―一〇］。こうして発展した景観生態学は、景観保全や地域計画、景観計画など環境保全を織り込んだ土地利用の応用面で大きな成果を上げている［Turner, Gardner and O'Neill 2001：邦訳二三―二九］。

ドイツの景観論は、自然景観の形態学としてのみ成立したのではなく、集落や耕地などの景観像を構成する対象物の観察を重視した人文地理学、とりわけ文化景観の学問を重視した［手塚編 一九九一：二五八―二九八：中村・手塚・石井編 一九九一：八：四二］。さらに、アメリカのカール・サウアーらにより、人類が自然に対し積極的に働きかけ改変した結果生じる景観を文化景観として把握し考察の中心に据える文化地理学が展開した［中村・手塚・石井編 一九九一：三二］。

こうした文化景観の概念は、一九九二年、ユネスコの世界遺産委員会による「世界遺産条約履行のための作業指針」の中に文化的景観の概念として盛り込まれた。そこでは、「文化的景観は、文化的資産であって、条約第一条のいう『自然と人間との共同作品』に相当するものである。人間社会又は人間の居住地が、自然環境による物理的制約のなかで、社会的、経済的、文化的な内外の力に継続的に影響されながら、どのような進化をたどってきたのかを例証するものである。」［WHC HP 2005］[5]とされた。

その後、欧州評議会により採択された「欧州景観条約」（The European Landscape Convention, The Florence Convention）（二〇〇〇年）では、「景観は、自然要因と人的要因の作用・相互作用の結果をその特徴とするところの、人間により認識される領域である。」（第一条a）と定義されたが［CoE HP 2005］[6]、これはこれまでの景観概念を包括する定義といえる。

(3) まとめ

以上をまとめるならば、「景観」概念は、①土地の様子や「地区」「地域」を表す客観的意味から出発したが、やがて近代地理学の貢献により、土地に関連する自然の諸要素、因子の相互関係という自然関係的意味を取り込み、「相貌」あるいは外観の全体的知覚印象というトータルな把握に至った。②風景画の展開の中で、土地や自然と人々の営みという人文地理的な関係性を示す意味を表した。③やがて、土地の眺め・風景という視覚的・主観的意味に変化し、庭園や都市の美観、風致、風景などの意味として広く理解されるに至った。

その後、景観概念は、①の発展として、地理学の展開の影響のもと景観生態学などにより生態的な関係性を取り入れ、②の発展として、人文地理学などにより文化景観概念を内包し、国連も文化遺産に文化的景観を取り込んで保全対象とした。①②③の流れを包括する形で、欧州景観条約は、景観を、自然要因と人的要因の相互作用とその視覚的現れの両面を有するものとして定義したものと考えられる。

「景観保全」という場合、一般的には③の美観や風景の保全を想定しがちであるが、その地域を構成している自然的、客観的な諸要素のバランスに配慮し、自然環境や生活環境を保全するという意味で①の保全も重要であり、人々の営みや歴史、文化を保全するという意味で②の保全も必要である。以下では、こうした景観の総合的な保全にかかわる法制度を概観することとしたい。

2　日本における景観保全の法制度

(1) 概　観

景観保全に関する法制度を把握するにあたり、まずは、法制度の簡単な仕組みと体系性について概観しておきたい。

国内法を対象とする場合、法の階層性の頂点に位置するのは、「国の最高法規」であるところの「憲法」であり（第九八条一項）、憲法の次に位置するのが、国権の最高機関である国会によって作られた「法律」である（第四一条、五九条）。さらに、「法律」という言葉は、制定・公布された条文の形式的意味の「法規」のみならず、その背後に動いている実質的な法規範体系としての「法」を含み、自然法を認める立場からは自然法をも包括するものとされる［団藤　一九七三：一一〇］。

次に、景観法や都市計画法などの行政法を国家と個人の関係を規律する公法とし、民法、商法などを私人間の関係を規律する私法として、公法・私法を燦然と区別する二分論の考え方が存在している。また、一般法と特別法という枠組みで、特別法の優先適用と一般法の補充適用の関係を論ずる議論も存在している。これらは、同一の対象につき、両法規が異なる内容を規律している場合に、どちらを優先させるべきかという場面で重要な意味を持つが、近時は、法領域の重なりや複雑化が進んでいるため、再考されつつあるといえる［大村　一九九九：六］。

ここでは、環境や景観問題に対応して司法判断がなされてきた場面を中心に、景観保全の法制度の枠組みを確認するにとどめたい。

「日本国憲法」（一九四七年）では、「（1）財産権は、これを侵してはならない。（2）財産権の内容は、公共の福祉に適合するやうに、法律でこれを定める。（3）私有財産は、正当な補償の下に、これを公共のために用ひることができる。」（第二九条）とされ、一方で所有権または財産権の絶対性が、他方で公益や公共の福祉と法律による制限が規定された。

「民法」（一八九八年）は、「所有者は、法令の制限内において、自由にその所有物の使用、収益及び処分をする権利を有する。」（第二〇六条）、「土地の所有権は、法令の制限内において、その土地の上下に及ぶ。」（第二〇七条）と規定し、所有権の自由と土地所有権の上下空間への権利性が定められた。

ところで、憲法上の基本的人権も、「公共の福祉」および「法律の留保」による制約があり、人間が社会的共同生活

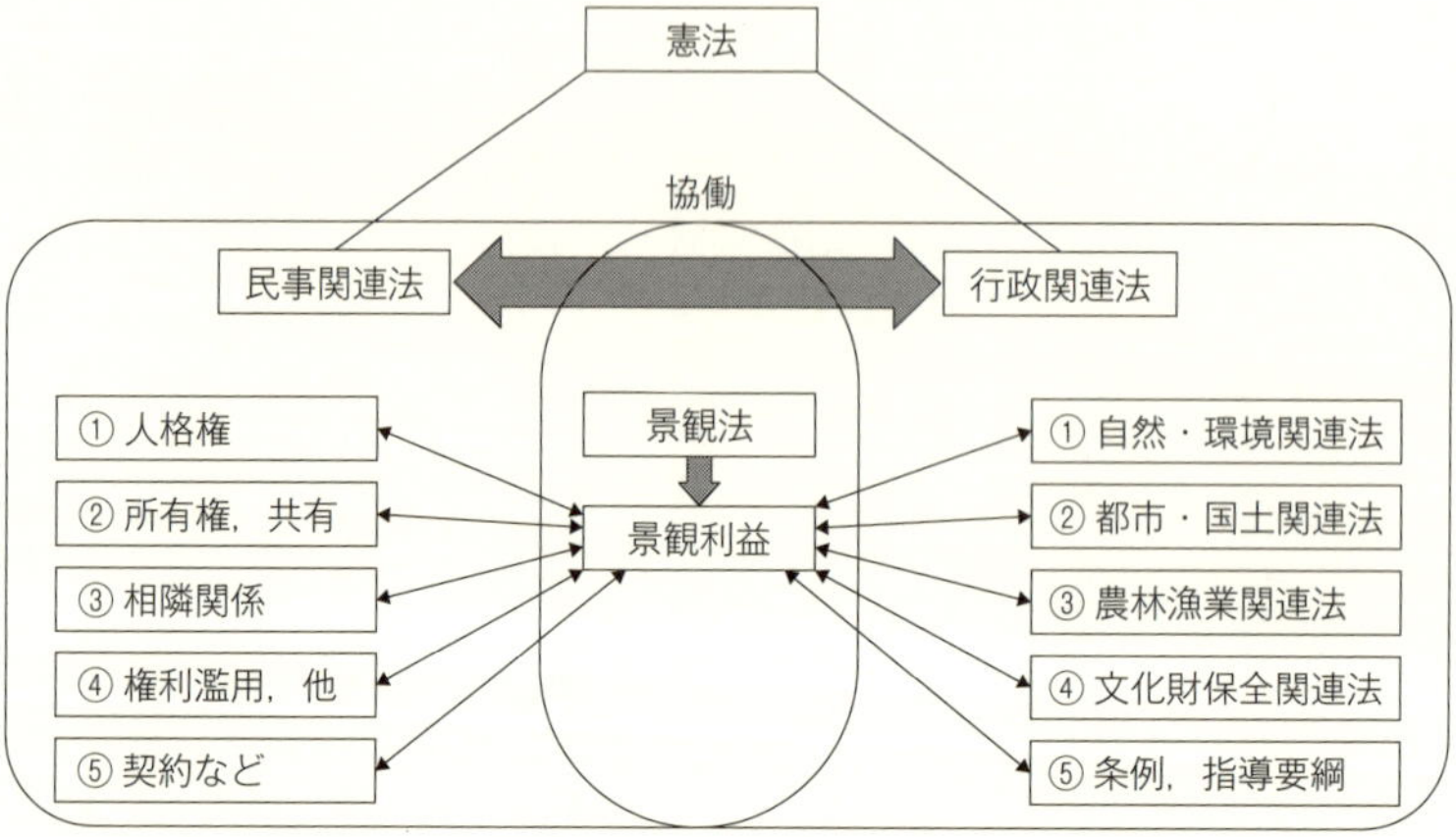

図11－4　景観をめぐる法体系のイメージ図

を営んでいる以上、ある程度の制約が課せられることは当然とされた。また、民法上の所有権の自由も、社会共同生活からする制限が認められ、権利濫用（第一条三項）などの一般原則による制限や相隣関係による制限（第二〇九—二三八条）、所有権の共同性による制限（第二四九条以下）（注：共有や入会権、組合などの契約や相続を含む。近時のコモンズ論の問題意識と重なるものである）、あるいは環境権や日照権、さらに人格権、景観権などの利益性や権利性も次第に承認されてきている［牛尾二〇〇六：五九—八九］。

実際、一九六〇年代の高度経済成長期以降、「環境権」や「日照権」、「眺望権」をめぐる紛争が生じ、二〇〇〇年代には各地で「景観権」紛争が発生し、その間、民法は、権利濫用や受忍限度論、所有権論、人格権論、環境権論などの法律構成を通じて実質的な環境・景観保全を図ってきた。それは国立市のマンション建設をめぐる国立景観訴訟の最高裁判決（最高裁二〇〇六（平成一八）年三月三〇日民集六〇巻三号九四八頁）における「景観利益」の承認に結実した。

国立景観訴訟の最高裁判決は、都市景観について、「良好な景観に近接する地域内に居住し、その恵沢を日常的に享受している者は、良好な景観が有する客観的な価値の侵害に対して密接な利害関係を有するものというべきであり、これらの者が有する良好な景観の恵沢を享受する利益（以下「景観利益」という）は、法律上保護に値するものと解するのが相当である」として、「景観」を私的な利益保護として認めた。この民事判決を受け、鞆の浦埋立免許差止行政訴訟の第一審判決（広島地判二〇〇九（平成二一）年一〇月一日判時二〇六〇号三頁）は、「上記風景は、美しい景観としての価値にとどまらず、全体として、歴史的、文化的価値をも有するものといえる。……このような客観的な価値を有する良好な鞆の景観に近接する地域内に居住し、その恵沢を日常的に享受している者の景観利益は、私法上の法律関係において、法律上保護に値するものというべきである」と述べ、鞆の浦の住民の自然的、歴史的、文化的景観利益を認めた。また、この判決は、景観利益について、単なる私益ではなく、公益として認めたものと評価でき、従来の公法・私法二分論の再検討を迫るものである［富井 二〇一四：牛尾 二〇〇三］。

以下で概観する法令［牛尾 二〇一二：一一一―一一四］は、すべて行政法令に分類されるが、そこで定められている地域指定や各種の行為規制、義務等の解釈運用に際して、憲法や民法上の要請および社会共同生活からする諸制限と諸権利の対抗を慎重に検討することが必要となる。

（2）　戦前の景観保全関連法制度

日本における景観保護に関わる法制度は、「神仏分離令」（一八六八年）およびそれを契機とする「廃仏毀釈運動」、「社寺上知令」（一八七一年）など明治初期の一連の国家的施策に対する防御的な文化財保護を出発点として発展した。「社寺境内伐木取締概則」（一八八二年）は、社寺が上地され財政が逼迫しようとも、寺院の「風致」の観点から伐木を制限し、「古社寺保存法」（一八八七年）は、社寺の有する一定の文化財につき国家的な財産管理を行うことを通じて景観を保護した［牛尾 二〇〇八：三：一四：三〇］。

他方、治山治水と密接に関係する国土保全の観点から「森林法」（一八九七年）が制定され、「保安林」制度では風致保持をもその目的とされた。「史蹟名勝天然記念物保存法」（一九一九年）は、自然遺産や自然景観を日本の文化財として保護し、「国立公園法」（一九三一年）は、景勝地の保護・利用の促進を図るなど、自然景観の保全制度も部分的に整備されてきた。

続いて、都市景観に関連して、「広告物取締法」（一九一一年）は美観・風致の保存を目的として広告物規制を行い、「都市計画法」や「市街地建築物法」（一九一九年）は「美観地区」、「風致地区」の制度を導入し、また建物の絶対的高さ制限（一〇〇尺〔三一メートル〕）なども設けた。この段階では、景観保全は美観・風致という視覚的・主観的な保全にやや重心があったものと思われる。

（3）戦後の景観保全関連法制度

▼国土・都市政策[7]

「国土総合開発法」（一九五〇年）は、敗戦後の日本経済を復活させ、日本の新たな国土政策の基本方向を示す「全国総合開発計画」（全総計画）」の目的や内容、手続き等を定め、全総計画が第五次にわたり策定された。この法律および開発計画は、都市づくりの基本法として機能したが、環境への配慮が不十分であったため、都市への人口集中や地方・農山村の濫開発問題など環境問題や景観問題を引き起こす原因ともなった。こうした反省から、「美しい国づくり政策大綱」（二〇〇三年）は大きく方向転換を図り、後述の「景観法」（二〇〇四年）制定に至った。また、「国土総合開発法」はその後の改正によって「国土形成計画法」（二〇〇五年）となった。

ところで、様々な開発圧力から景観等を保全する対応は個別法によりなされてきた。

「文化財保護法」（一九五〇年）は、「文化財」という枠組みのもとで、有形無形の貴重な財産の保護を可能にし、後に「伝統的建造物群保存地区」制度（一九七五年）を導入し、建物だけでなく一定の土地利用のコントロールをも可能にした。「古都保存法」（「古都における歴史的風土の保存に関する特別措置法」）（一九六六年）は、京都市、奈良市、鎌倉市など古都の歴史的風土の保存を目的として制定されたが、対象外とされた金沢市では、先駆的に独自の「金沢市伝統環境保存条例」（一九六八年）をつくり、京都市も「京都市市街地景観条例」（一九七二年）を策定するなど、各自治体では相次いで自主条例が制定され、文化財保護の枠組から土地の利用規制へと発展してきた。

「建築基準法」の改正（一九七〇年）により建築物の絶対的高さ制限が撤廃され、建物は容積率によるボリュームコントロールに取って代わられたが、各地で日照、眺望紛争や美観、景観紛争が多発する契機となった。新たに制定された「都市計画法」（一九六八年）は、戦後の高度経済成長期の急激な都市化の進展や開発地域のスプロール化に対し、都市基盤施設や開発行為、建築行為など必要事項を定めることにより、都市の健全な発展と秩序ある整備を図り、国土の均衡発展と公共の福祉の増進に寄与することを目的として定められた（第一条）。

そのため、市街化を促進する区域と農地等を保全し市街化を抑制する区域とを区別し、地区・地域ごとに建物の種類、建ぺい率、容積率、高さ制限等を定める「用途地域」（地域地区）制度（第八条）の仕組みを通じて、地域の景観コントロールが行なわれている（「第一種低層住宅地区」や「風致地区」、「景観地区」など）。しかし、住民参加の保障が弱い点や地区、地域の線引き問題、都市計画区域外の規制を射程外とする問題などがあり、まちづくりにおいてよりきめ細かな対応が必要であることから、「都市計画法」改正（一九八〇年）により「地区計画」制度（第一二条の四）が導入された。これは、市町村が計画決定主体となり、特定の地域の実情に応じてより詳細な土地利用規制を図るものである。

また、「開発行為許可制度」（第二八条以下）は、一定規模以上の開発行為に対し、良好な市街地の整備と保全のため地盤の安全性や防災、環境の保全対策を要求することを通じて、地理的な景観保全の重要な機能を果たしている［牛尾二〇一二：一一八―一二三］。

▼農業、森林・林業政策

農村景観の保全は、主として、「農地法」（一九五二年）および「農業振興地域の整備に関する法律」（以下、「農振法」）（一九六九年）により図られてきた。「農地法」は戦後の自作農主義のもと、農地の権利移動や転用規制を図ることにより農地全体の農業利用を維持・促進してきた。また、「農振法」は、急激な都市化による都市側からの「囲い込み」に対抗し、農業振興地域整備計画に基づき、農振地域を指定して農地転用をより一層制限し農村部の農地とその周辺部分を面的に維持することにより、農業景観を保全する機能を有している。

それまでの農業生産性向上を中心とした農業政策に代わり、「食料・農業・農村基本法」（新農基法）（一九九九年）は、食料の安定供給の確保、多面的機能の発揮、農業の持続的発展、農村の振興を図る総合的な基本法として制定された。特に、農村における農業活動の多面的機能として、国土の保全、水源のかん養、自然環境の保全、良好な景観の形成、文化の伝承等多面にわたる機能が重視され（第三条）、持続的発展として農業の自然循環機能の維持増進（第四条）、農村振興として景観が優れ豊かで住みよい農村とするための農業生産の基盤整備や生活環境整備の推進など（第五条、三四条）、農業、農村の景観保全を明確に内包するものとなった。

戦中戦後の濫伐による森林荒廃の回復と国土保全の目的を担って、新たな「森林法」（一九五一年）が制定された［小林 二〇〇八a］。保安林制度を継承し森林の景観保全の役割を担ったが［小林 二〇〇八b］、他方で、経済発展による木材需用に応える形で「林業基本法」（一九六四年）が制定され、天然林や薪炭林を伐採しスギやヒノキの植樹に方向を転換したため、樹種転換による景観の転換と生態系の破壊が進んだ。さらに、一九六〇年頃から外材輸入自由化政策により、国内林業は衰退し森林の管理放棄が進んだ。こうした流れを受けて森林・林業施策は大きく転換し、「林業基本法」を廃止して「森林・林業基本法」（二〇〇一年）が制定された。これは、木材の生産性だけではなく、国土の保全、水源のかん養、自然環境の保全、公衆の保健、地球温暖化の防止などの「森林の有する多面的機能」という公益的機能が持続的に発揮できるよう適正な整備と保全を図ること目的とするものであり（第二条）、より直接的に森林の景観保全を考慮しうるものとなった。

▼自然・環境政策

前身の「国立公園法」を廃止し、新たに制定された「自然公園法」（一九五七年）は、優れた自然の風景地の保護と利用の増進を図ること、生物の多様性の確保に寄与することを目的（第一条）とする。「自然環境保全法」（一九七二年）は、自然環境を保全することが特に必要な区域等の自然環境の適正な保全を総合的に推進することを目指して制定された。具体的には、地形、地質、植生、野生動物等に関する「自然環境保全基礎調査」の実施（第四条）、「自然環境保全基本方針」の策定（第一二条）、自然環境保全地域を三区分して指定し、工作物の新改増築や土地の変質変更等について禁止又は許可制とすることにより、環境および景観の保全を図るものであるが、指定や同意、補償などの点で問題も指摘されている。

しかし、高度成長に伴った国土の開発の広域化・大規模化に対して個別立法による対応では不十分となってきた。そこで、「自然保護法」（一九七二年）が、さらに、地球規模での環境問題に対応するため「環境基本法」（一九九三年）が制定され、自然環境保全法の理念に関する条文の一部が環境基本法に移行された。「環境基本法」は、大気、水、土壌などの環境の自然的構成要素及びそれらにより構成されるシステムを中心的な内容とし［環境庁企画調整局企画調整課 一九九四］、環境施策が社会的ニーズや国民意識の変化に的確に対応すべきものである以上、環境は、日照、景観、歴史的・文化的遺産といったアメニティーを含む広汎な概念として捉えるべき［大塚 二〇〇六：二七］といわれ、景観構成要素を含む広範な景観保全をも包括するものとなった。

また、環境法の理念として、「持続可能な発展」（sustainable development）（環境基本法三条）、「循環型社会」（「循環型社会形成推進基本法」（二〇〇〇年））、「環境配慮義務」から導かれる「環境権」（環境基本法一九条）などがあり、これらは景観保全の理念とも重なっている。

さらに、「環境影響評価法」（環境アセスメント法）（一九九七年）は、事業者が、何らかの大規模な建造物などをつくる場合、建設することによりその場所に引き起こされる環境への負荷を自ら調査・予測・評価し、早い段階からその方法や結果を公表し、住民や地方公共団体から意見を聴き、事業計画に反映させる仕組みを定めた。もっとも、数値化しにくい地域の伝統的利用の取り扱いや、景観も視覚的景観に限定されるなど、広範な景観保全の視点からは問題を持っている。

低成長期に入り過疎化、高齢化が進むと、土地や山林、耕作地等の管理放棄により環境や景観の悪化が問題となってきた。「自然公園法」の改正（二〇〇二年）により「風景地保護協定」制度が導入され、指定公園管理団体が当該土地の所有者に代わり、国立公園内の自然の風景地の管理を行うことができるようになったが、優れた風景の保護に限定されている。

その他、「自然再生推進法」（二〇〇二年）は、過去に損なわれた生態系その他の自然環境を取り戻すことを目的として自然再生事業を誘導し、持続可能な自然資源の利用・管理のための世界共通理念の構築・発信を行う「SATOYAMAイニシアティブ」の推進事業（二〇〇八年―）や「生物多様性国家戦略2012-2020」など様々な施策が打ち出されている［小寺 二〇〇八：五九―六二］。各自治体も、里山保全に関する条例を定めている。例えば、「高知市里山保全条例」（二〇〇〇年四月一日施行）は、「里山保全地区」を指定し、届出・助言・指導・勧告制度により一定の開発を抑制し、土地所有者との間で「里山保全協定」を結ぶなど管理促進を図っている。また、千葉県里山条例（二〇〇三年五月一八日施行）は、「里山基本計画」を策定し、土地所有者等と里山活動団体が「里山活動協定」を締結し、管理促進を図っている。

これらの取り組みは、里山の生態系保全を含めた広義の景観保全の機能を持っているものといえる。

（4）景　観　法

▼法の目的、趣旨

以上のように、様々な法律は直接、間接に景観保全の機能をもち、また各地方公共団体による景観条例も一定の開発圧力を規制する働きをもっていたが、景観規制のソフトな手法の限界や景観規制に関する国民の共通の基本理念の欠如等から、各地で景観紛争が発生した。

そこで、景観を正面から捉えた基本的な法制を整備する要請が高まり、「景観法」（二〇〇四年）が定められた。それは、都市及び農山村等における良好な景観の形成を促進し、美しく風格のある国土の形成、潤いのある豊かな生活環境の創造及び個性的で活力ある地域社会の実現を図るため、景観に関する国民共通の基本理念や、国、地方公共団体、事業者、住民それぞれの責務を定めるとともに、広域性や公共施設の特例、支援の仕組みを定めるものである。もっとも、良好な景観は地域ごとに異なるものであり、統一的な定義を置くと結果的に画一的な景観を生むおそれがあること等を理由として、景観法は、「景観」について特段の定義を置かなかった。(8)

しかし、基本理念として、「良好な景観の不可欠性、国民共通の資産性、次世代に向けた整備・保全の必要」、「地域性と経済性との調和、適正な制限による土地利用による整備・保全の必要」、「地域住民の意向・地域特性に合った多様な形成の必要」、「地域の活性化に向けた行政・事業者・住民の一体的取組の必要」、「保全のみならず、新たな景観形成創出に向けた取組の必要性」（法二条）が挙げられており、景観における「地域性」や「地域住民の意向」、「住民との一体的取組の必要」というキーコンセプトは、すでに土地の眺めや風景、美観という景観概念の視覚的・主観的意味にとどまらず、「地域性」と「土地・自然と人々の営み」という「関係性」および住民参加の理念が織り込まれているものと評価しうる。

▼景観法の仕組み

景観法の仕組みは、景観に関する基本法的部分と良好な景観の形成のための具体的な規制・支援規定の部分に分けられる。前者は、基本理念と、国、地方公共団体、事業者及び住民の責務を明らかにしており、「良好な景観を形成してゆくことを社会規範として宣言する基本法的な性格を有し」、行政その他の様々な主体の協働により、地方公共団体等が、地域の実情を十分踏まえて、一層の良好な景観形成を推進することが期待されている。(9)

他方、後者は、景観計画の策定、景観計画区域、景観地区等における行為規制、景観重要公共施設の整備、景観協定の締結、景観整備機構による良好な景観の形成に関する事業の支援等について定められており、景観形成のための新しい手法が盛り込まれた。土地利用の規制に関わって、景観法が新たに示す主要なメニューは、「景観計画」（第八条―六〇条）と「景観地区」（第六一条―八〇条）である。この景観計画は、景観行政団体となった市町村が都市のみならず農産漁村等にも策定することができ（第八条）、さらに、景観保全のための自主条例を定める自治体も多い。

景観計画では、地域独自の形成方針と定性的な形成基準基準を明示することで景観形成を誘導し、届出や勧告により自主的な景観形成を促す柔らかい仕組みが採用され、さらに、自治体の独自条例により、屋外広告物規制やその他の規制やきめ細かい上乗せの基準を定め、さらに都市計画（高度地区、風致地区、地区計画）や眺望条例など重層的な景観保全を行う仕組みが広く採用されている。

▼景観計画策定における住民参加

すでに、欧州景観条約は、景観政策実施にあたり一般市民、利害関係人の参加（第五条C項）および、関係当事者や住民が求める景観価値の評価（第六条C―1c項）を要請している。先に指摘したように、日本の景観法は、良好な景観及び形成に向けた基本理念において、地域住民の意向・地域特性に合った多様な形成の必要と地域の活性化に向けた行政・事業者・住民の一体的取組の必要を述べ、景観法・景観計画、景観条例の策定にあたって、住民等による提案制度、景観協議会制度のほか、公聴会の開催等住民の意見を反映のための必要な措置を設けている（第九条）。その他、都市計画審議会への意見聴取、景観重要公共施設の整備・許可基準を定める場合の当該施設管理者との協議・同意、国立・国定公園の上乗せ許可基準に関する管理者との協議・同意、景観計画の告示・公衆の縦覧等が必要となる。また、住民の意見を反映させるための必要な具体的措置として、行政側の景観計画策定過程に対応して住民側の意見を述べる一連のプロセス（図11－5）が一般的に行われている。

（5）景観保全地域認定への取り組み

景観法によって制度化された地方自治体が主体となる景観保全の手法は、特色ある景観保全を進める地区を指定し地

図11－5　景観計画策定における住民参加プロセス

(1)　基礎調査（景観特性の抽出と把握）段階
・住民アンケート調査　・景観百選の公募　・シンポジウム等のイベント　など

↓

(2)　景観の課題の抽出・整理段階
・景観づくり検討会〔有識者，地域の代表，関係機関等で構成〕.
⇒地域全体の課題や行政提案の地区割等を検討，地域別WSなど開催

↓

(3)　地域の将来像を描く（景観形成方針の基本）段階
・景観づくり検討会⇒住民のまちづくりへの思い（将来像），WSを踏まえた素案の検討

↓

(4)　景観計画（案）の策定，景観条例検討段階
・景観計画（案）に対する地域からの意見

↓

(5)　景観計画決定，公告・縦覧段階
・パブリックコメント　・広報誌等による周知

↓

(6)　景観計画の運用段階
・景観協議会　・景観協定など

（出所）「景観計画策定の流れ」新潟県 HP より筆者作成.

域の保全や活性化を図ろうとする施策と積極的に結びつくことにより、一層の多様性と重層性を発揮してきた。以下では、歴史的・文化的景観保全、世界農業遺産、世界遺産という三つの特徴的な手法による景観保全の制度を概観する。

▼文化的景観、歴史的景観保全関連法

日本では、「文化財保護法の一部改正法」（二〇〇四年）により、「文化的景観」という新たな概念が文化財として位置づけられ（第二条五項）、特に重要なものは「重要文化的景観」として選定され、所定の保護措置を講ずるものとされた（第一三四条―一四一条）。「文化的景観」は、「地域における人々の生活又は生業及び当該地域の風土により形成された景観地で我が国民の生活又は生業の理解のため欠くことのできないもの」（第二条一項五号）と定義され、「人と自然との関わりの中で育まれた風景には、歴史的な時間の積み重ねがもたらした独特な美しさとともに、豊かな文化的価値が込められて」おり、「このような風景は、一般的に『文化的景観』と呼ばれる」とされた[10]。

写真11－1　熊本県山都町の通潤用水（2008年選定）

（筆者撮影）

写真11－2　和歌山県有田川町のあらぎ島（2013年選定）

（筆者撮影）

次に、「地域における歴史的風致の維持及び向上に関する法律」（「歴史的まちづくり法」）（二〇〇八年）は、我が国及び地域にとって貴重な資産である「歴史的風致」の維持及び向上を図る目的で、まちづくりを推進する地域の取組を国が積極的に支援するため、国が策定する基本方針に基づき、「歴史的風致維持向上計画」を策定し国の認可を受ける制度を用意した（法五条）。歴史的なまちなみ保全のための法制度は、これまでも、「古都保存法」や「文化財保護法」、「都市計画法」上の「風致地区」や「地区計画」制度に加え、上述の「景観法」も整備されていたが、より直接的に歴史的な建造物の復原や文化財の周辺環境の整備等に対応するため制定された。各自治体は、既存の法制度や独自条例も活用しつつ計画を立案しており、施行五年で既に全国で四六自治体が認可された（二〇一四年七月現在）[11]。

これらの法律では、文化地理学的な人と自然との関係性を取り込んだ景観および欧州景観条約にいう自然要因と人的要因の相互作用とその視覚的現れの両面を取り込んだ景観概念が積極的に位置づけられ保全対象とされている。

「重要文化的景観」は、全国で四四件が選定されており（二〇一四年一〇月六日現在）[12]、選定には、（1）景観法で景観計画区域または景観地区の中に文化的景観を定め、（2）文化的景観に関する調査を行い、（3）文化的景観に必要な措置、条例等を定め、（4）文化的景観の保存計画を策定し、（5）土地所有者や管理者の同意を得て、（6）申出を行って選定に至るという手続が必要となる。こうした、地元住民の意向や景観資源の調査・発見という一連の手続は、地域づくりや活性化の取り組みと重なる重要なプロセスでもある。

▼世界農業遺産

「世界農業遺産」（Globally Important Agricultural Heritage Systems）は、二〇〇二年に国際連合食糧農業機関（FAO）が、次世代に受け継がれるべき重要な伝統的農業や生物多様性、伝統知識、農村文化、農業景観、文化風習などを全体として認定し、その保全と持続的な活動を図るために創設したプログラムである。その趣旨は、近代農業の行き過ぎた生産性への偏重により、世界各地で森林破壊や水質汚染等の環境問題が生じ、地域固有の文化や景観、生物多様性などの消失を招いてきたことへの反省から、地域環境を活かした伝統的農法や、生物多様性が守られた土地利用のシステムを世界に残すことにある(13)。

世界一三カ国三一地域の世界農業遺産認定地があるなか、五カ所が日本である（二〇一四年八月現在）(14)。各推進地域は、持続可能で可変性のある農業および農業景観の保全を図りつつ、地域の活性化に取り組んでいる。

写真11－3　能登の里山里海・白米千枚田（2011年認定）
（筆者撮影）

写真11－4　静岡県掛川・茶草場農法（2014年認定）
（筆者撮影）

世界農業遺産（GIAHS）認定申請手続の概要

GIAHSの認定を目指す協議会等は，地域関係者の共通認識の醸成を図りつつ，農業システムのコンセプト及び認定申請候補地域の範囲等を決定し，GIAHS申請書を作成します．その後，農林水産省の承認を得た上で，FAOへ認定申請します．

GIAHS認定申請の流れ

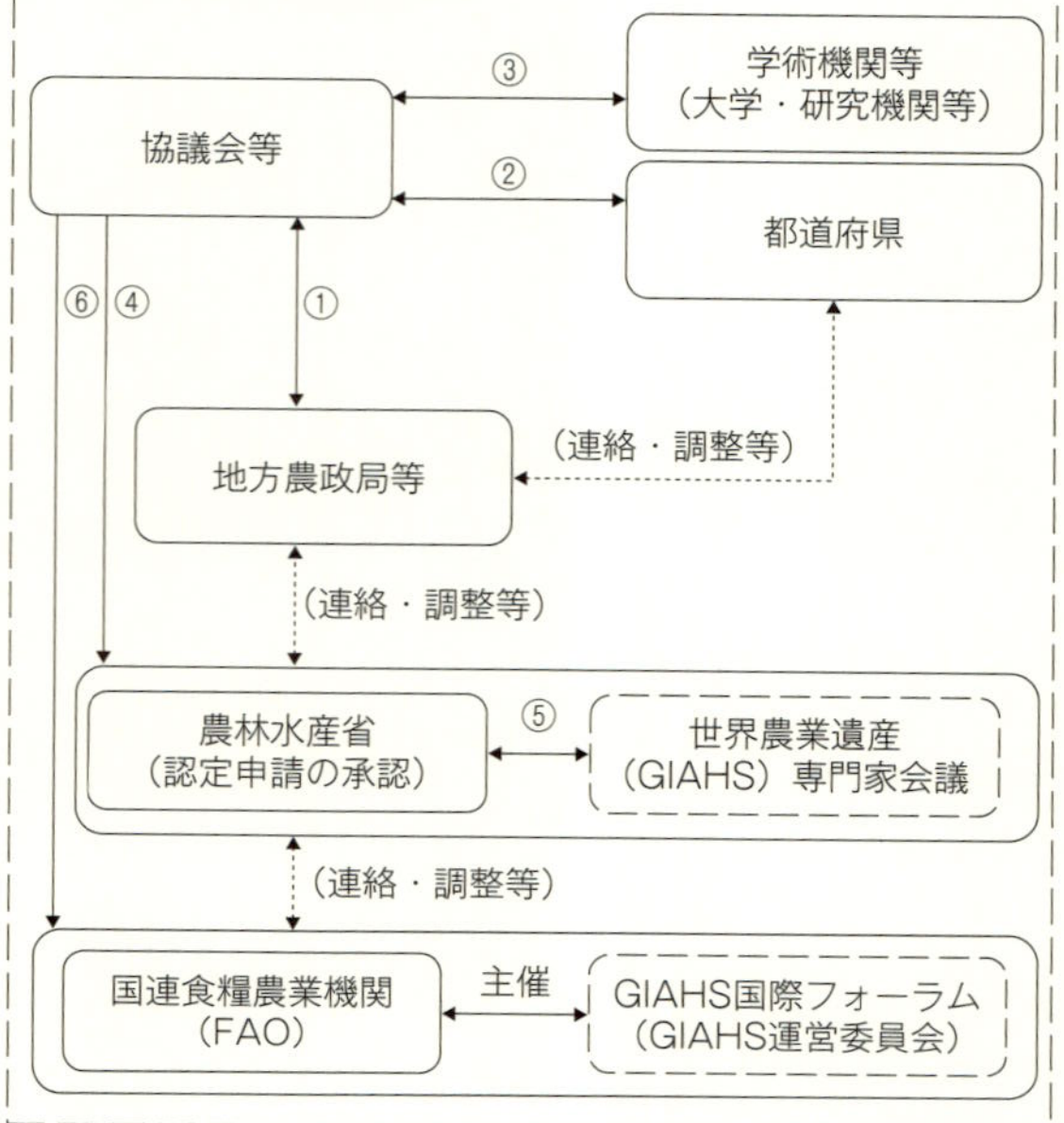

① 地方農政局等との連絡・調整
協議会等は，地域を所管する地方農政局等にGIAHS認定申請の意向を伝え，認定申請が円滑に進むよう協力を依頼して下さい．

② 都道府県との連携・協力及び意見書の作成依頼
GIAHS認定申請に当たっては，地域を所管する都道府県の賛同が必要となります．このため，協議会等は，GIAHS申請書を作成する段階から，適宜，都道府県との間で，連携・協力を行って下さい．

また，賛同を示す都道府県からの意見書（任意様式）の作成を依頼して下さい．

③ 学術機関等への連携・協力及び意見書の作成依頼
GIAHS認定申請に当たっては，生物多様性や農業史等の専門的事項について正確な事実を客観的に表現する必要があります．このため，協議会等は，学術機関等の協力を得て，GIAHS申請書を作成して下さい．

また，作成したGIAHS申請書の学術的な裏付けを示す学術機関等からの意見書（任意様式）の作成を依頼して下さい．

④ GIAHS認定申請に係る農林水産省に対する承認依頼
協議会等は，FAOへの認定申請に先立ち，当該認定申請に係る農林水産省の承認を得る必要があります．このため，協議会等は，GIAHS申請書に都道府県及び学術機関等からの意見書を添えて，GIAHS認定申請に係る農林水産省の承認依頼を行って下さい．

⑤ 世界農業遺産（GIAHS）専門家会議の開催及び農林水産省の承認
農林水産省は，世界農業遺産（GIAHS）専門家会議において，協議会等から提出されたGIAHS申請書等の内容を評価します．この評価結果を踏まえ，FAOへの認定申請が適当と認められる案件に対して農林水産省が承認を行います．

⑥ FAOへの認定申請
協議会等は，GIAHS申請書等を英訳した上で，FAOへ認定申請して下さい．その後，FAOによる評価等を経て，概ね２年に一度開催されるGIAHS国際フォーラムにおいて認定されます．

図11－6　世界農業遺産（GIAHS）認定申請手続きの概要

（出所）農林水産省 HP「世界農業遺産（GIAHS）認定申請手続の概要」（http://www.maff.go.jp/j/nousin/kantai/pdf/bessi1.pdf，2015年１月30日閲覧）．

こうした各自治体の認定に向けた様々な保全方策の中で直接、間接に景観保全が果たされている。

ＦＡＯが定める世界農業遺産の認定基準に準拠した「認定申請の手引き」では、日本の独創的な農業システムを持続的に維持・継承していくために必要となる事項として、①食料及び生計の保障、②生物多様性及び生態系機能、③知識システム及び適応技術、④文化、価値観及び社会組織（農文化）、⑤優れた景観及び土地と水資源管理の特徴、の五点が挙げられている。その中でも、⑤の「優れた景観」は、農業システム自体とその周辺を囲む環境が一体の美学的に優れた代表的な景観を指し、「農業システムによって創出された農業景観とその美的価値を記述し、それがいかにコミュニティによって保全され、土地と水資源の持続可能な利用を通じて管理されてきたかについて説明する」ものとされ、「棚田百選」の認定や「重要文化的景観」への選定など景観保全制度とのリンクが示されている。

特徴的であるのは、将来起こりうる環境・社会変化に対して農業システムが適応できるように、営農や地域活動等を通じて継続的に手を加え、農業システムを構成する伝統的な農業や農業文化、優れた景観、生物多様性等を次世代に継承していく積極的な保全＝「Dynamic Conservation」（「動的保全」）が目指されている点である。

▼世界遺産

世界遺産は、文化遺産及び自然遺産を人類全体のための世界の遺産として、損傷、破壊等の脅威から保護し、保存することが重要であるとの観点から、国際的な協力及び援助の体制を確立することを目的として、第一七回ＵＮＥＳＣＯ総会（一九七二年）で採択された世界遺産条約（『世界の文化遺産及び自然遺産の保護に関する条約』）において定められた。日本の世界遺産登録数は一八（文化遺産一四、自然遺産四）である（二〇一五年一月現在）。

ところで、文化審議会・世界文化遺産特別委員会決定によれば、世界遺産に推薦するための判断基準として、（１）「顕著な普遍的価値の総合的所見・評価基準・比較研究」と、（２）「法的保護・保存管理の状況」が示されている。[15] 後者に示された二〇項目の中には、①「各構成資産の法的保護の方法（文化財への指定・選定、他の法令による保護措置の方策等）」の確定とその実施の目途等、②「緩衝地帯の範囲が合理的に定められていること」、③「緩衝地帯の法的保全の方策〈条例、計画等〉」の確定と実施の目途等、④「各構成資産の保存管理計画〈整備活用計画・修理計画を含む。〉」の策定とその内容の実現性・実効性、⑤「構成資産及び緩衝地帯の全体を対象とする含む包括的保存管理計画」の策定とその内容の実現性・実効性等が示されており、とりわけ、構成資産および緩衝地帯〈バッファゾーン〉の法的保全策や計画、その実効性を担保することが重要である。

世界遺産の緩衝地帯は、「世界遺産条約履行の運用方針」（WHC defines the criteria of inscription）（一九七七年）においてはじめて示されたものである。「緩衝地帯は、推薦資産の効果的な保護を目的として、推薦資産を取り囲む地域に、法的又は慣習的手法により補完的な利用・開発規制を敷くことにより設けられるもう一つの保護の網である。推薦資産の直接のセッティング、重要な景色やその他資産の保護を支える重要な機能をもつ地域又は特性が含まれるべきである」とされ［WHC HP 2005］、(16) 法的な保護制度との結びつきが求められている。

日本でも、登録に際して、風致地区や美観地区、用途地域などの他、歴史的風土特別保存地区や重要文化的景観などの区域がバッファゾーン地区に指定されたように、景観保全の実効性ある取り組みと世界遺産登録に向けた取り組みは多くの点で重複している。

3　新たな問題について

景観法成立から一〇年が経過した現時点で、今後の課題として次の諸点が挙げられている。

①広域景観への対応、②景観の経済価値の評価、③景観基準の考え方、④効果的な景観制度の運用、⑤住民参加・住民合意を促す方策、⑥屋外広告物の適正化、⑦景観支障物件への対応、⑧景観法制をサポートするサブシステムの構築、⑨新エネルギー施策の展開、⑩震災復興における景観保全などである［舟引二〇一四：七―九］。

以下では、その中で、⑦と⑨についてのみ若干問題点の指摘を行う。

（1）景観支障物件への対応

近年、都市、農村部双方において深刻な問題となっているのが、住宅の過剰供給や少子高齢化、過疎高齢化などを背景とする空家または建物の管理放棄、あるいは耕作放棄、森林管理放棄など、土地や建物などの所有者・占有者による空間の管理放棄問題であり〔福田 二〇一三：一一―一二〕、景観あるいは生活環境の観点からこれを捉えた場合、景観支障物件をどのように管理、撤去、保全すべきかが課題となっている。個人の財産権、所有権の管理に関する問題であるため、第三者が関与することは法的に困難であるが、所有者が自らこうした管理困難な物件の所有権を自由に「放棄」できるか自体も大きな問題である（例えば、無主の不動産の帰属に関する規定（民法二三九条二項）の解釈や相続放棄者の管理義務（民法九四〇条以下）など）。

そこで、各自治体は独自に空家対策条例を定めてきたが、既にその条例数は三五五にものぼっており（二〇一四年四月一日段階で）〔NHK/NEWSweb「空き家」〕[17]、農山村における耕作放棄地問題をも取り込んだ空家条例策定も検討されている。条例は、空家対策に特化したものが多いが、環境保全条例やまちづくり条例で対応するものや、景観条例で対応するものもある。なかでも和歌山県では、景観の保全と生活環境の双方の向上を目的として、「景観支障防止条例（建築物等の外観の維持保全及び景観支障状態の制限に関する条例）」（二〇一二年施行）が定められた。こうした動向を受け制定された「空家等対策の推進に関する特別措置法」（二〇一四年一一月）は、「適切な管理が行われていない空家等が防災、衛生、景観等の地域住民の生活環境に深刻な影響を及ぼしていることに鑑み、地域住民の生命、身体又は財産を保護するとともに、その生活環境の保全を図り、あわせて空家等の活用を促進する」ことを目的とし（第一条）、空家等に関する国の基本指針の策定や市町村による施策推進を図る。これにより、空家等の所有者の適切管理義務が明確にされるとともに、市町村は特定空家等の所有者に対し助言・指導・勧告、調査を行い、命令の不履行または所有者不明の場合、行政代執行の方法により除却、修繕、伐採等の強制執行が可能（第一四条）となった。

空間の管理放棄による景観や生活環境の保全は重要な要請であり、他方で、個人の財産権、所有権の保障は基本的人権の重要な柱の一つであるところから、両者の関係をどのように理解し、法令の適正かつ適切な運用を図るのかが重要となろう。

(2) 新エネルギー施策の展開

再生可能エネルギー利用等をより一層促進するため、「電気事業者による新エネルギー等の利用に関する特別措置法(RPS法)」(二〇〇二年)が制定された。同時に、一定期間(二〇年間など)、固定金額で電力会社が再生可能エネルギー発電を買い取る「固定価格買取制度(FIT)」が導入された。耕作放棄地を抱え、過疎高齢化や米価・木材価格等の低迷、あるいは廉価な農林地価格や農地賃借料に喘ぐ農山漁村にとって、新制度の導入は、地域おこしのチャンスである一方、将来見通しの困難さや地域にそぐわない無秩序な発電施設の設置がなされれば、農林漁業の生産が妨げられ、景観や眺望を害する等、地域の発展にとって阻害要因ともなり得る。太陽光発電についていえば、メガソーラー等の設置による眺望や景観、生態系に与える影響、土地改変による生活環境上の影響も検討が行われているところである[18]。

ところで、地方自治体の太陽光発電施設等に対応する自治体の数は約二四自治体(二〇一四年現在)あり[19]、その対応を詳細に見るならば、(1)景観問題として景観計画や独自条例等で対処する類型(北海道景観計画など)と、(2)自然・生活環境保全問題として独自条例等で対処する類型(大分県由布市など)に分かれている。景観保全と自然・生活環境保全の観点は相互に重なり合い、景観形成基準の明示、届出、勧告を含む行政指導、協定の締結強制や地元への説明会開催要件の付加など、様々な手法により柔軟かつ現実的な問題の解決が目指されているが、裁判を含むトラブルも発生している。

こうした状況を踏まえ、発電設備の整備と農林漁業上の土地利用等との適正な調整を図ることを目的として「農山漁村再生可能エネルギー法」(二〇一三年)が制定された[20]。

具体的には、市町村は、設備整備の基本計画を策定する(第五条)にあたり、協議会(市町村、希望発電事業者、地域の

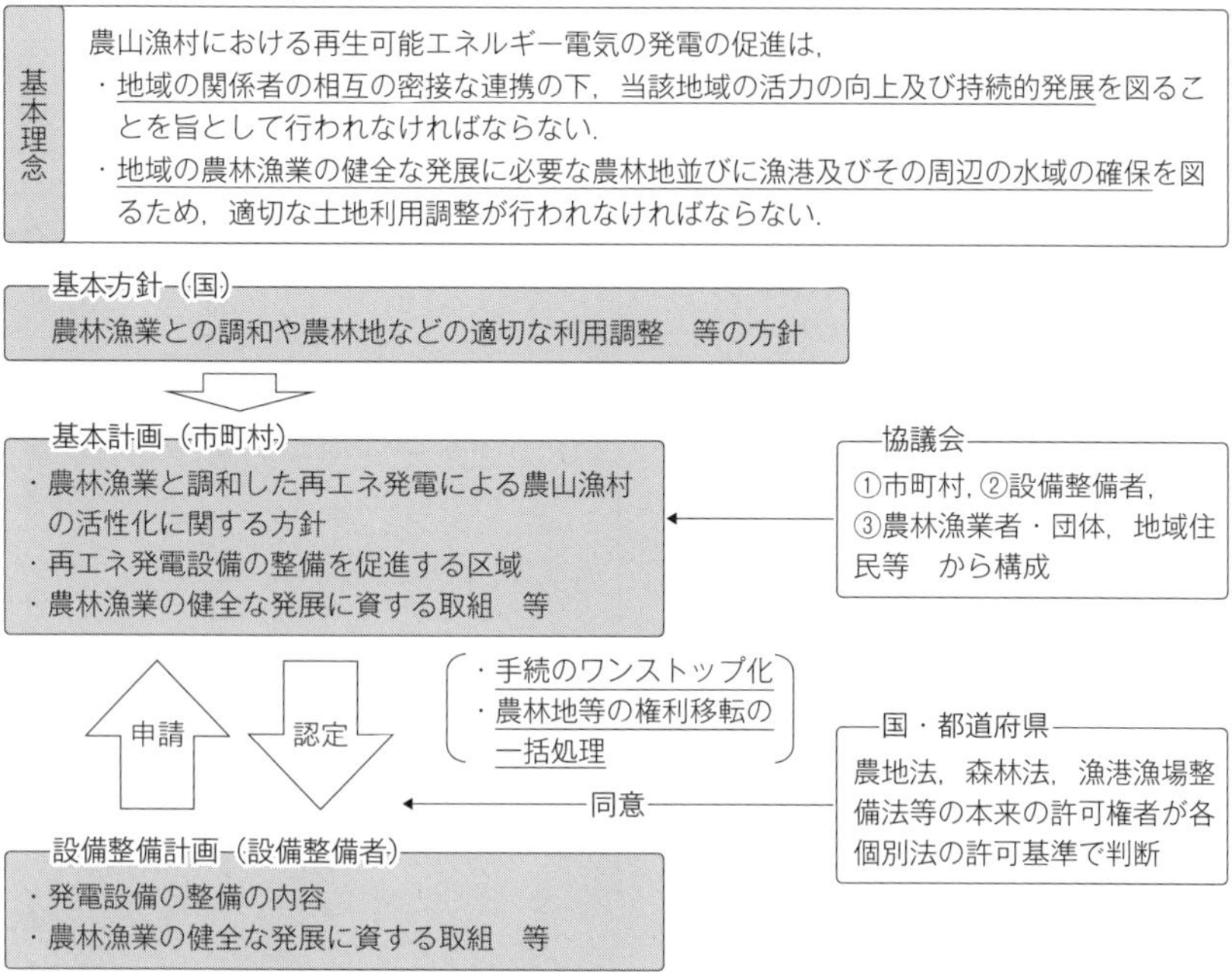
基本理念
農山漁村における再生可能エネルギー電気の発電の促進は，
・地域の関係者の相互の密接な連携の下，当該地域の活力の向上及び持続的発展を図ることを旨として行われなければならない．
・地域の農林漁業の健全な発展に必要な農林地並びに漁港及びその周辺の水域の確保を図るため，適切な土地利用調整が行われなければならない．
基本方針（国）
農林漁業との調和や農林地などの適切な利用調整　等の方針
基本計画（市町村）
・農林漁業と調和した再エネ発電による農山漁村の活性化に関する方針
・再エネ発電設備の整備を促進する区域
・農林漁業の健全な発展に資する取組　等
協議会
①市町村，②設備整備者，③農林漁業者・団体，地域住民等　から構成
申請
認定
・手続のワンストップ化
・農林地等の権利移転の一括処理
国・都道府県
農地法，森林法，漁港漁場整備法等の本来の許可権者が各個別法の許可基準で判断
同意
設備整備計画（設備整備者）
・発電設備の整備の内容
・農林漁業の健全な発展に資する取組　等

図11－7　農山漁村再生可能エネルギー法の概要

（出所）「農林漁業の健全な発展と調和の取れた再生可能エネルギー電気の発電の促進に関する計画制度の概要」農林水産省HP（http://www.maff.go.jp/j/shokusan/renewable/energy/pdf/re_ene4.pdf，2015年1月30日閲覧）．

農林漁業者、地域住民、学識経験者等により構成）を設置して（第六条）、土地利用調整などについて地域合意の形成を図るが、市町村が策定した発電施設整備の基本方針に則って申請された事業者の設置整備計画につき、市町村は許可権者（大臣、知事）の同意を取り付けて認定するものとされる（第七条）。この手続により、農地等の転用許可があったものとみなされる「ワンストップ化」（第九条―一五条）が果たされ、市町村の「所有権移転等促進計画」の作成・公告により一括して権利設定が行われる（第一六条以下）。

こうした仕組みは、地域の合意形成や利益還元の課題に一定程度応え、事業者が設備整備にあたり必要となる許可や届出手続を軽減し時間短縮を図るとともに、農地転用のスプロール化を防ぐなど土地利用調整という課題に対応する面があるが、他方で、農地法や森林法、自然公園法などが許

可制度のもとで開発を慎重に抑制・判断し景観保全等の機能を担ってきたことを勘案すれば、各自治体の景観形成の基本方針を踏まえた施設整備の基本計画策定、および法令の運用に際し利害関係をいかに適正に調整するのかが課題となろう。

こうした新たな問題については、景観の価値と他の価値（所有権の自由、安全性、エネルギーの多様化、地域経済の発展など）との対抗関係として理解することも可能であるが、景観を自然的要因と人的要因の相互作用とその視覚的現れとする広義の意味に解し、景観保全を持続可能社会を実現する広義の環境保全の一環と捉えるならば、解決にあたり利害を止揚する場が見いだされるのではないかと考える。

景観保全については、地域や社会の持続可能な維持・発展を踏まえたより深い意識形成が重要な鍵となろう。

❀注

（1）国連“Report of the World Commission on Environment and Developmenthttp,”（http://www.un.org/documents/ga/res/42/ares42-187.htm、二〇一五年一月二九日閲覧）。

（2）環境省ＨＰ「参考資料５－１」（http://www.env.go.jp/council/21kankyo-k/y210-02/ref_05_1.pdf、二〇一五年一月二九日閲覧）。

（3）国土交通省ＨＰ「景観法制定一〇周年を迎えて」（http://www1.mlit.go.jp/common/001048607.pdf、二〇一五年一月二九日閲覧）。

（4）牛尾［二〇一二：一〇九—一一二］を参照。

（5）Operational Guidelines for the Implementation of the World Heritage Convention. WHC. 05/2 2 February 2005、〔二〇一三年版も同一である〕“Convention Text”, UNESCO World Heritage Centre HP、「世界遺産条約履行のための作業指針」文化遺産オンラインＨＰ（http://bunka.nii.ac.jp/jp/world/h_13.html、二〇一五年一月三〇日閲覧）。

（6）欧州評議会（Council of Europe）ＨＰ（http://conventions.coe.int/Treaty/en/Treaties/Html/176.htm、二〇一五年二月二五

日閲覧）参照。

（7）西村［二〇〇〇］および中島・鈴木［二〇〇三］を参照。

（8）国土交通省・農林水産省・環境省「景観法運用指針」（二〇〇四年）。

（9）国土交通省・農林水産省・環境省「景観法運用指針」（二〇〇四年）。

（10）文化庁「文化財保護法の一部を改正する法律等の施行について（通知）」（二〇〇四年）。

（11）「歴史的風致維持向上計画の認定状況」国交省ＨＰ。

（12）「重要文化的景観」文化庁ＨＰ（http://www.bunka.go.jp/bunkazai/shoukai/keikan.html、二〇一五年一月三〇日閲覧）。

（13）「世界重要農業遺産システム（ＧＩＡＨＳ）」（ＦＡＯ）日本事務所ＨＰ（http://www.fao.or.jp/263/225.html、二〇一五年一月三〇日閲覧）、「世界農業遺産」農水省ＨＰ（http://www.maff.go.jp/j/nousin/kantai/giahs1.html、二〇一五年一月三〇日閲覧）。

（14）「世界のＧＩＡＨＳ認定地域」農水省ＨＰ（http://www.maff.go.jp/j/nousin/kantai/pdf/giahs_sekai.pdf、二〇一五年一月三〇日閲覧）

（15）「世界文化遺産推薦書暫定版・正式版に関する準備状況の判断基準」文化庁ＨＰ（http://www.bunka.go.jp/bunkazai/shoukai/sekai_isan/pdf/kijyun_ver2.pdf、二〇一五年一月三〇日閲覧）。

（16）“Operational Guidelines for the Implementation of the World Heritage Convention. WHC.” 05/2 2 February 2005〔二〇一三年版も同一である〕, “Convention Text.” UNESCO World Heritage Centre HP、「世界遺産条約履行のための作業指針」文化遺産オンラインＨＰ（http://bunka.nii.ac.jp/jp/world/h_13.html、二〇一五年一月三〇日閲覧）。

（17）「空き家」NHK/NEWSweb（http://www3.nhk.or.jp/news/akiya/、二〇一五年一月三〇日閲覧）、「認定ＮＰＯまちぽっと」ＨＰ（http://machi-pot.org/、二〇一五年一月三〇日閲覧）、「空き家等適正管理条例の制定状況」（http://machi-pot.org/modules/project/uploads/research/20140630shiryou.pdf、二〇一五年一月三〇日閲覧）。

（18）「国立・国定公園内における大規模太陽光発電施設設置のあり方検討委員会」環境省ＨＰ（http://www.env.go.jp/nature/mega_solar_na/、二〇一五年一月三〇日閲覧）。

（19）「地方公共団体の太陽光発電施設に係る対応状況」環境省ＨＰ（http://www.env.go.jp/nature/mega_solar_na/conf/h2601/mat05_1.pdf、二〇一五年一月三〇日閲覧）。

(20)「農林漁業の健全な発展と調和のとれた再生可能エネルギー電気の発電の促進に関する法律（農山漁村再生可能エネルギー法）」農林水産省ＨＰ（http://www.maff.go.jp/j/shokusan/renewable/energy/pdf/re_ene1.pdf、二〇一五年一月二〇日閲覧）。

参考文献

阿部泰隆・淡路剛久編［二〇〇四］『環境法　第三版』有斐閣。

牛尾洋也［二〇〇三］「都市的景観利益の法的保護と『地域性』」『龍谷法学』三六（二）。

――――［二〇〇六］「土地所有権論再考」、鈴木龍也・富野暉一郎編『コモンズ論再考』晃洋書房。

――――［二〇〇八］「明治期の社寺の財産管理における『公共性』」、鈴木龍也編『宗教法と民事法の交錯』晃洋書房。

――――［二〇一二］「里山の景観と災害防止」、牛尾洋也・鈴木龍也編『里山のガバナンス』晃洋書房。

大塚直［二〇〇六］『環境法』有斐閣。

大村敦志［一九九九］『法典・教育・民法学』有斐閣。

環境庁企画調整局企画調整課編『環境基本法の解説（改訂版）』ぎょうせい。

関東弁護士会連合会編［二〇〇五］『里山保全の法制度・政策』創林社。

窪田陽一［二〇一三］「景観と風景の概念構成に関する試論」『埼玉大学工学部紀要』四六。

小寺正一［二〇〇八］「里地里山の保全に向けて――二次的な自然環境の視点から――」『レファレンス』五八（三）。

団藤重光［一九七三］『法学入門』筑摩書房。

手塚章編［一九九一］『地理学の古典』古今書院。

富井利安［二〇一四］『景観利益の保護法理と裁判』法律文化社。

中村和郎・手塚章・石井英也編［一九九一］『地域と景観　地理学講座　第四巻』古今書院。

西村幸雄［二〇〇〇］『都市論ノート』鹿島出版社。

中島直人・鈴木伸治［二〇〇三］「日本における都市の風景計画の生成」、西村幸夫・町並み研究会編『日本の風景計画』学芸出版社。

福田健志［二〇一三］「空き家問題の現状と対策」『調査と情報』七九一。

舟引敏明〔二〇一四〕「景観法一〇年【景観法の実績と検証】景観法成立以降の景観行政の歩み」『都市計画』三〇九。

丸山徳次〔二〇〇七〕「今なぜ『里山学』か」、丸山徳次・宮浦富保編『里山学のすすめ』昭和堂。

――〔二〇〇九〕「里山学の狙い――〈文化としての自然〉の探求――」、丸山徳次・宮浦富保編『里山学のまなざし』昭和堂。

山野正彦〔一九九八〕『ドイツ景観論の生成――フンボルトを中心に――』古今書院。

横山秀司〔一九九五〕『景観生態学』古今書院。

渡辺章郎・進士五十八・山辺能宜〔二〇〇九〕「地理学系分野における景観概念の変遷」『東京農大農学集報』五四（一）。

――〔二〇一〇〕「造園学分野および工学分野の景観概念の変遷」『東京農大農学集報』五四（四）。

Hamberger, J. [2013] "Von der Sylvicultura zur Waldkultur: Die Entwicklung und Umsetzung des Nachhaltigkeitsgedankens in der Forstwirtschaft," *LWF Wissen*, 72（牛尾洋也訳「林業から森林文化へ――林業における持続可能性思考の発展と転換――」『二〇一三年度里山学年次報告書　里山がひらく持続可能社会』).

Turner, M. G., Gardner, R. H. and R. V. O'Neill [2001] *Landscape Ecology in Theory and Practice: Pattern and Process*, New York: Springer（中越信和・原慶太郎監訳『景観生態学――生態学からの新しい景観理論とその応用――』文一総合出版、二〇〇四年）.

第12章 〈水利と米作の複雑系〉を読み解く
――河川と里山の社会史――

田中　滋

1　水田稲作農業の複雑系

(1)「近い水」と「近い草」

水田稲作農業は、かつては川や池・湖沼、そして湧水などがもたらす〈水〉と、里山がもたらす〈草＝肥料〉によって成り立ってきた。里山からは、刈敷（クヌギやコナラなどの若葉と枝）や落葉に代表される〈草〉が肥料として採取されてきた。また、里山は、たとえ小規模であるにしろ、水源涵養林としても機能し水の供給源となってきた。そして、里山からの水は肥料となる有機物やミネラルなどを水田に運び入れる働きもしてきた。

〈水と草〉の供給源となってきた里山は水田稲作農業にとってまさに不可欠の存在であった。そして、里山が人々の生活にとって身近なもの、「近い」ものであったように、〈水と草〉も人々に「近い」存在であった。(1)

しかし、その「近さ」は、〈水と草〉と人々との関係が単純なものであったということを意味するわけではない。「近く」に存在する〈水と草〉は必ずしも豊富にかつ安定的に供給されたわけではないし、農業生産が盛んになれば容易に枯渇してしまう。それゆえに、〈水と草〉と人々との関係、人々同士の関係がこれまで様々に調整されてきた。言い換えれば、〈水と草と人々〉が複雑な関係を取り結ぶことによって、〈水と草〉が不安定ではあるが供給されてきたのである。

しかし、その複雑さゆえに調整の破綻による紛争も生じてきた。それが入会《いりあい》権をめぐる紛争である「山論」であり、また水利権をめぐる紛争である「水論」である。そして、それらの紛争は日本各地で近代以降も繰り返されてきた。

さらに、この〈水と草と人々との複雑系〉をさらに複雑なものにしているのが、土地（農地とその立地や形状）であり、多様な作物（米、麦など）とその品種であり、また農具や土木などの技術である。そして、これらの要素は、それぞれが独自にまた相互に影響されて変化するという関係を歴史上構成していった。〈水と草と人々との複雑系〉を包摂するこのシステムを、ここでは〈水田稲作農業の複雑系〉と呼んでおこう。

近代以前においてこの複雑系が作動する上で核となる役割を果たしたのが、その時代と社会ごとに固有な「人々の関係」、言い換えれば「歴史社会的な固有性」をもった「社会関係」である。例えば、それは中世の「惣村」であり、百姓株の設定をともなう近世の「村（村落共同体）」である。これらの「惣村」や「村落共同体」といった〈歴史社会的に固有な社会関係〉の構築によって〈水と草〉や土地、作物・品種、技術などの管理がなされ、農業生産の「安定化と効率化」が図られたのである。

（2）〈近代の巨大な複雑系〉への接続

しかし、近代以降、この〈水田稲作農業の複雑系〉の作動を安定化・効率化させるために導入されたのが、近代科学技術にもとづく大規模構造物（ダムやスーパー堤防、頭首工、導水路など）や広域的な市場経済、そしてそれらを支える国家の法制度や財政制度である。

この意味するところは、〈水田稲作農業の複雑系〉を構成する要素（水や草、人々の関係、そして土地、作物・品種、技術など）を〈近代の巨大な複雑系〉（ダムや堤防などの大規模構造物や広域の市場経済、国家の諸々の法や制度など）に接続することによって、それぞれの要素の安定化・効率化を図るということである。

近代以前においては「惣村」や「村落共同体」などの〈歴史社会的に固有な社会関係〉を構築することによって支えられていた農業生産が、近代以降、個々の農家が〈近代の巨大な複雑系〉と直接に接続することによって行なわれるという方向へと向かったのである。その行き着く先は、〈歴史社会的に固有な社会関係〉としての村落共同体の解体である。

このようにして、「近く」の里山から供給されていた〈水と草〉は人々にとって「遠い」存在となり、里山自身も人々にとって疎遠なものとなっていった。

農業生産は、たしかに里山に〈水と草〉を依存する不安定性からは解放されたかもしれないが、別のタイプの不安定性、すなわち〈近代の巨大な複雑系〉への依存によって生じる不安定性に今度は捉えられることになる。例えば巨大ダムによって農業用水が安定的に確保されるようになると、農家は村落共同体の水利慣行に従わなくても水田耕作を行なうことができるし、海外から大豆粕などを輸入したり、化学肥料を市場から購入したりすれば、刈敷や落葉を里山から採取する労力は不必要になるし、山論もなくなる。しかし、ダムが渇水で枯渇すれば、ダムへの全面依存は収穫ゼロを意味することになるし、肥料などを広域的な市場経済に依存するようになれば、経済の好不況や価格変動・通貨変動に農業生産が大きく左右されることにもなる。

〈近代の巨大な複雑系〉に依存して安定化・効率化を図ることは、その代償として、〈近代の巨大な複雑系〉自身の予測不可能な変動（ダムやスーパー堤防を原因とする水害の大規模化や価格変動、政策変更など）の影響を個々の農家がストレートに受けることを意味し、農業生産は別の形の不安定性を抱え込むことになる。

（3）アジアの灌漑農業と日本の「村落共同体」

日本の水田稲作農業は、西ヨーロッパにおける天水（雨水）依存の「畑作農業」と対比されるアジアの灌漑農業の一種である。そして、日本の水田稲作農業も他のアジア地域の灌漑農業が抱える課題、すなわち、洪水の制御、灌漑と排水施設の構築という課題を抱えている［玉城 一九七六：三三］。アジアの多くの灌漑農業地域においては、灌漑システムの大部分は、「政府による直接的な行政的管理の対象」［玉城 一九七六：三五］となっており、個々の私的な農業経営体はその管理から排除されてきた。

これに対して、日本では、「農民の参加による自治的な管理体制」［玉城 一九七六：三四］、すなわち自治的な「村落共同体」による管理体制が長らく維持されてきた。言い換えるならば、「村落共同体」が核となって〈水田稲作農業の複雑系〉の作動を自治的に管理してきた。

例えば、封建領主によって治水や利水システムが建設されたとしても、「いったん農業水利の施設システムが形成されれば、その維持・管理」は、実質的に村や村連合によってなされ、「封建領主の関与は現存している水利の慣習法的秩序を追認するに過ぎなかった」［池上 一九九一：二四］のである。そして、こうした自治的な管理は、アジアの中で「わずかに日本や台湾あるいはインドネシアのバリ島のみ」で見られるものであるという［玉城 一九七六：三四］。〈水田稲作農業の複雑系〉の核となってきた「村落共同体」は、このように日本の水田稲作農業を特徴づける存在なのである。

日本の自治的な「村落共同体」をどう評価するのか――封建的なものとして否定するのか、自治的なものとして肯定するのか――は別として、この村落共同体形成の基盤となったものこそ、日本の気候・風土によって生み出され、また逆にその気候・風土自身を生み出す働きをも行なってきた〈山と川〉である。

（4）河川と村落共同体

本章では、〈水と草〉と村落共同体との関わり、特に〈水＝川〉と村落共同体との関わりを中心に「村落共同体」が日本の歴史において果たした役割について考察する。

河川は、近代以降では、発電用水や工業用水、都市用水の供給源としての重要性が高まり、また近世においては、舟運路として重要であった。しかし、河川は、原始・古代から現代へと到る日本の歴史を通して、農業（水田耕作）と密接不可分の関係の下にあった。そして、近代以降、河川は、国家という大きな公権力とその資本、それによって駆使される近代科学技術（大規模なダムや頭首工など）などの〈近代の巨大な複雑系〉の下に包摂されていった。河川の装置化、河川の近代的法制度への包摂、すなわち「河川の近代化」［田中 二〇〇九：田中 二〇一二］が進行したのである。

しかし、「河川の近代化」は、近代以前の日本の歴史と無関係に進行したわけでは決してない。言い換えれば、近代技術の進化が、また近代的法制度への包摂が自動的に「河川の近代化」を押し進めたわけではない。それは、「村落共同体」が明治初期の「土地の私有化」を起点として解体していく過程、言い換えれば、〈歴史社会的に固有の社会関係〉としての村落共同体がその固有性を失っていく過程と歩調を合わせて進行したのである。

農業をその存立基盤としてきた日本社会の社会変動について考える上で、〈水と草〉を中心とする〈水田稲作農業の複雑系〉とその社会的な核となってきた「惣村」や「村落共同体」についての考察は、農業の国民経済上での比重の縮小――農業就業人口は、一四五四万人（一九六〇年）から二八九万人（二〇〇九年）に減少――にもかかわらず、現代の日本社会を考える上でも意外なほどに重要である。

以下では、近代以前にどのようにして「村落共同体」が生み出されていったのかを論じた後、近代以降に、その村落共同体が〈近代の巨大な複雑系〉にいかにして呑み込まれていったのかを、〈水＝川〉と村落共同体との関係に着目しつつ、論じていくこととする。

2　〈水と土地〉の開発と「村落共同体」の形成

(1)　中世・近世における新田開発

米は「単位面積あたりの収量が多く人口扶養力」が大きい。それゆえに米は「上位支配権力の物的な経済的基盤」［池上一九九一：二〇］となってきた。中世国家も、また近世国家も「水田＝稲を収奪の中核」［木村編二〇一〇：六］としており、日本の前近代国家は、そしてまた近代国家も「強度な稲作＝水田中心史観」によって特徴づけられる［坪井一九八二］。

その水田稲作農業は、従来の学説では、「谷地田《やちだ》」のような湿田から、二毛作が可能な半乾田や乾田へと展開していった――と考えられていたが、現在では、「水路や堰の灌漑システムをもつ本格的水田」が、約三〇〇〇年前の縄文時代晩期には「完成された文化複合」としてすでに伝播していたと考えられるようになっている［木村編二〇一〇：二三―三二］。日本社会においては、まさに長期にわたって、水田稲作農業の維持・発展が支配権力者にとって重要な政策課題となってきたのである。

最初期の水田開発は、中小河川流域の沖積平野（福岡平野、岡山平野、河内平野、奈良盆地など）において展開された［木村編二〇一〇：二二］。それ以後、古代、中世においても、また近世においても大規模な水田開発が行なわれ、その開発は、土木技術の進化とともに、「戦国末期から近世前期にかけて、河川下流域の氾濫原、沖積平野」や「潟湖や三角州・湾の干拓」［木村編二〇一〇：一四四］などの従来は開発が困難であった地域へと拡大していった。

こうした水田開発の拡大を可能にしたのは、治水技術の進化である。江戸時代の治水方式としては、前期は伊奈流（関東流）、江戸後期以降は紀州流が中心となる。前者は、武田信玄の甲州流を踏襲したものであると言われている。この甲州流は、治水の神様とまで言われた加藤清正に引き継がれたもので、地域ごとの〈山と川〉の特性に合わせて治水と利水（灌漑）を行なう方式である［竹林 二〇〇六］。関東郡代の伊奈氏一族は利根川の治水工事を任され、江戸（東京）湾に流出していた利根川を東遷させ、銚子から太平洋へと流出させるという大工事を六〇年あまりの歳月を掛けておこった。こうして利根川下流域は大新田地帯に生まれ変わったのである。

このような大河川下流域の開発によって、「室町時代中期から一八世紀初期までの間」に耕地面積は「三倍にも増え」［木村編 二〇一〇：一四六］、特に「一七世紀初頭から一八世紀初頭までの増加率はほぼ二倍」［同書］になったという。江戸時代前期の新田開発には目を見張るものがある。

これらの大規模開発は、中世では開発領主＝御家人、近世では戦国大名や幕府・藩などの支配者によってなされ、まさに水田を「収奪の中核」と捉える支配者がその経済力を増強するために行なわれた。また、江戸時代後期には、新田開発に豪商も加わり（町人請負新田）、さらには村役人以下、村全体が協力して行なう新田開発（村請新田）も展開された。

なお、この村請新田が展開されるようになった時代に治水方式として採用され始めたのが紀州流である。紀州流は長大な堤防によって河川の直線化を図るという、問題（河床の上昇による水害）を抱えてはいるが、明快で汎用性の高い方式であり、近世後期の治水方式の主流となっていく。さらにこの治水方式は明治以降も引き継がれ、その土木技術レベルは異なるにしろ、現在の治水方式の原形となっている［竹林 二〇〇六］。

一方、中世、近世においては、これらの大規模な新田開発と同時に、農民による小規模の水田開発も盛んに行なわれた。例えば、江戸時代においては「個々の農民が自家田畑の地先にわずかずつ鍬を入れ」、開墾を進める「切添新田」の開発が盛んにおこなわれた［木村編 二〇一〇：一四九］。

（2）商品経済と集約化・零細化

支配者は米の生産を「収奪の中核」と捉え、大規模な水田開発を進めていくのであるが、農民が志向したのは、商品経済の浸透を基盤とする多毛作化と集約化・零細化という別の方向であった。

鎌倉中期には明確に確認できるようになる水田二毛作は中世成立期の一二世紀初頭にすでに始まっており［木村編 二〇一〇：八七―九九］、水田裏作には麦が植えられ、その他に蕎麦、大豆、小豆などが畠作物として栽培されるようになる。

さらに室町期においては、「支配階級と商工業者の巨大な需要」に応じて展開しつつあった「畿内各都市における手工業生産」は、畠作による原料の大量の需要を生み出し、商品作物生産を促進していった。その代表的な作物が、「生糸、苧麻《ちょま》、衣料染料、荏胡麻《えごま》」である［木村編 二〇一〇：一一七―一一八］。

このようにして、水田開発と並行して、二毛作化や多様な畠作物の生産を志向した「集約化」、そして集約化に適合的な経営の「零細化」が進行していく。こうした傾向は、商品経済がさらに拡大する近世においても継続し、拡大・深化していくことになる。

このように多様な作物を栽培する農業経営の集約化は、農民の不断の努力によって裏打ちされている。二毛作を効率的に行なうために、早稲や中稲、晩稲などの米の品種の選定が地域ごとに行なわれたばかりではなく、田畑の多様な作物のそれぞれに適合的な肥料の選定や農具の工夫などが行なわれていくようになる。「多肥多労の集約農法」［木村編 二〇一〇：一六二―一六三］である。農民は、「一粒の種を百倍」にし、「百品もの作物を作り、数百の農具を使いこなし」［木村編 二〇一〇：一八三］、さらに施肥についても様々に工夫するまさに「百姓」となっていったのである。

支配者は大規模開発、粗放農業、米作を志向した。これに対して、農民は小規模開発、集約化・零細化、多毛作と商品作物栽培を志向したのである。

さらには、江戸時代初期の新田開発の時代が終わって以降の一八世紀中頃から一九世紀前期の「肥料高と米価安」［木村編 二〇一〇：二五二］という条件の下で、農民は、農耕をではなく「諸稼ぎ」、すなわち脱農化を志向するようになる。しかもそこには村自身のイニシアティブがあったという［木村編 二〇一〇：二五〇］。

これは、「百姓」という職業活動のレパートリーの中には、非農業的活動もその選択肢として含まれていることを示している。農業経営規模の拡大を目指した戦後の農業構造改善事業の政策意図に反して、農家は機械化を梃子に「兼業化」を進めたが、この兼業化は歴史的に見て農家にとっては特別なことではないということであろう。

（3）〈水と草〉の稀少化と村落共同体

水田開発の進行は、米の増産を可能にし、またそれに支えられる人口の増加をも導き出した。一七世紀初頭から一八世紀初頭までに耕地面積が二倍にもなったと先に述べたが、人口は、ほぼ同じ期間に約三倍にもなっている［木村編 二〇一〇：一四七］。

しかし、新田開発の進行は厄介な問題をも発生させた。〈水と草〉の不足という問題である。新田開発は、当然のことながら、〈水と草（肥料）〉の新規需要を生み出す。ここに起こったのが、里山のオーバー・ユースによる里山（山林）の荒廃である。「農耕に十分な刈敷を得るには、田畑面積の一〇倍以上の山野を必要とした」［木村編 二〇一〇：一五八］からである。こうして、大規模な新田開発は、一七世紀中頃には、山林の荒廃を生み、はげ山を現出させ、土砂の流出を激しくさせ、洪水を頻発させることになる。それは、山林の水源涵養能力をも減少させ、用水不足をも生み出した。〈水と草〉の不足である。さらに、農民の小規模な水田開発である「切添開発」によって、〈水と草〉の供給源である里山自体の水田化が進んだことも、こうした〈水と草〉の不足問題や水害被害の拡大を助長した。

また、〈水と草〉の不足に関連して注目すべきことの一つは、大規模な新田開発が大河川の下流域でなされたことによって、そうした新田と里山とが空間的・地理的に完全に分離され、一七世紀後半には、「金肥」すなわち購入肥料が出現し一般化していったことである［足立 一九五六：一六三］。「里中の村々は山をも離れ海へも遠く、一草を苅求むべきはなく皆以田耕地の中なれば、終始金を出して糞しを買ふ」［同書］ことになっていったのである。

水害の拡大に対して幕府は、「開発が飽和状態にあることを認識し、過剰開発を戒め、山と川を一体のものとして管理する」ために「諸国山川掟」を一六六六（寛文六）年に発布した［木村編 二〇一〇：一五七］。幕府のこの政策転換――新田開発至上主義から既存田畑の管理・耕作を重視する精農主義へ［大石 一九七七：六〇］――と並行して起こったのが、村落共同体自身による開発規制、そして〈水と草〉の管理強化・集約化の促進である。また、〈水と草〉をめぐる「村々の確執」［木村編 二〇一〇：一五九］もこの頃に起こり、江戸中期（元禄・享保期）以降、村によって「厳格な水利慣行」が行なわれるようになる［古島 一九四三］。

こうして〈水と草〉の稀少化は、「村」としての「まとまり」を対外的・対内的に強化していくことになる。そして、その村としての「まとまり」を象徴するのが「百姓株」である。「すでに存在する百姓家を本百姓と定め、彼らだけに水利権や入会権を与え、百姓家を村内で扶養しうる数に制限」［木村編 二〇一〇：一九八］するというのが「百姓株」の趣旨である。そして、この百姓株をもった「家」のその後の固定化によって、農民は「家業・家産・家格・家名などが一体となったイエ」［木村編 二〇一〇：二〇五］を意識するようになる。

村落共同体は、そのメンバーシップを、百姓株をもった本百姓に限定し、しかも本百姓にはその土地を質入して流してしまっても、元金を返済すれば取り戻せるという「無年季質地請け戻し権」［木村編 二〇一〇：一九七―二〇〇］を与えていた。ここには、村のメンバーシップの固定化への強い拘りが見られる。また、百姓は、村から水利権や入会権など権利を与えられると同時に、分散錯圃制の下での「田越し灌漑」が必然化させる「作付強制」や水利施設の維持・管理のための労働などを義務として受け入れていた。そして、獲得された農業技術は、ときには家伝書などの形をとって（アジアの多くの地域で見られる分割相続ではなく）長子単独相続の制度の下、子々孫々にまで伝えられていった。

このように近世の村はヨーロッパ中世におけるギルドのような存在だったのである。村は、水利権や入会権を維持・管理するばかりではなく、個々の農家の農業生産そのものに深く関与する存在であった。土地がたとえ百姓の個別の所持地であったとしても、あくまでも「村の土地は村のもの」［木村編 二〇一〇：一九七］なのである。そして、村は、村全体の維持・管理主体として、兵農分離の結果行なわれるようになった「村請制」（村が農家から年貢を徴収するシステム）

の下で封建領主に対する貢納義務を担ったのである。

近世の村は、中世の「惣村」と異なり、武装解除（太閤の刀狩り）されており、武力によって水や草、土地を獲得したり、さらには宗教的共同体としての独立を目指す（一向一揆）といった可能性を奪われたりしている。それゆえに、村は歴史社会的に与えられた条件の下で集約化による生産拡大に邁進していくことになる。また、幕藩体制の下、各藩も問題解決のために武力を行使するという選択肢を奪われており、特産物の生産を含め農業生産の拡大を図るという政策的オプションしか残されていなかった。

このように、「『公』と『私』との統一」が見られる近世の村は、「閉鎖・排他的側面をもちながら、農業進歩を推し進める活力をもっていた」〔玉城 一九七六：三九〕。村は、江戸時代中期の様々な要因が作り出したまさに〈歴史社会的に固有な社会関係〉だったのである。

3 「土地の私有化」という近代と水利権・入会権

明治維新以降、土地の「私有化」と地租改正を基点として様々な社会変動が農山村で起こった。その中でも注目すべきなのは、近世の「村」の根幹となっている水利権と入会権をめぐる社会変動である。

（1） 紛糾する入会権と手付かずの水利権

ヨーロッパの近代的土地所有制度の移入は、入会地などの「共」の部分を排除し、土地を「公」と「私」に区分しようとする政策となって現れた〔船越編 一九九九：八五〕。「一八七二（明治五）年に土地売買の禁が解かれるとともに、土地所有を法認するための地券」が発行され、翌一八七三（明治六）年には地租改正条例が発布された。そして、翌一八七四（明治七）年に「林野所有に関する官民有区分」（官民有林区分）が始まり〔船越編 一九九九：八六〕、多くの林野が強権的に官林に編入された。「入会利用権を剥奪される危機に追込まれた農民達」は、「入会権の確保」に狂奔し、明治一〇年代には、林野をめぐる農民一揆（入会紛争）が頻発することになった［林業発達史調査会 一九六〇：七七］。

ここで注目すべきことは、金肥の導入が遅く、里山に〈草＝肥料〉を明治以降も依存していた地域で入会地をめぐる紛争が多発していることである。(2) 商品経済の発達が進んだ地域ではすでに金肥が普及し、里山の重要性がすでに減退していたのである。このことは、里山の〈草＝肥料〉が明治以降の社会変動に及ぼす影響が縮小していくであろうことをすでに暗示していると言えよう。

政府は、林野ばかりではなく、河川に対しても強権的な対応を行なおうとした。これは、第一次治水条目（一八七一（明治四）年）が旧慣を無視して「一定事項を『厳禁』ないし命令する性質をもつ法律であった」［森 一九九〇：二一六］ことに如実に現れている。政府は、水利権に関しても、「公私共利」ではなく「共」を排除する「公水主義」［池上 一九九一：二八］にもとづいて河川政策を考えていたのである。しかし、この法律は、「政府の河川囲込に急なるあまり、河川に関する旧来の慣行を顧慮することに欠けていた」［森 一九九〇：二一六］ために混乱を招き、早くも同年一二月には改正されることになる。

こうした政府の強権的な政策志向にもかかわらず、中小河川の農業水利に関しては、他の分野と比べると、「国家的な直接の把握」はほとんど行なわれなかった［池上 一九九一：二六］。政府は「水利に関する改良管理の一切を放棄した」［水利科学研究会 一九五四：四六］のである。

水利権と入会権に対する明治政府の対応のこうした違いは、土地が近代的所有の明確な対象であるの対して、水（流水）は「土地の一部とも、また独立した物とも判然」としないがゆえに動産とも不動産とも言えず［黒木 一九八六：三三］、また近代法を移入する際にモデルとした西欧の農業は灌漑農業ではなく天水畑作農業であり、日本の農業に適合的な水法が存在しなかったことが挙げられよう。(3) さらに言えば、先に述べたように、近世における肥料の商品化の進展ゆえに都市近郊においてはすでに里山から得られる〈草＝肥料〉の重要性が減退していたことが挙げられるかもしれない。

しかし、何と言っても水が灌漑農業にとって不可欠のものであり、政府も村が保持していた水利権に介入することは困難であったからに他ならない。明治初期には、いまだに「過剰な水田開発による用水不足とその常態化が存在して」おり、「地域間の対立と調整を不要とするような、用水供給システムの再編がなされなければ、たとえ社会体制が変わっても、農業水利慣行は継続される」ことが必要であったのである［池上 一九八八：二五］。

入会権問題が現代においても論じられるのは、一つには、コモンズ論の近年における隆盛があるが、歴史的に見れば、官民有林区分が実際に行なわれ、そこで入会紛争が起こり社会問題化したことが大きな要因である。これに対して、水利権問題が当時大きな社会問題とならなかったのは、明治政府が先に述べたように「水利に関する改良管理の一切を放棄した」からに他ならない。しかし、明治初期における社会問題化の有無がその後における水利権問題と入会権問題の重要性を決定するわけでは当然ない。

（2）地主制の確立と河川法の成立

▼地主―小作関係の拡大

土地の私有化は、村落共同体内部に市場経済原理の侵入を許し、土地所有を流動化し、明治期には地主―小作関係が大幅に拡大していく。江戸時代にも町人請負新田の開発などを契機として地主―小作関係が生まれており、一八七三（明治六）年の小作地率はすでに二七パーセントであったが、一九〇七（明治四〇）年には四五パーセントに上昇している（小作地率の最高は一九二九（昭和四）年の四八パーセント［木村編 二〇一〇：二七三］）。明治期は地主―小作関係の拡大期、「農民層の分解と土地保有の集中」［玉城 一九七六：九四］の時期として特徴づけられる。

地主―小作関係の拡大の要因には、地租改正にともなう地租の金納化や「村請制」の廃止が挙げられるが、坂根［一九九九］は、村内部の農民間の「信頼関係」の強さに注目している。近世の村内部には、農家間に強い相互信頼関係があり、それが地主―小作関係を取り結ぶ際にも作用し、地主―小作関係の拡大を容易にしたというのである。小作は小作料を滞納せず、また農地を荒らさず、一方、地主はむやみに小作料を上げないという信頼関係である。〈歴史社会的に固有な社会関係〉としての「村」内部の信頼関係や集団規範の強さが、皮肉にも地主―小作関係の拡大を促進したのである。

▼地主による水利権の独占

明治期の利水制度は、一八七六（明治一三）年制定の区町村会法に「水利土功に関する集会及び規則」が規定されたことに始まり、一八八四（明治一七）年の同法改正によって「水利土功会」が設置できることとなった。「水利土功会は区町村会に準拠すると規定されたから、その構成員は当然、地租納入者に限定された」。すなわち、水利は「地租を支払うかぎりでの土地所有に従属する」ことが確認されたのである［池上 一九九一：二九―三〇］。この考え方は、一八九〇（明治二三）年の水利組合条例にもとづく「水利組合」にも受け継がれた。水利組合は「土地所有者によって構成され、実際の用水利用者は排除された」［池上 一九九一：二九―三〇］。水利土功会にしろ、水利組合にしろ、これらは、「私的な土地所有者の負担によって農業用排水施設の維持管理を行なう団体」であり、「在村地主の指導力を中核とするものであった」［玉城 一九七六：九九］。明治中期以降の利水制度は、「おおむね地主主導の利水事業を法制的に裏づけし、地主制を強化する強力な手段」［池上 一九九一：二九］となったのである。

このように、一方では、地主―小作関係が拡大し、他方では、その地主にのみ水利を管理する権限が与えられることによって、地主制が確立していったのである。地主の政治的発言力は増大し、それが河川法の成立へと結びついていく。

▼河川法の成立と慣行水利権

明治初期の河川行政は、「舟運を動脈とする全国市場の急激な発展」という社会的背景の下で「舟運のための低水工事」に重点が置かれ、「低水工事には高額の国家補助」が行なわれていた［渡邊 一九七〇：四九〇］。ところが、明治中期には水害が頻発するようになり、また鉄道網が発達していったこともあって、「舟運のための低水工事」から「治水のための高水工事」への政策転換を政府に求める声が大きくなっていく。特に、帝国議会が開かれるようになってから、地主出身議員からの治水への要求が噴出し、建議案が第一回国会以降数度にわたって提出されることになる。彼らは安定した小作料収入の確保のために洪水防除を求めたのである［渡邊 一九七〇：四九四―五〇〇］。こうして一八九六（明治二九）年に治水法としての河川法、全国の主要大河川を対象とする河川法が成立することになる（戦後の「新河川法」と区別するために、以下では「旧河川法」と表記する）。「政府の強力な高水工事実施」を求め、「治水協会」に結集した「大河川流域の地主たちの運動」［玉城 一九七六：一〇二］が功を奏したのである。

旧河川法の前身である第一次治水条目が、河川の「囲い込み」、すなわち「河川の国有化」を目指し、そのために旧慣を無視すると同時に、命令的性格を強くもった法律であったと先に述べたが、その性格は旧河川法そのものに基本的には引き継がれている［森 一九九〇：二五〇―五五］。

そして、治水法である旧河川法の、水利に関係する重要な特徴としては、一つには、河川や流水を「私権ノ目的トナルコトヲ得ス」とする「公水主義」の立場に立っていることと、二つには、その公水主義にもとづいて、水利権制度を導入しながらも、既存の農業水利権については「現存スルモノハ……許可ヲ受ケタルモノト看倣《みな》ス」（河川法施行規則）することにしたことである。既存の水利権を「慣行水利権」として認定（法認）したのである。旧河川法は、この「みなし許可制度」によって、利水については「旧慣に委ねる」こととし、「国家的な直接の把握」を放棄したのである［池上 一九九一：二九］。

たしかに農業水利は旧慣に委ねられることとなったのであるが、大河川の治水を求めた地主たちの要求が旧河川法に結果したことは、農業が「国家」という〈近代の巨大な複雑系〉へと接続されていく端緒をまさに開いたということを意味している。土地の私有化による地主の村からの遊離を契機として、〈水田稲作農業の複雑系〉が〈近代の巨大な複雑系〉に呑み込まれ、村が解体していく第一歩が始まったのである。これ以後、明治、大正、昭和前期へと到る河川をめぐる村の歴史は、地主の動向を核として急激に展開していくことになる。

なお、この旧河川法の成立は、消滅していった舟運に着目するならば、河川にかかわる重要な当事者の一人である舟運関係者が河川から排除されていく過程でもあったことに留意する必要があろう。この排除の過程は、後には流筏業者や漁業者の排除へと拡がってゆき、〈河川〉を単なる〈水〉へと還元することに繋がっていく。河川に関与する当事者の多様性の減退が進んでいくのである。

(3) 救農問題と国家の介入

▼寄生化する地主

地主制は、土地の私有化を「形式的前提」とし、さらに既存の農業水利権が「慣行水利権」として旧河川法によって認定（法認）されたことを「法的裏づけ」として「実質的に完成した」［玉城 一九七六：一〇三］。さらに、一九〇八（明治四一）年に水利組合法が成立することによって、地主は農業水利に対する支配を強化し、「地主と官僚の二重支配」が法制的に確立する［池上 一九九一：三〇］ことになる。そして、その結果として「大地主と地方官僚との取引や情実等幾多の弊害」［渡邊 一九七〇：四九九］が生まれることにもなる。

こうした経過を経て、地主は、村の「指導者」から「寄生者」へと変貌を遂げていく。寄生化は商品経済の発達にともなってより深化していった。一九〇〇（明治三三）年の産業組合法は、地主・高利貸商人が高利で農民を収奪する事例が目立ってきたことを受け、地主・高利貸商人から農民を守ることをも目的としていた［木村編 二〇一〇：二九一―二九二］し、一九一八（大正七）年の米騒動の際には、地主は、「投機的利益の獲得の可能性を経営行動の一つの指標」［松元 一九六八：五六五］とし、米を米穀投機へと回すようにもなっていく。

こうして「村落の代表身分、指導者」としての地主の「積極性」は失われ、その「寄生的性格のみが一面的に発展」［玉城 一九七六：一〇〇］していった。「地主の私的利害の立場」を内包した明治以降の「部落」は、もはや「村落共同体」とは「異質な原理」を抱え込んでしまったのである〔玉城 一九七六：一〇〇〕。

▼救農問題と農業生産力拡大の必要性

地主制の確立は、中小農民の疲弊、農村の疲弊として現象することになる（難村問題・救農問題）。これに伴って、政府の農村政策は、明治農法の普及や土地改良のための耕地整理法（一八九九年）や農会法（一八九九年）の制定などの「生産政策的農政」から、日露戦争後には「社会政策的農政」をも加えた政策へと変化していくことになる〔木村編 二〇一〇：二八四―八九〕。

小作争議は、救農問題を象徴する事件である。一九二〇年代には小作組合中心の「集団的小作料減免争議」が、一九三〇年代には地主による農地の取り上げに反対する「個別的土地争議」が展開される〔木村編 二〇一〇：三〇二―三〇五〕。

木村〔二〇一〇〕は、前者の小作料減免争議を、「米価の下落と農外賃金の高止まりと農業粗収入に対して農外賃金が圧倒的に有利になる」という状況の下でも、小作農がその「家」意識から「農外への労働力移動」に抵抗感をもち、小作料の減免要求を行なった結果である、と分析している。そして、集団的小作料減免争議は、「日本的『家』や日本的『村』を前提とした日本独特の農民運動であった」と結論づけている〔木村編 二〇一〇：三〇六―三〇九〕。言い換えれば、〈歴史社会的に固有の社会関係〉としての村落共同体が、小作争議を「他のアジア諸国で見られた」ような「農民暴動」にはせず、「整然」としたもの〔木村編 二〇一〇：三〇九〕にしたというわけである。

政府は、小作争議に対して土地制度改革を目指した小作立法を模索するが、地主の猛烈な反対によってそれを棚上げせざるを得なくなり、その結果として一九二四（大正一三）年に小作調停法が生まれることになる。また、政府は、小作人が低利資金によって小作地を地主から買い取ることを可能にする「自作農創設維持事業」を一九二六（大正一五）年に導入するが、不首尾に終わっている〔木村編 二〇一〇：三〇九―一一〕。

政府は、こうした救農政策を展開する一方で、米を増産し、食糧自給率を上げる政策をも追求しなければならなかった。国民一人当りの米穀消費量の増大とまた米食の普及した都市における急激な人口増加によって食糧自給率が下り、一方では食糧安全保障という国防上の問題が起こり、他方では貿易収支の赤字問題が発生したからである［木村編 二〇一〇：二九二―九五］。

▼地主の指導から国家の介入へ

小作争議によって一九二〇年代には「小作料の引上げが困難」になり、地主制が動揺し始める。「それまで地主たちが主導してきた耕地整理事業」も、「地主の土地改良意欲」の減退によって停滞し、地主の「農地の売り逃げ」さえも見られるようになる［玉城 一九八四：八二］。また、用水や排水の改良に「大型ポンプが導入されるなど、水利開発にも大規模な設計や施行、資金や技術が必要」になり、「農民たちだけの組合や連合」では、このような「大規模な土地改良はいよいよ運営しにくく」なっていった。その結果「政府や府県による介入」が必要となり、一九二三（大正一二）年には「水利開発史上で画期的」といわれる「府県営大規模用排水幹線改良事業」が開始されることになる［玉城 一九八四：八二］。

地主は食糧増産という課題を農村において主体的に担ってくれる信頼できる存在ではもはやなくなり、政府みずからがこの課題に本格的に取り組むことになったのである。

用排水幹線改良事業は、政府が「五割以内の国庫補助金」を支給し、さらに「府県からの支出金」が加わったことによって、全国的に拡大していった。このようにして、「政府と府県による土地改良への直接的な介入」はさらに強まり、「農民と農村に対する公的な支配力はいよいよ深まっていった」［玉城 一九八四：八二］。

救農問題に対する対策と農業生産力の増大という課題への取り組みが、国家のイニシアティブの下、水田稲作農業に携わる農民たちを〈近代の巨大な複雑系〉へと巻き込んでいったのである。

その後、昭和恐慌と農業恐慌［木村編 二〇一〇：三一四］が農村を襲った結果、政府は米価支持政策や救農土木事業を農村において展開せざるを得なくなり、農民と農村に対するその支配力をさらに強化することになる［木村編 二〇一〇：三二六］。そして、それらの政策は第二次世界大戦を経た後も、継続されていった。

4　農地改革の夢と国家の介入

（1）農地改革の社会的意味

自作農創設を目的として行なわれた農地改革（第二次農地改革法一九四六年）は、戦後の水田稲作農業を考える上でやはりもっとも重要な社会変革である。一九二九（昭和四）年に最高（四八パーセント）を記録していた小作地率［木村編二〇一〇：二七三］は、農地改革によって「一挙に九パーセントに低下した」［今村一九八四：一〇三］。

またその後一九五二（昭和二七）年に成立した農地法は、「自作農的土地所有制度の恒久的な維持と自作農のみが農業生産の担当者であることを固定化」する法律であり、「農地等の権利移動についてはきびしい統制」を行なおうとするものである［今村一九八四：一〇四］。

戦後の農地改革は、占領軍の民主化政策の一環として行なわれたと考えられがちであるが、「財閥解体や労働立法」が「占領軍のイニシャティブで進められた」のに対して、農地改革は「日本政府のイニシャティブのもとに進められ、それを占領軍がより徹底したかたちで促進する」という形で行なわれた［今村一九八四：一〇三］。これは、一九二六（大正一五）年の「自作農創設維持事業」や食糧自給や自作農創設等を目的とした「農地開発法」（一九四一年）の制定に示されているように、戦前から自作農創設が政策目標とされていたからである。戦前、地主制は農業生産拡大にとって「桎梏」［皆川一九七一：一一六］となっており、その解決が重要な政策課題であり続けたのである。

農地改革は、一九五〇年代に自作農が「農業生産力の発展を通じて、所得と生活の向上を本格的に追求する」［池上一九九一：五二］ようになったことによって成功を収め、一九五五年の米の大豊作もあって、戦後の食料難を乗り越えて、米の自給は一九六〇年代後半にはようやく達成されることになる。

農地改革は、自作農を創設し、農地の権利移動を困難にした点において、近世の「村落共同体」の百姓株の再現とその維持を法的に支える制度を生み出したと考えることもできる。また、農地改革は「直接水利について触れることはなかった」〔池上 一九九一：三八〕ので、村の水利慣行も残されており、まさに地主制が拡大する前の村が復活したかに見える。

しかし、それはあくまでも土地の私的所有を前提としており、「村」ならぬ「部落」の形成に過ぎないと言えよう。そこには、村請制や名主らのリーダーシップの下で強固なまとまりをもった「村」の姿はもはやない。

(2) 国家の介入の拡大――〈近代の巨大な複雑系〉への包摂――

▼河川と農地の近代化

第一節でも述べたように、近代以降、〈水田稲作農業の複雑系〉を構成する要素（水や草、人々の関係、そして土地、作物・品種、技術など）を〈近代の巨大な複雑系〉（ダムや堤防などの大規模構造物や広域の市場経済、国家の諸々の法や制度など）に接続することによって、それぞれの要素の安定化・効率化が図られるようになった。そして、戦後、顕著に進んだのが、近代科学技術にもとづく大規模構造物（ダムやスーパー堤防、頭首工、導水路など）の建設、すなわち「河川の近代化」である。

近代的な大規模ダムの建設はその際たるものであり、すでに一九二〇年代からその建設が始まっている。大規模ダムは、日露戦争後の重化学工業化の進展にともなう電力需要の拡大に応じるための発電用ダムとしてその建設が始まった。川を堰き止め水を貯留することで発電を行なう発電用ダムの建設は、ダム上流部での河床の上昇、下流部での河床の低下や河川流量の減少等々によって農業水利と衝突することになる。例えば、一九二四（大正一四）年に完成した木曽川の大井ダム（日本で最初の本格的な重力式コンクリートダム）の場合、「農民と電力会社との紛争」は一五年間に及ぶ長期紛争となった〔旗手 一九八四：八五〕。

いわゆる「利水競合問題」の発生である。旧来の水利慣行にもとづいて利用されてきた農業用水は、発電用ダムやそれ以前から行なわれていた水路式発電によって、「その使用する水量や水質におおきな圧迫をうける」〔旗手 一九八四：八五〕ようになった。(4) この利水競合問題を解決するために導入されたのが、多目的ダム建設を核とする戦前の「河水統制事業」である。

利水競合問題は、農業の側から見れば、他律的な問題である。しかし、問題解決のために特に戦後、多く建設されるようになった多目的ダムは、新たな水資源開発としての側面をもち、それゆえに農業用水確保の安定化に寄与した。まさに「河川の近代化」がもたらす恩恵である。

一方、農地（水田）の装置化も進んでいく。一九四九（昭和二四）年に制定された「土地改良法」は、戦前の耕地整理法、水利組合法、農地開発法などの「諸制度を引き継ぐ」と同時に、「農地改革により創設された自作農制を基盤」にそれらの諸制度を「新たに体系化、総合化」〔今村 一九八四：一〇五〕したものである。この土地改良法によって「耕地整理法にもとづく耕地整理組合、水利組合法にもとづく普通水利組合」は廃止され、「土地改良区」という団体に一本化されることになった〔同書〕。

乾田化を容易にする用排水分離や送水施設の近代化（パイプライン化など）がこの土地改良法にもとづいて展開され、「農地（水田）の近代化」が押し進められた。土地改良事業は、当初は大規模なものであったが、その後、中山間地域の小規模なものにまで拡張され、現在では、棚田の耕地整理にまでその事業対象が拡張されている。無数の小さな水田で構成されていた棚田は、今や立派な数枚の雛壇水田へと変貌している。

河川や農地の近代化は一体何をもたらしたのか。ダムや頭首工は、水の安定供給や公平な水配分を可能にした。しかし、ダムや頭首工の管理は村でできるものではなく、それは行政に依存せざるを得ない。また、村と村との対立が解消することは、それぞれの村のまとまりを弛緩させる作用をもっている。また、ダムによる水の安定供給は、水利用の「個別（農家）化」を可能にし、「用水不足への対応としてあった用水慣行の成立根拠」〔池上 一九九一：五一〕を弱める。

そして、それは個々の農家の過剰な水利用を誘発し、その水不足が新たなダム建設を必要とさせるということすら起こる。

また、パイプライン化や用排水路の分離は、用排水路や水田の多面的機能（一つの祭りとしての村総出の水路掃除や魚などの生物循環などの社会的・環境保全的機能）の喪失を招くことにもなるし、かつては田越し灌漑が抑制していた肥料の過剰使用を常態化させ、河川や湖沼の富栄養化を招くことにもなる。

明治初期の土地の私有化は、それが地主―小作関係を拡大・深化させることによって、国家の農業への法制度上での介入を招いたが、「河川の近代化」は近代科学技術にもとづく大規模構造物（ダムやスーパー堤防、頭首工、導水路など）への依存を生み出し、「農地の近代化」は村を単位とした用水慣行を無用にするという形で、水田稲作農業を国家とその官僚機構という〈近代の巨大な複雑系〉に包摂する働きをしたのである。

(3)　保守政党の選挙地盤としての農村――農業構造改善事業の結末――

河川や農地の近代化は、農業を国家とその官僚機構という〈近代の巨大な複雑系〉に包摂する働きをしたが、戦後の政治体制の民主化は、戦前とは違った形で農業を中央政治という〈近代の巨大な複雑系〉に結びつけることになる。

日本経済が高度経済成長期に入り、池田内閣が「所得倍増計画」を打ち出したころ、「経済成長下で拡大を続ける農工間格差問題」が問題視されるようになった［木村編 二〇一〇：三六五］。農地改革当時に構想された「まず自作農を創設し、農業経営の発展は次の段階で考える」という「二段階論」［田中 一九九一：五四］のまさに第二段階が緊急の政策課題となってきた。

一九六一（昭和三五）年に制定された農業基本法は、まさにこの農工間格差問題の解消のために農業の構造改善を図ろうとするものであった。小規模経営農家の離農を促すことによって経営規模の拡大と経営の合理化を進め、「自立農家」を育成することが農業構造改善の目的とされたのである。こうして農業政策の基調は、「農地法の自作農擁護」から「農業基本法の自立農家育成」に転化〔皆川 一九七一：一二九〕していった。

しかし、経営規模の拡大と経営の合理化が目指されたこの第二段階においては、「耕作者と土地所有者の一致」を原則とする「農地法の趣旨は必ずしも現実的ではなくなり、むしろ規模拡大の大きな限害要件」となっていった。高度成長期以後の「機械化の進展」によって、たしかに「農家が家族労働で耕作＝経営しうる規模は著しく拡大した」〔田中 一九九一：五五〕。しかし、機械化による「労働時間の短縮」は「他産業への就業による兼業化を推進し零細な第二種兼業農家の滞留をもたらした」〔山下 二〇〇五：三〕のである。また「地価の上昇は農地の資産的保有の傾向」を強めさせた〔田中 一九九一：五五〕。「構造改革のシナリオは挫折した」〔木村編 二〇一〇：三六七〕のである。

こうして農工間の所得格差是正のために「生産対策費よりも価格（米価）対策費に高い比重」をもって財政支出が行なわれるようになった〔木村編 二〇一〇：三六七〕。農業構造改善のシナリオの挫折を補完するために、食糧管理制度の下での高米価政策という「市場への介入」によって格差是正が図られたのである。

その結果、格差が拡大していた農家所得は、「六五年には勤労者世帯の所得とほぼ均衡化し、それ以後はこれを上回るように」なり、「世帯員一人当たりの農家所得も七〇年代はじめには勤労者世帯所得と均衡した」〔山下 二〇〇五：四〕のである。

この高米価政策を政治的に支持・維持したのが一九五五年に保守合同の結果生まれた自民党であった。戦前の政党間対立は、社会主義政党に対する弾圧もあって、保守政党間の対立となっていた。これに対して、戦後の政党間対立の構図は、保守政党と革新政党との対立へと変貌する。しかもその対立は、革新政党が主に都市の勤労者世帯をその地盤とし、保守政党が、農地改革によって農民運動も沈静化し保守化した農村を地盤とする、という特徴をもつに到ったのである。

そして、農村と保守政党＝自民党との橋渡しをしたのが圧力団体の代名詞にさえなった「農協（農業協同組合）」である。農協が高米価の維持と農産物の自由化における「コメ」の聖域化を要求し、それに自民党が応えるという構図ができあがった。そして、自民党は、都市と農村の「一票の格差」を梃子として長期にわたって政権を維持し続けることができたのである〔田中 一九八九〕。

一方、農家にとっては米作が農業生産上もまた経済的にももっともリスクの少ない選択肢となり、多様な商品作物生産による農家経済の維持という伝統的な選択肢は放棄されていくことになった。こうして米は生産調整を必要とするまでに生産過剰となり、食糧管理会計を大幅に赤字化させる一方で、食糧自給率は「一九六〇年の七九パーセントから四〇パーセントへ低下」〔山下 二〇〇五：二〕するという事態に立ち入ったのである。

（4）「治水国家」への道？

戦後の農業の歩みは、以上に述べたように、農村が〈近代の巨大な複雑系〉に呑み込まれていく過程でもあった。〈近代の巨大な複雑系〉は、一方では、村落共同体を各農家にとって無用なものとし、他方では、米以外の作物生産には無関心な農民を作り出していったのである。

本章の初めの部分でも述べたように、アジアの多くの灌漑農業地域においては、灌漑システムの大部分は、政府による直接的な行政的管理の対象となっており、個々の私的な農業経営体はその管理から排除されてきた。その結果、農民は生産の発展に対して相対的に無関心になり〔玉城 一九七六：四一〕、「国家の役人がなしうることについての異常なほどの期待と、国民に対して物事を組織してくれるのは役人の仕事だという感覚」〔Myrdal 1968：邦訳（上）一六〇〕が広く形成されることになる〔玉城 一九七六：四三〕。

そして、玉城〔一九七六：四一〕は、こうしたアジアの灌漑農業地域の国々においては、「政府が直接に専制政治を実施していなくとも、潜在的に専制的性格を秘めているようにおもわれてならない」と言い、「治水にせよ、灌概にせよ、大規模公共事業の必要性が専制国家を成立させた」というウィットフォーゲルの「東洋的専制主義（オリエンタル・デスポティズム）論」に一定の肯定的評価を示しているのである。

これに対して、日本では、農民参加の自治的な「村落共同体」による管理体制が長らく維持されてきた。しかし、その仕組みは、農村が〈近代の巨大な複雑系〉に呑み込まれるに従って瓦解していった。言い換えれば、日本においても、〈近代の巨大な複雑系〉に呑み込まれるという別の形で、農民と国家が村落共同体という中間集団抜きに直接に繋がるという構図が出来上っていった。玉城の言う「潜在的に専制的性格を秘めた」状況が生まれたのである。

もちろんこれは、「日本の人口のわずか五・五パーセント（六九七万人、二〇〇九年）」程度が従事し、「GDPの一・四六パーセント（二〇〇八年）を占めるに過ぎない農業分野」［佐々田二〇一一：三九一］においての話しである。しかし、先に述べたように、その構図は、選挙地盤を農村に置いてきた自民党が政権党であるということによって、拡幅され、日本社会に治水国家的性格を刻印したのである。

おわりに

農村が〈近代の巨大な複雑系〉に呑み込まれて行く過程を、近代化過程として位置づけることは容易である。しかし、それでは不十分である。この過程を十分に理解するためには、ナショナリゼーション（国民国家化）という概念の導入が必要である。ナショナリゼーションとは、〈均質化と差異化〉という二つの過程が全国規模で同時に展開することである。(5)

明治以降の日本では、近代化を急速に進めるために、このナショナリゼーションの過程を中央集権体制の下で強力に推し進めた。そして、それは、これまでに論じてきたように、農業分野においてもそうであった。

水田稲作農業への偏重（全国規模での過度な〈均質化〉）がもたらした弊害は大きい。〈山と川〉は日本の各地にそれぞれに固有の気候・風土を生み出し、それに適合的な農業経営は必然的に畑作物を含む多様な商品を生み出してきた。ところが、水田稲作農業への政策的・政治的な偏重は、米作以外の作物生産には無関心な農民を作り出していった。支配者の水田稲作中心主義のイデオロギーにかつては抵抗し、特産品の生産を含め多様な作物生産を常に心掛けていた農民が支配者のイデオロギーをみずから実践することになったのである。その結果が、各地域の特産品生産の減退〈差異化〉の失敗）であり、専業農家の激減や食糧自給率の極端な低下などである。日本農業の弱体化である。

また、水田稲作農業への偏重は、伝統的な中間集団である村落共同体の解体をも招いた。現在、多くの農山村で様々な形の「村おこし」が行なわれているが、必ずしも成功せず、各地で急速に過疎化が進んでいる。特産品をもたず、また村のリーダーにも恵まれず、農山村の過疎化は確実に進んでいる。ここに、中央政府が「地方創成」を叫ぶ戯画が生まれるのである。

対策はないものか。明治以降、一五〇年をかけて破壊してきたものを復活することはできないし、元のままに復活させることにも問題がある。

中間集団の活性化と連帯がキーになる。しかも、その中間集団は、国家からも、また市場からも距離を取りうる中間集団であることが望まれる。では、いかなる集団がそのような役割を果たすことのできる中間集団たりえるのか。

農協はあまりにも政治に取り込まれており、また合併による大規模化ですでに中間集団としての体をなしていない。村落共同体も解体している。残されるのは、市町村などの地方自治体であろう。市町村を中間集団と呼ぶのは問題もあるし、中央省庁や府県に取り込まれてしまっている。しかし、農山村に残されているのは市町村役場しかないのである。平成の大合併によって市町村の規模は大きくなり、中間集団と呼ぶにはふさわしくない市町村も増えた（今回の町村合併は実際のところは小規模の中央集権化である）が、まだまだ住民との距離が一番小さい集団であることには変わりはないし、そうしたサイズの市町村も多く残されている。

では、市町村は中間集団として何ができるのであろうか。観光化もよかろう。しかし、農村が何百年間、営々として行なってきたのは多様な作物の生産である。農民はそれをもっとも得意としている。彼らの作物を巨大な国家や巨大市場から距離をとりながら流通させること、これがこれからの市町村の中間集団として果たすべき仕事である。

一つには産直が挙げられよう。これまでの産直は、有機栽培を売りにする農家と都市の比較的豊かな中間層との間の小規模の産直が中心であった。フェア・トレードもその一つである。その産直を、流域や街道でつながった〈市町村間の中規模の産直〉に転換していくこと、これがこれから取り組むべき産直である。

姉妹都市というものがある。これは、相互に比較的距離があり、なおかつ共通の特徴がある都市間で結ばれたることが多いが、それをもっと近くの異質な市町村との間で繰り広げるのが、市町村間の中規模の産直である。農山村の市町村と都市部の市町村が相互にその農産物や工業生産物をまたそれぞれの技術や文化などを交換し、そしてまた大人や子どもの相互訪問を繰り広げる――これがエコロジカル・フット・プリントの縮小という点からも望ましい。気仙沼湾を起点とする「森は海の恋人」の取り組みも、また京都府美山町での「交流産業」という考え方も、そうした視点から捉えられねばならないであろう。

ついでにいうならば、米という作物は、国内産の他の農産物と比べて、おそらくはもっともエコロジカル・フット・プリントの大きな作物の一つである。多くのブランド米は、遠くの他県の作物である。しかし、それぞれの地元には小規模ながら生産され続けてきた地元の気候・風土に適したおいしい米があるはずである。

これまでの同一流域内の農山村と都市の間では、例えば、ダム建設問題において、都市部の市町村が、建設省〈現・国土交通相〉に締め上げられて、ダム建設を渋る農山村部の市町村にその受け入れを迫るといった構図すら存在したが、長い目で見ればこれからの中央省庁にはそんな財政力はなくなっていく。これからの市町村には、ダム建設のためのコスト・アロケーションの負担に苦しむという選択肢ではなく、将来を見据えた等身大の行政運営が、また貨幣経済ではなく、むしろ実物経済・「人間の経済」[Polanyi 1977] に志向した行政運営がより一層強く求められている。

農村、都市を問わず、ほとんどすべての市町村は、これから早かれ遅かれ過疎問題を抱えることになる。そんな市町村が生き残るためには、流域や街道を基盤として実物経済・「人間の経済」に志向した〈市町村間の中間規模の産直〉を展開することによって連帯し、なおかつそれぞれに努力と工夫を重ねる以外に道は残されてはいない。もちろんそこに漁協や森林組合、商工会、労働組合、そしてまた多種多様な中間集団（NPO法人や寺社など）がその輪に加わることが望まれる。そして、そうした試みが成果をもたらす過程の中で、はじめて村落共同体の自立性の再生や荒れ果てた里山や耕作放棄地の再生も、またきれいな河川や豊かな海の復活も可能となるであろうし、「村おこし」も実りあるものとなるであろう。

❀注

（1）「近い水」と「遠い水」という考え方については、森瀧［二〇〇三］ならびに嘉田［二〇〇三］を参照。
（2）入会紛争の地域分布については、土屋・小野［一九五三］ならびに古島［一九六三］を参照。
（3）明治維新当時の西欧における水法の制定状況については、土屋［一九六〇］を参照。
（4）河水統制事業や戦後の河川総合開発の詳細については、田中［二〇一二］を参照。
（5）ナショナリゼーションについては、田中［二〇〇八：二〇一二］を参照。

参考文献

足立政男［一九五六］「近世における都市の下糞利用による農業経営――京都と西岡地帯における農業経営の場合――」『立命館経済学』五（二）。

池上甲一［一九九一］『日本の水と農業』学陽書房。

今村奈良臣［一九八四］「土地改良政策の展開過程」、玉城哲・旗手勲・今村奈良臣編『水利の社会構造』東京大学出版会。

大石慎三郎［一九七七］『江戸時代』中央公論社。

奥田進一［二〇一〇］「農業水利秩序と水利権の在り方」『青山法務研究論集』一。

嘉田由紀子［二〇〇三］『水をめぐる人と自然』有斐閣。

木村茂光編［二〇一〇］『日本農業史』吉川弘文館。

黒木三郎［一九八六］「水法論序説――とくに国有林野上の普通河川をめぐって――」『早稲田法学』六一（三―四）二。

坂根嘉弘［一九九九］「日本における地主小作関係の特質」『農業史研究』三三。

佐々田博教［二〇一二］「『都市型政党』の終焉――日本のＦＴＡ政策と民主党の変節――」『立命館国際研究』二四（二）。

水利科学研究会［一九五四］『一九五四年度版　水経済年報』水利科学研究所。

竹林征三［二〇〇六］「『治水の神様』の系譜―信玄・清正そして成富兵庫」、谷川健一編『加藤清正――築城と治水――』冨山房。

玉城哲［一九七六］『風土の経済学』新評論。

――［一九八四］「日本農業の近代化過程における水利の役割」、玉城哲・旗手勲・今村奈良臣編『水利の社会構造』東京大学出版会。

田中滋［一九八九］「既存文献資料にもとづく統計的調査の事例――衆議院議員定数不均衡問題の統計的調査――」、宝月誠・中道実・田中滋・中野正大『社会調査』有斐閣。

――［二〇〇八］「宗教への交錯するまなざし――新自由主義経済体制下の宗教――」、洗建・田中滋編『国家と宗教――宗教から見る近現代日本――』（下）、法蔵館。

――［二〇〇九］「河川の近代化と川づくり」、鳥越皓之・帯谷博明編『よくわかる環境社会学』ミネルヴァ書房。

――［二〇一二］「近代日本の河川行政史――ナショナリゼーション・近代化から環境の事業化へ――」、牛尾洋也・鈴木龍也編『里山のガバナンス――里山学のひらく地平――』晃洋書房。

田中学［一九九一］「日本における農地改革と農地法の成立――いわゆる自作農主義について――」、梅原弘光編『東南アジアの土地制度と農業変化』アジア経済研究所。

東郷佳朗［二〇〇〇］「慣行水利権の再解釈――『共』的領域の再構築のために――」『早稲田法学会誌』五〇。

坪井洋文［一九八二］『稲を選んだ日本人――民俗的思考の世界――』未来社。

土屋生［一九六〇］「国際水利法についての一考察」『千葉大学教育学部研究紀要』（第一部）九。

土屋喬雄・小野道雄［一九五三］『明治初年農民騒擾録』勁草書房。

旗手勲［一九八四］「水利開発史をめぐる技術と推進者」、玉城哲・旗手勲・今村奈良臣編『水利の社会構造』東京大学出版会。

福本勝清［二〇一一］「マルクス主義と水の理論」『明治大学教養論集』四六二。

船越昭治編［一九九九］『森林・林業・山村問題研究入門』地球社。

古島敏雄［一九四三］『近世日本農業の構造』日本評論社。

――――［一九六三］『近世日本農業の展開』東京大学出版会。

松元宏［一九六八］「明治・大正期における地主の米穀販売について」『一橋論叢』六〇（五）。

皆川勇一［一九七二］「戦後農業の構造変化と農民層分解（上）」『千葉大学教育学部研究紀要』二〇。

森實［一九九〇］『水の法と社会――治水・利水から保水・親水へ――』法政大学出版局。

森滝健一郎［二〇〇三］『河川水利秩序と水資源開発――「近い水」対「遠い水」――』大明堂。

森邊成一［一九九六］「政党政治と農業政策――近代日本における政策過程再編成の特質について――」『廣島法學』一九（三）。

山下一仁［二〇〇五］「農業の構造問題と政策の基本原理」（http://www.rieti.go.jp/users/yamashita-kazuhito/serial/pdf/01.pdf、二〇一五年二月六日閲覧）。

林業発達史調査会［一九六〇］『日本林業発達史上巻――明治以降の展開過程――』林野庁。

渡邊洋三［一九七〇］『増補版　農業水利権の構造』東京大学出版会。

Myrdal, G. [1968] *Asian Drama : An Inquiry into The Poverty of Nations*, New York : Pantheon（板垣與一監訳『アジアのドラマ――諸国民の貧困の一研究――』（上下巻）、東洋経済新報社、一九七四年）.

Polanyi, K. [1977] *The Livelihood of Man*, edited by H. W. Pearson, New York : Academic Press（玉野井芳郎・栗本慎一郎訳『人間の経済I――市場社会の虚構性――』、玉野井芳郎・中野忠訳『人間の経済II――交易・貨幣および市場の出現――』、岩波書店、一九八〇年）.

Wittfogel, K. A. [1957] *Oriental Despotism : A Comparative Study of Total Power*, New Haven : Yale University Press（アジア経済研究所訳『東洋的専制主義――全体主義権力の比較研究――』論創社、一九六一年）.

第13章　里山の保全と「森林・林業再生プラン」
――里山地域の人工林をめぐって――

吉岡祥充

1　里山と人工林

周知のように、「里山」とは何かについては、従来から様々な議論がなされてきた。ここで、あらためてそれらを振り返り整理することはできないが、後論との関係で、ここでの用語の使い方を設定しておこう。

里山とその保全が議論されてきた重要な理由として、そこでは地域における自然と人間との関係のあり方、とくに地域の自然資源を循環的に利用しつつ人々が生産し生活する持続可能な地域のあり方を展望するとともに、それをこれからの社会全体のあり方を考える際のモデルとして提示していくという問題意識がある。このように、今後の社会のあり方を射程に入れながらも、まずは地域単位での物質循環のあり方を考えるとすれば、里山という言葉も、一定の地域的広がりをもった、森林・田畑・ため池・用水路など地域における農業生産や生活を展開するために資源の持続的利用管理が行われてきた地理的範囲を示すものとして理解し、その重要な構成要素として里山林があると把握することができる。以下の記述では、一応、以上のような広い意味での「里山地域」と「里山林」とは概念的に区別されるという立場に立ちつつ、慣用的な言葉の用法を考慮して里山林の意味で「里山」という用語を使用したい(1)。

その上で、里山と言えば、一般的には、農村や山村における生産や生活のために利用管理されてきた薪炭林や農用林あるいは雑木林などがそれに当たるとされ、歴史的には各地域の入会《いりあい》によって利用・管理されてきたという意味で「二次的自然」としての性格を有するとされている［武内 二〇〇七：二］。このような意味での里山は、戦後の高度成長期にかけて、燃料革命といわれる薪炭から化石燃料への転換や化学肥料や機械化など農業生産方法の変化によって次第に利用されなくなっていった。この利用度の低下した里山について、とくに一九五〇年から七〇年までの間に、戦後の復興とその後の高度成長による木材需要に応えるために「拡大造林」が政策として展開され、薪炭林などとして利用されていた里山を伐採し杉・檜など針葉樹を植林することによる用材林化が全国的に進められた［深尾 二〇〇三：一〇三―一一］(2)。これは、里山を農業生産や地域生活の共同性を基礎とした利用管理の対象から林業の資源へと転換するものであり、農業生産・地域生活での里山の直接的利用から家族経営的農業を補完する育林生産という商品生産対象へと変化させることを意味した。里山の管理面からいえば、それまで里山の多くが入会的管理の対象となっていたものを、造林投資を担保するなどの目的から、個人有化を含めて、その権利関係を近代的形態へと転換させる政策も進められたことによって地域共同体的管理が弛緩し解体する中で、人工林の管理も次第に個々の家族経営単位で所有し管理されるようになっていったのである。一九五〇年代から造林された人工林はすでに五〇年生以上に達し十分に利用可能な段階に達し、いまではその蓄積も相当な量となっている。しかし、その一方で、六〇年代から輸入が自由化されていた外材との競争など市場の影響による林業の低迷によって、里山地域に存在する人工林については林業の素材としても管理や利用が十分に行われない状態となっているのである。

このことは、伝統的な里山の側から見た場合は、それが破壊され変質したことを意味するともいえる。しかし、その結果として、里山林の存在する地域には人工林もかなりの程度存在しているのであり、また右にも指摘したように、里山地域の保全を狭い意味での里山林の保全としてではなく地域資源の持続的循環的利用と管理の維持および形成として考える場合、本来の里山林とは異なるとしても、広い意味での里山地域の自然を構成し、人の手によって利用管理されることによって維持されうるという「二次的自然」としての性格を有するという意味で、人工林の利用管理をどうするかは、やはり里山地域保全という問題として考える必要があるのではないかと思われる［鈴木 二〇一二：二八］。もちろん、里山地域の人工林をどう利用管理していくかは、地域的な土地利用に関する合意（＝計画）とも関係する問題ではある。しかし、人工林は林業の素材として植林され保育されてきたものであり、また現時点で素材として成熟した段階に達していることから、まずは主に人工林を対象とする林業政策のレベルで近年どのような施策が行われ、またそこにどのような課題があるのかについて検討することにも意味があると思われる。

そこで、このような問題を考える手始めとして、本章では、二〇一〇年に公表された「森林・林業再生プラン」の内容を概観し、若干の検討を加えることとしたい。

2 「森林・林業再生プラン」の概要

周知のように、民主党政権のもとで林野庁が二〇一〇年に公表した「森林・林業再生プラン」［農林水産省 二〇一〇］(3)は、それをより具体化した「森林・林業の再生に向けた改革の姿」［森林・林業基本政策検討委員会 二〇一〇］(4)が二〇一一年に明らかにされ、さらに、それらにしたがって、二〇一二年には森林・林業基本計画が策定され、また二〇一三年には全国森林計画が更新されることによって制度化が進められてきた。

以下では、まず、右記「再生プラン」と「改革の姿」を中心に、そこに提示されている政策のポイントを整理する。

(1) 基本的な政策論理

「再生プラン」は、その冒頭で政策の前提となる基本認識について、次のように述べている。まず「戦後植林した人工林資源が利用可能な段階に入りつつある」として利用可能な森林資源の存在を確認する。そのうえで、世界的な木材需要の増加や資源ナショナリズムの高まりによって「外材輸入の先行きに不透明性」があり、さらには未来に向けて低炭素社会への転換が展望されるなどの理由から、木材利用の拡大が社会的に期待されているにもかかわらず、他方では「森林所有者の林業への関心は低下し」「森林の適切な管理に支障を来すことも懸念される」として、資源を利用する社会的必要性があるにもかかわらずそれが進まない現状を指摘する。そして、「再生プラン」は、その原因を路網整備や施業の集約化の遅れなどによる《国内林業の低い生産性》と《材価の低迷》によるものと把握している。

このような認識のもとで、「再生プラン」は、林業政策の基本的課題を《林業の低生産性の克服》として把握し、その課題を実現するためには「効率的で安定的な林業経営の基盤づくり」が必要であるとする。そして、そのような林業の生産性向上によって再生される産業的経済循環によって、森林の多面的機能の持続的発揮も確保されるというのである［農林水産省 二〇一〇：一―二］。

では、「効率的で安定的な林業経営の基盤づくり」とは何か。どのようにしてそれを実現するのか。この点について、「再生プラン」は様々な方策を提言しているが、ここでは、「最低限の処方箋」とされる［森林・林業基本政策検討委員会 二〇一〇：二］、①森林経営の集約化を促進する方策、②施業コスト低減を促進する方策、および③森林計画制度の見直し、の主要な三点についてその内容を見ておきたい。

（2）　森林経営の集約化を促進する方策

「再生プラン」の基本的な発想は、〈所有と経営の分離〉を基礎に〈施業の集約化〉を進めることによって経営規模の拡大を図るという点にある。これは、日本の林家数約九一万戸のうちおおよそ七五パーセントが所有面積五ヘクタール以下の小規模林家であることから、その小規模分散的な林地所有構造が規模拡大の阻害要因であるという認識のもとに、その林地所有と経営の分離をより進めることによって規模の拡大を図ろうとするものである。そのために、具体的には、従来の森林施業計画制度を見直し新しい「森林経営計画制度」を導入した[5]。従来の施業計画制度は、民有林（公有林・分収造林地を含む）について、森林所有者やそこから委託を受けた森林組合が、三〇ヘクタール以上の民有林について、五年間の植栽・造林・保育・間伐・伐採といった施業計画を立て、市町村による認定を条件に、税制・金融・補助金などの支援措置を受けることができる制度であった。もちろん、この制度においても、ある程度施業対象を面的に拡大することは意識されていたが、それをさらに進めるとともに、森林計画制度の一環として基本的には資源政策として枠を出ていなかったものをより広い森林経営を対象に転換させようとしたのが森林経営計画制度である[6]。

これには、「属地計画」と「属人計画」の二種類の方式があり、前者では、「林班または隣接する複数林班の面積の二分の一以上の面積規模であって、林班または隣接する複数林班内に自ら所有している森林及び森林の経営を受託している森林のすべてを対象」としてたてる経営計画であり、後者は、「自ら所有している森林の面積が一〇〇ヘクタール以上であって、その所有している森林及び森林の経営を受託している森林のすべてを対象」としてたてる経営計画である。言い換えれば、前者は、「地形その他の自然条件等」の観点から、後者は、「森林経営の実施状況」の観点から、一体として整備することが望ましい森林を対象としている。ただ、面積的に言えば、日本の平均的林班（森林施業の区画）面積は約六〇ヘクタールとされていることからすれば、前者の場合、数値は明示されておらず、したがって制度上は面積が要件として課されているわけではないが、ある程度の面的なまとまりが想定されているといえよう。

また計画項目としては、対象となる森林の現況を把握したうえで、五年間を単位とした木材生産計画と森林整備計画を立てるが、それは単なる施業計画にとどまらず、森林経営に関する長期の方針や計画の前提となる施業履歴の把握、自然環境への配慮、施業の共同化の推進、経営規模拡大の目標などや、さらに対象地域の路網整備やその目標などまで記載されることになった。

そして、単に施業を受託する者ではなく、森林経営に責任を持つ者を助成するという観点から、作成主体は森林所有者およびそれと長期施業受託を締結した受託者であるとし、森林経営計画が基準に適合したものと認定された場合、その計画策定者に様々の税制上の優遇や補助金が交付されることになった。税制上の優遇措置としては、例えば、山林収入の二〇パーセントを「森林計画特別控除額」とする措置や林地保有の合理化を目的とする林地譲渡所得の特別控除などがそれである。またとくに、従来の補助金制度を整理し、従来の造林関係事業のうち森林整備事業を「森林環境保全直接支払事業」として、原則として認定を受けた森林経営計画に基づく施業に集中的に補助をする制度化がなされた。さらに経営計画の策定段階、つまり集約化を進める段階においても、①森林経営計画作成に必要な、森林簿の調査、現地調査などの森林情報の収集整理、説明会や戸別訪問を通じた計画参画への合意取り付けなどの活動に係る経費、②集約化して間伐を行うために必要な各種調査、境界の確認、説明会や戸別訪問を通じた施業への合意取り付けなどの活動に係る経費などが、「森林整備地域活動支援交付金」として支給されることになっている。(7)

以上のように、「再生プラン」は、林地の「所有と経営の分離」を前提に「施業の集約化」を進めることによって林業の規模拡大を計るという政策を推進しているのであり、新たに森林所有者になった者の届け出義務や林地境界の画定・明示など「権利関係の明確化」など、ある意味では当然ともいえることが強調されるのも、それがこの集約化や次に見る路網整備を進めるための前提条件として意識されているからである。(8)

（3）　施業コスト低減を促進する方策

前述した森林経営計画制度は、所有と経営の分離を前提とする施業の集約化によって経営規模の拡大を目指すものであるが、「再生プラン」においては、さらに施業コストを低減させるための方策が提起されている。

もっとも重要な方策は「路網整備」である。また路網整備とセットで「機械化」を推進することによって、より効率的な作業システムを構築することが目標となっている。言うまでもなく、従来から林道や作業道の整備は行われてきたが、なおドイツや北欧諸国に比較してその整備水準は低位にとどまっている。これに対して、単に量的な整備目標を立てるだけではなく、「成熟した資源を持続的に循環利用するための基盤」として、また単に伐採・搬出だけではなく

「地域の森林全体を管理・経営し、その面的・空間的機能の発揮」させるための路網整備が目標とされている〔岡田二〇一二：四〇〕。そのため、従来の林道に加えて、より「経済的」で「丈夫で簡易」な「林業専用道」と「森林作業道」という企画を導入し、機械を利用した作業システムとの整合性を想定した整備計画を、個別の森林経営計画だけではなく、経営計画の認証基準ともなる市町村森林整備計画の重要な項目としている。

また、以前から森林法の規定（同法第五〇条）によって、木材の搬出などを目的として林道などの施設を設置するために必要な範囲で他人の土地に使用権を設定することが認められていた。この手続きとして、知事は土地所有者及び関係人（利用権設定者など）の意見を聴取する必要があるが、不在村地主の増加や世代交替によって所有者や関係人を確定できない場合や地域コミュニティの衰退や人間関係の希薄化によって協力が得られない場合もあることを考慮して、二〇一一年の森林法改正において、公示の手続きをとることによって使用権設定への道を開いた。これも、路網整備を進めるためのものである。

もう一つは、施業コストの低減に向けて、森林組合の政策的位置づけ、とくに森林組合と民間の林業事業体との役割分担を見直していることである。この点は、右に見た森林経営計画制度にも関連している。森林計画制度を規定する森林法一一条はその第一項で経営計画の策定主体について、「森林所有者又は森林所有者から森林の経営の委託を受けた者」と規定している。この「森林所有者から森林の経営の委託を受けた者」とは、形式的には、森林組合や民間の林業事業体が想定されているが、従来の施業計画制度においては、森林組合が主要な主体と考えられていた。「再生プラン」の中では特に言及されていないが、「改革の姿」は、「森林組合については、施業集約化・合意形成、森林経営計画作成を最優先の業務とし、系統全体の共通認識として醸成することが重要である」として、施業集約化を進めるための森林経営計画策定が森林組合の重要な役割であると述べている〔森林・林業基本政策検討委員会二〇一〇：一〇〕。そして、森林組合がこの役割すなわち森林計画の作成と計画に基づく森林整備の実施を適正に果たしているかどうかをチェックし、必要に応じて員外利用の停止などの改善を要請するとする〔森林・林業基本政策検討委員会二〇一〇：一二〕。要するに、森林組合については、個別の施業受託ではなく施業の集約化をすすめることに注力させようという趣旨である。

これに対して、民間〔森林組合以外〕の林業事業体については、継続的な事業継続が可能となるよう、効率的な作業システムや機械化の促進はもとより、事業執行能力・社会的信用・人事管理能力など多面的に育成する必要があるとしつつ、「林業事業体〔森林組合および民間林業事業体を含む――筆者〕の低コスト化への取り組みを促すよう、森林整備の担い手である林業事業体間の競争が働く仕組みを構築する必要がある」。つまり、低コスト化を促進するため、民間林業事業体間はもちろん森林組合も含めてそれらの間に競争環境を作るというのである。そのために、「森林組合と民間事業体のイコールフッティング」を確保する必要があり、具体的には、施業集約化段階では、森林組合だけでなく民間事業体も含めて、森林経営計画を策定する「意欲と能力を有する者」に対して、都道府県や市町村は集約化に必要な情報（森林簿および森林計画図など）を開示するとし、その計画に基づく森林整備の段階では、総合評価落札方式による競争入札と計画作定者による事業者選択の説明責任などによって、林業事業者間の競争を創出することを意図している〔森林・林業基本政策検討委員会 二〇一〇：一二〕。

このように、「改革の姿」では、枠組みとしては森林組合と民間事業体との競争による低コスト化を基本としているが、森林組合の「本業優先ルール」という指摘も考慮すると、実質的には、森林組合による〈施業集約化の推進〉と民間事業体による〈施業の低コスト化〉という役割の分担を展望しているといえよう。

（4）　市町村森林整備計画のマスタープラン化⑼

（2）でとりあげた森林経営計画も森林計画制度に含まれるものであるが、ここではもう一つの変更点である市町村森林整備計画について整理する。市町村森林整備計画も従来から存在するが、いままでは全国森林計画を前提に都道府県が策定する地域森林整備計画があり、さらにそれをノックダウンしたものとして市町村森林整備計画が策定されていたことから、その形骸化が指摘されてきた。しかし、「再生プラン」では、市町村が森林計画制度の主役となり、「地域内の民有林全体の管理・経営に全面的な責任をもつ」ものと位置づけられ〔岡田 二〇一二：二九〕、市町村森林整備計画が基本計画として機能するための方策が導入されている。

まず、従来は森林・林業基本法によって、水土保全林・森林と人との共生林・資源の循環利用林という森林の三区分が規定され、市町村森林整備計画の中でその区分が適用されることになっていたが、「再生プラン」を踏まえた二〇一一年森林法改正によって、市町村が森林の実態と地域の意見を踏まえて主体的にゾーニングを行えるようになった。また市町村は計画事項を自主的に追加することも可能となり、造林・間伐・保育・伐採などに関する管理・施業のルールを規定することも計画事項とされた。さらに路網整備についても、地域の実情を踏まえて整備計画を策定できるようにした。これらはできる限り図面化されることになっており、それによって基本計画として機能しやすいように配慮されている。これらに加えて、森林経営計画の認定基準を市町村が規定できるようにしたことで、個々の森林経営計画による森林整備を上記のような市町村森林整備計画に沿うように誘導することもできることになっている。

とはいえ、実際のところ、その地域内に民有林を有するすべての市町村が独自にマスタープランとしての市町村森林整備計画をすぐに策定できるわけではない。市町村単位でそのような計画策定を実施できる十分な人的資源を有していないところも多いことから、マスタープラン化の実現を担保するための人材養成が重要となる。この点について、「再生プラン」では、セーフティネットとして「日本型フォレスター制度」の導入を提起している。これは、都道府県職員・森林管理局職員・市町村職員などを研修し、森林整備に関する専門的知識や技術を有するフォレスターとして市町村の森林整備計画策定を支援する役割を担わせようというものである。これは、個別の森林経営計画の作成を支援する森林施業プランナーや実際の現場技術を担う森林作業道作設オペレーター・フォレストマネージャー・流通コーディネーターなどとともに、総合的な人材育成プログラムとして提起されている。

（5）その他

「再生プラン」「改革の姿」では、その他、効率的な加工・流通体制の整備や国産材の消費拡大などについての方策も提言されているがここでは割愛する。

3　若干の検討

以上に見た「再生プラン」は、林業政策としては、林業が地域の基盤産業となっている山村部を主な対象として想定していると思われる。しかし、政策としてその対象地域が山村部に限定されているわけではなく、またはじめにも述べたように、政策対象となっている人工林は里山にもかなりの程度存在している。ここでは、人工林を含む里山の保全との関係で「再生プラン」について若干の検討を加え、むすびに代えることにしたい。改めて言うまでもなく、いわゆる山村だけではなく、中山間地や里山の多い農村部においても、地域の経済活動として林業の振興は重要な課題である。問題は、その林業のあり方と政策、つまり、どのような林業を目指して、どのような政策を展開するべきか、という点である。この問題を考えるために、ここでは、山村部と里山の多い農村部との条件的な違いおよび森林の多面的機能の維持と林業との関係を意識しつつ、「再生プラン」の問題点を考えてみたい。

（1）「所有と経営の分離」による「経営の集約化」について

本章でも述べたように、「再生プラン」の基本的な方向は、林地や人工林に関する所有権を有する者がその森林を経営するのではなく両者を分離する、具体的には、林地所有権を有する者が森林組合などに経営を委託することによって個別の施業だけではなく森林経営全体を集約化し、林業の生産性を向上させようということである。

たしかに、小規模分散的な林地所有のあり方、山村・農村における高齢化の進行、さらに山村における限界集落の拡大や集落の自然消滅などの現実を踏まえて、人工林資源の循環的利用のあり方を考えるとすれば、山村部においては「施業の集約化」だけではなく、長期的な森林整備を含めた「経営の集約化」はある程度避けられないと思われ、そのためには前提として林地に関する「所有と経営の分離」も進めざるを得ないだろう。しかし、林業は、蓄積された森林資源を活用し効率的な商品生産を行うことによって産業としての経済循環を実現しさえすればよいのではない。それが山村に生活し地域の自然を利用し管理する人々に役立つ基盤産業となるためには、たんに「所有と経営の分離」による「経営の集約化」を徹底させることによって効率的な林業を構築するのというのではなく、地域振興の視点から林業の役割や形態を考える必要がある。このような意味で、「再生プラン」は小規模な森林を所有し伐採から搬出・出荷まで自力で行っている自伐林家に対する支援策が不十分であり［佐藤 二〇一〇：二〇一一］、またそこには山村振興や地域再生の視点が弱いという批判があるのは当然であろう［清水 二〇一三］。

さらに里山が多く存在する農村部においては、山村に比較して居住人口も多く、そこにはかつての農家林家や里山の管理を行ってきた経験を有する人々という人的資源が高齢化しつつもなお存在している。そうであるとすれば、いわゆる限界集落が増加しているような山村に比較して、なお「所有と経営の一体化」を前提とする森林経営のポテンシャルはあり、「自伐林家」としての存続可能性、あるいは小規模な独立経営が難しい場合でも、小規模所有者の共同による事業化（いわば「協業」）の方向を目指すことも可能ではないかと思われる。[10] もちろん、林業として成立するためには規模や効率性の問題もある程度は考慮せざるをえない面があり、また、入会林野の近代化過程で導入され、森林所有者による協業の一形態である生産森林組合は様々の問題をかかえ、森林整備の機能を十分に果たしているとは言えない現状を考えれば、どのような形での事業化をめざすか、それに対してどのような政策的支援が必要かなど検討するべき多くの課題があることは否定できない。

（2）森林の多面的機能と林業との関係について

つぎに「再生プラン」が提示している林業のあり方と森林の多面的機能との関係を検討する。この点について、「再生プラン」は「森林の有する多面的機能の持続的発揮」を理念の一つとしてあげており〔農林水産省二〇一〇：二〕、「改革の姿」も「木材生産と公益的機能の発揮を両立させる森林経営の確立」を改革の方向としている〔森林・林業基本政策検討委員会二〇一〇：二〕。森林の多面的機能や公益的機能としてあげられているものは、その関係する範囲としても世界的・全国的・地域的など広狭様々なレベルに関わり、内容的にも生物多様性保全機能・地球環境保全機能・土砂災害防止機能／土壌保全機能・水源涵養機能・快適環境形成機能・保険レクリエーション機能・文化機能・物質生産機能などが想定されている。(11) もちろん、これらの多様な機能がどのように配慮されるべきかについては、森林や地域によっても異なるであろうし、また物質生産を重視することになるであろう人工林についても、奥山のそれと里山地域のそれとでは異なり、また物質生産機能の内容も異なるが、政策的に重要な問題はこれらの機能がどのような形で維持され実現されうるかという点である。

「再生プラン」においても、「木材生産と生物多様性保全など公益的機能が調和した実効性ある森林計画」の必要性が指摘され〔農林水産省二〇一〇：六〕、「改革の姿」においては、より具体的に、従来の「水土保全林」「森林と人との共生林」「資源の循環利用林」という三区分を廃止し、新たに多面的機能について「それぞれの機能毎の望ましい森林の姿と必要な施業方法を国、都道府県が例示し、その例示を参考に市町村が地域の意見を反映しつつ、主体的に森林の区分を行うこととする」と提言がなされている〔森林・林業基本政策検討委員会二〇一〇：六〕。さらにこのような観点が市町村森林整備計画に導入され、その森林整備の方針や基準を個別の森林計画の認定基準として機能させ、さらにその認定を条件として森林経営者に対して補助金を支給するという方法で適切な森林の多面的機能を実現しようとしている。

しかし、「再生プラン」の基本となっている効率的な林業経営という論理からすれば、その森林経営が持続的なものであるために、〈人工林の生長量以内の伐採〉や〈齢級構成の平準化〉はある程度実現可能であるとしても、それを超える公益的な機能を実現することが当然に個別の林業経営に内在化されているものではない。したがって、この問題を解決の方向に導くためには、その基礎として個別の経営の論理を超える公的な制度によるコントロールやそれを実質化するための基盤でもある地域の土地利用計画に関するコンセンサスを形成する必要がある。この点、「再生プラン」においては、なお、森林の多面的機能と林業との関係のあり方が抽象的に述べられているにすぎない。また里山地域においては、個別土地所有権との調整問題はあるものの、地域の状況や人工林の管理状態なども考慮して、林業の対象である人工林をそのままに維持し続けるか、あるいは里山林への再転換を計るか、などの選択肢をも含めたより広い土地利用計画的観点からの検討も重要となろう。

(3)　地域的公共性に基づく土地利用計画について

最後に、土地利用計画という観点から、「再生プラン」で提示された森林計画制度の見直し内容について簡単に触れておきたい。

前節でも整理したように、森林計画制度については、「市町村森林整備計画のマスタープラン化」とそれを実質化するための「日本型フォレスター」など人的要員の養成が提案されていた。従来から森林計画制度が形骸化していることは指摘されているが、その物質生産機能も含めて森林の多面的機能を保全し発揮させていくという観点から、地域の実情を踏まえつつ森林整備計画を構成しようという方向性は評価したい。ただ、この市町村森林整備計画を「地域の関係者との共同による作成を推進」するとし、そのためには「森林所有者、森林組合等の林業関係者、NPOを含めた合意形成」が重要であることが指摘されているものの、なお全体として「再生プラン」においては、「地域」は産業としての林業の展開する場として理解されているにすぎないといえる。地域の土地利用をめぐる共同性と競合性を自治的に調整した総意という意味での「地域的公共性」を基礎にした土地利計画や森林整備計画の策定が重要であると考える［志賀編 二〇〇一：一八〇―八二］。この自治的調整プロセスは、「改革の姿」がいう自治体の役割の重視や日本型フォレスターの導入および森林組合の役割の明確化などだけで実現できる性格のものではなく、近年しばしば指摘されているように、《公権力によるガバメントのあり方》という問題、例えば森林については森林計画制度などの法制度による土地所有権の公共的コントロールの問題と、それの基盤でありまたそれを実質化する《地域的ガバナンスのあり方》の問題としてさらに検討しなければならないといえよう(12)。

付記

本章は、龍谷大学里山学研究センターの二〇一三年度年次報告書に掲載した論文に加筆・修正を施したものである。同センターの転載許可に謝意を表する。

注

(1) 里山の概念整理については、丸山［二〇〇七：五―一七］および鈴木［二〇一二：二七―二八］を参照。本章もこれらに依拠している。
(2) なお、入会林野整備事業との関係については、中尾［一九八九：四七―四八］を参照。
(3) 以下では「再生プラン」として引用する。
(4) 以下では「改革の姿」として引用する。
(5) 森林経営計画制度の概要については、林野庁ＨＰ（http://www.rinya.maff.go.jp/j/keikaku/sinrin_keikaku/con_6.html、二〇一五年二月二一日閲覧）を参照。
(6) 従来の森林施業計画と「再生プラン」における森林経営計画との比較については、餅田［二〇一二：七六］参照。
(7) この制度そのものは、二〇〇二年度から導入されているので、「再生プラン」によって創設されたものではない。
(8) 「再生プラン」は、「森林の境界確定の推進と集約化施業や路網整備に係る同意取付の円滑化に向けたルールの検討」を課題としてあげている［森林・林業基本政策検討委員会二〇一〇：六］。
(9) 「マスタープラン化」という表現については、農林水産省［二〇一〇：五］を参照。

(10) 里山地域に存在する人工林を対象とする林業のあり方として、「協業」という形態の重要性は、龍谷大学・里山学研究センター第八回里山研究会での鈴木龍也氏（同研究センター研究スタッフ）の示唆による。
(11) 日本学術会議「地球環境・人間生活にかかわる農業及び森林の多面的機能の評価について（答申）二〇〇一年一一月一日」(http://www.maff.go.jp/j/nousin/noukan/nougyo_kinou/pdf/toushin_zentai.pdf、二〇一五年二月二日閲覧）、六四頁。
(12) これらの問題については多数の文献があるが、ここでは、志賀編［二〇〇一］、牛尾・鈴木編［二〇一二］と柿沢［二〇一〇：一―一五］を参照した。柿沢は、生態系に基礎を置いた森林管理とそれを支えるガバナンスの構築とともに、持続的な森林管理のミニマムを保障するものとしてのガバメント（公的機関及び制度、政策）の役割の重要性を指摘している。

参考文献

岡田秀二［二〇一二］『「森林・林業再生プラン」を読み解く』日本林業調査会。

柿沢宏昭［二〇一〇］「森林ガバナンス研究の展望」『林業經濟』六三（二）。

佐藤宣子［二〇一〇］「『人の暮らし』が見えないプラン」『林業經濟』六三（四）。

――［二〇一一］「小規模所有者排除の『森林経営計画』の問題」『林業經濟』六三（一一）。

佐藤宣子・家中茂・興梠克久［二〇一四］『林業新時代』農山漁村文化協会。

志賀和人編［二〇〇一］『21世紀の地域森林管理』全国林業改良普及協会。

清水徹朗［二〇一三］「見直しが必要な『森林・林業再生プラン』」『農林金融』六六（六）。

農林水産省［二〇一〇］「森林・林業再生プラン」(http://www.rinya.maff.go.jp/j/kikaku/saisei/pdf/saisei-plan-honbun.pdf、二〇一五年二月二日閲覧）。

鈴木龍也［二〇一二］「里山からみた『法と共同性』の現在」、鈴木龍也・牛尾洋也編『里山のガバナンス』晃洋書房。

鈴木龍也・牛尾洋也編［二〇一二］『里山のガバナンス』晃洋書房。

武内和彦［二〇〇七］「里山の自然をどうとらえるか」、武内和彦・鷲谷いづみ・恒川篤史編『里山の環境学』東京大学出版会。

中尾英俊［一九八九］「入会林野整備前後の所有形態と利用状況」、武井正臣・熊谷開作・黒木三郎・中尾英俊編著『林野入会権』一粒社。

森林・林業基本政策検討委員会［二〇一〇］「森林・林業の再生に向けた改革の姿」（http://www.rinya.maff.go.jp/j/kikaku/saisei/pdf/dai3kai_suisinhonbu_siryou1.pdf、二〇一五年二月二日閲覧）。

深尾清造［二〇〇三］「林業の生産基盤」、半田良一編『林政学』文永堂出版。

丸山徳次［二〇〇七］「今なぜ『里山学』か」、丸山徳次・宮浦富保編『里山学のすすめ』昭和堂。

餅田治之［二〇一二］「森林・林業再生プラン」、遠藤日雄編『改訂　現代森林政策学』日本林業調査会。

コラム

里山からコモンズ論について考える

鈴木龍也

近年の日本におけるコモンズ論の展開には目を見張るものがある。しかし、若干の懸念も感じないではない。以下、里山問題という具体的な問題の研究のあり方という観点から見える、コモンズ論への懸念と期待について述べてみたい。

1．里山とコモンズ

(1) コモンズとは何か

有名な井上真のコモンズの定義は、「自然資源の共同管理制度、および共同管理の対象である資源そのもの」というものである。もっとも、実は共同管理の対象たる資源の性格からコモンズを定義づけるか、それとも管理のあり方から定義づけるかというのは、議論の質を決定づける極めて重大な態度決定であり、井上は、多様な理論に開かれた議論の場の設定をめざした幅広い定義の採用により、一貫した論理構成でのコモンズ論の提示をその分だけ犠牲にしたといえるかもしれない。

筆者は現在、コモンズの定義に当たっては、コモンズの組織のあり方を中核に据えたものにすべきだと考えるに至っているが、コモンズ研究の第一人者であったオストロムはコモンズを共用資源 common pool resources と定義して、それが有する排除性が低く競合性が高いという性格から議論を展開しており、この定義が一般的に広く受け入れられている。

(2) 里山とは何か

とりあえずここでは、里山を「人の手を入れながらの管理を必要とし、里での生活に密接に関係して林地や草地等として利用される山や丘陵地」と定義することにする。

いくつかのポイントがある。第一に、里山は、集落や集落を取り巻く農地等の里地と、いわゆる奥山の中間に位置するということである。里山という言葉には、奥山に比べて里に近く、里との密接な関連性を持っていることが含意されている。

第二に、里山は里地と一体をなして循環的な資源利用がなされ、そこにおいてはモザイク的な土地利用により生物多様性に富んだ、豊かな生態系が成立しているということである。すなわち里山は、里地と一体としての循環的な利用の一環として、人の手が入ることによって形成され維持される豊かな自然、すなわち二次的自然あるいは文化的自然の典型ということができる。

実は里山が里山として問題化されるに至ったのは、近年において里山の有する二次的自然としての生態系、そして里山における様々な生態系サービスが危機に陥ったことを契機としている。里山の危機についての認識が進むにつれて里山の生態系の重要性が明らかにされてきた。

(3) コモンズと里山の関係

日本においてコモンズは様々な形で存在している。今日においては、法形式的には会社というような形態をとるようなコモンズさえありうるわけであるが、日本における伝統的なコモンズの中心的なものがいわゆる入会《いりあい》であり、入会の典型が里山を対象とするものであるということについては異論がないと思われる。

もっとも、入会は、地先の海における共同的な漁業のあり方や、共同的な農業用水の利用のあり方などとして、様々な対象に対して成立する。里山に限るものではない。

逆に、江戸時代以降の伝統的な農村において、里山については入会的な利用・管理が多く行われていたが、その後里山の入会は様々な形で分解し、あるいは処分され、さらには管理放棄されるなどして、今日においては、地理的には里山に当たるような場所においても入会的な利用・管理がなされなくなっているところが少なくないという状況になっている。

以前は里山として入会的な利用・管理が行われていた里山がその後どのような変遷をたどったか、その原因は何か。以下、里山の変遷の大きな流れをたどってみたい。

2. 里山問題の変遷

(1) 入会地の国家的収奪

里山の変遷を里山におけるコモンズ的な自然資源の利用・管理の危機の変遷としてとらえるなら、明治以降の里山の変遷は大きく二つの局面に分けられる。第一は、明治以降、昭和初期頃までに顕著にあらわれる、里山入会地の国家的な収奪という局面。第二は、第二次世界大戦後、特に高度経済成長期以降に進展し、今日顕著となっている、里山の里山的な利用の危機という局面である。

まず、第一の局面から見ていこう。里山については、江戸時代の早い時期から入会的利用形態が成立したといわれている。地域によっては江戸時代においても村々入会から一村入会へ、共同利用的入会から分割利用、そして分割地へと分解が進んだとのことであるが、明治になっても多くの入会地が残され、農民の農耕や生活の不可欠の基盤となっていた。そして明治以降、そのような入会地を国家的な、あるいは地方の財政強化のために「収奪」しようとする政策が様々な形で展開する。詳細は略すが、明治維新後の地租改正の過程における土地の官民有区分、一八八九年の市制・町村制、一九一〇年から進められた部落有林野統一事業などを大きな画期として、いわば共有地（入会地）の国家的な収奪が進められた。

もちろん、以上のような政策に対しては農民側の強い抵抗があった。里山の入会的利用は、農耕や生活にとって不可欠のものであったから、当然といえば当然である。入会地についての国家的な収奪としての里山の危機、そして農民の生活に根ざしたそれへの抵抗。明治から昭和初期までの過程はそのように特徴づけることができる。

（2）転用と過少利用――二次的自然としての里山の危機――

第二次世界大戦後、特に一九六〇年代からの高度経済成長期以降においては、里山の利用の仕方が大きく変化する。まず、化学肥料と化石燃料の導入が劇的に進み、農業や農村の生活における里山利用の位置が大きく低下する。草地への依存度も下がり、草地面積が大きく減っていく。そして、建築資材としての木材が不足し、里山の農業における必要性が低下したことを背景として、里山においても杉や檜の植林が大々的に進められる。

里山の危機の第二の局面は、特に戦後の高度経済成長期以降に進展し、今日顕著となっている、里山の里山的な利用の危機である。これをモデル的に都市近郊と中山間地に分けるなら、都市近郊においては、里山の危機は、住宅地等としての開発など、里山を全面的もしくは虫食い的につぶすという事態の進行としてあらわれる。最近では地域住民がこれに反対するというような動きも多々見られるようになった。

中山間地においては、里山の危機は管理放棄としてあらわれる。木材の価値が下がって人工林の管理に経済的な意味が見いだせなくなっているということに加えて、農業の経営環境が悪化するなどにより、中山間地域においては極端な過疎化が進んでいる。高齢化も進み、現実的に山の面倒を見ることが困難になっている。個人有の山であれ、入会の山であれ、事情は変わらない。

このような形での里山の危機は、里山が二次的自然として有する豊かな生物多様性、里山が人々にもたらすいわゆる「多面的価値」の危機としてあらわれる。里山の危機が進行するなかで、里山の有する価値に気づかされ、里山の二次的自然としての意義について理論化されてきたわけである。

3．里山問題からみたコモンズ論への期待

現在、地域の衰退のなかで、地域の人々を中心として地域資源をどのように維持・管理するか、このような課題が今日のコモンズ論には課せられている。地域の共同の財産であるとともに、ある意味では人類の公共的な価値を担う存在でもある里山はそのような地域資源の象徴である。里山問題をどのように対象化し、解決への道筋をどのように描けるか、コモンズ論の真価が問われる課題である。

もちろん、地域の再生という根本的な解決なくして、コモンズ論だけをいくら考えても答えが出せるわけではない。しかし、過少利用やコモンズ外部との協治を問題化していく近年のコモンズ論の展開は、地域のあり方と地域を取り巻く社会のあり方とを総体として問題化していく際の導きの糸として、そしてあるべき地域社会のあり方の指針として意義ある議論に成長する可能性を秘めていると思われる。

もっとも、コモンズ論は、ともすると極めて抽象的な組織論やガバナンス論と極めて具体的な調査報告に分裂しがちであり、現実への力を持つためには、具体的な歴史のなかでコモンズと社会とをつなげた分析をすること、そしてそれを一国レベルではなく、世界的な比較のなかで行うことが求められる。

コモンズの比較・分析のためには二つの観点が重要である。一つはコモンズ組織の内部的編成という観点である。これについては、前述のオストロムなどがコモンズの設計原理などとして議論しているところであるが、コモンズ組織の

実体をなす、あるいはコモンズ組織を実質的に支えている共同体、あるいはアソシエーションなどのあり方、そしてその組織の構成単位たる個人や家族などがどのような形で組織のなかに関係づけられているかということなどを含めた検討をする必要がある。

もう一つはコモンズの置かれている社会的な位置という観点である。それぞれの国や地域におけるコモンズがどのような形で社会の中に組み込まれているのか、またコモンズを取り巻く社会はどのように変化してきたか、そして外部社会の変化によりコモンズ自体はどのように変容してきたのか、等々の問題が検討されねばならない。

多くの国において、資本主義化の進行のなかで、農耕民の生産や生活を支えていた「共有地」は国家等による「収奪」、そして個人有化による分解という両面からの攻撃を受けてきた。また、近年においては、例えば日本では高度経済成長期以降、都市における開発によるコモンズ的利用の廃絶、農村部におけるコモンズの利用放棄等の問題が深刻になっている。おそらくは、多くの国や地域において、近年の急激な資本主義の深化・グローバル化の進展のなかで、同様の問題が広く生じているのではないかと推測される。それぞれの国や地域におけるコモンズの特徴やその変化を、それぞれの地域や国家、そして世界のなかへの包摂のされ方との関係のなかで、実際の歴史に照らして検討しなければならない。そのような研究の必要性を示すために、極めて概括的な、そしてそれ自体は陳腐な内容の里山・入会史を述べることとなった。

付　記

このコラムは、龍谷大学里山学研究センター主催のコモンズ・里山シンポジウム「東アジアからコモンズを考える」における筆者の報告「日本における里山問題の変遷――国家的収奪への抵抗から文化的自然の保全へ――」（龍谷大学里山学研究センター二〇一四年度年次報告書に掲載予定）をもとに書き換えたものである。参考文献等については、以下の拙稿を参照願いたい。

参考文献

鈴木龍也［二〇〇六］「コモンズとしての入会」、鈴木龍也・富野暉一郎編『コモンズ論再考』晃洋書房。

――［二〇一二］「里山から見た『法と共同性』の現在――コモンズ論的土地所有論のための覚書――」、牛尾洋也・鈴木龍也編『里山のガバナンス――里山学のひらく地平――』晃洋書房。

――［二〇一三］「里山をめぐる『公共性』の交錯――紛争がうつしだす地域社会と法の現在――」、間宮陽介・廣川祐司編『コモンズと公共空間――都市と農漁村の再生にむけて』昭和堂。

あとがき

本書『里山学講義』は、里山をめぐる諸問題の理解をつうじて、学術的研究としての「里山学」へ読者の皆さんを誘うことを目的としています。古くから稲作文化が定着した日本では、長らく人々は里山と深いつながりをもちながら生活を営んできました。しかし、そのような伝統的生活は、都市化と産業化が進むにつれて崩れてしまいました。それとともに、里山は荒れはじめ、様々な問題が生じました。それらの問題を前にして、八〇年代から里山の保全の必要性が叫ばれはじめ、二〇〇〇年代になると里山の維持・再生が国民的重要課題として認められるようになりました。このような意識の変化は、環境問題と「社会の持続可能性」への関心と危機意識が、世界的に高まってきたことに由来します。つまり里山問題の解決は、持続可能な社会をつくっていくための重要なステップと考えられるようになったわけです。このような認識は日本国内だけでなく、世界的にも広がっており、「ＳＡＴＯＹＡＭＡ」は今や国際語として使われるようになっています。

「里山学」の講義は、本書の執筆者たちが関わっている関西の龍谷大学において、執筆者の一人である丸山徳次先生の発案のもと、二〇〇三年に始まりました。また二〇〇四年には、里山学・地域共生学オープン・リサーチ・センター（略称「里山ＯＲＣ」）が設置され、本格的な研究活動が開始されました。どちらも龍谷大学の瀬田学舎に隣接する「龍谷の森」の保全活動を契機として、様々な分野の研究者たちの協力体制のもと、里山にかんする学際的研究・教育の先駆的な試みとして取り組まれたものです。「里山学」講義は、龍谷大学の人気講義の一つとして、現在もその内容を充実させながら継続されています。また「里山ＯＲＣ」も、当初に定められた活動期間を終えたあと、現在では「里山学研究センター」として研究組織が継承され、地域の市民の方々の協力を得ながら、学内外で活動を広げています。本書の出版は、私たちの「里山学研究センター」の研究や社会活動の成果を一般の方々に還元し、「里山学」への関心を広げるための試みです。読者の皆さんにとって、本書が里山とその背後に広がる地球規模の問題への理解を深め、これからの地球社会のあり方を考える一助になることを願っています。

最後になりますが、本書の出版にあたって、龍谷大学「里山学研究センター」により二〇一二年度から三年間にわたって行われた全学研究高度化推進事業「里山モデルによる持続可能社会の構築に関する総合的研究」の研究成果の一部として、龍谷大学の助成を受けました。この場を借りて私たちの活動を支えていただいた多くの方々と龍谷大学に感謝いたします。また晃洋書房の編集者である丸井清泰さんとスタッフの方々には、限られた期間内に出版するために多大な努力をしていただきました。この場を借りてお礼を申し上げます。

村澤　真保呂

二〇一五年二月

＊牛《うし》尾《お》洋《ひろ》也《や》

1960年生まれ．大阪市立大学大学院法学研究科後期博士課程単位取得退学．現在，龍谷大学法学部教授．「里山の所有と管理の歴史的編成過程――官山払下嘆願の実相――」（丸山徳次・宮浦富保編『里山学のまなざし――〈森のある大学〉から――』〔里山学シリーズ第２巻〕，昭和堂，2009年），「景観保護における違法性論の展望」（池田恒男・高橋眞編『現代市民法学と民法典』日本評論社，2012年），『里山のガバナンス――里山学のひらく地平――』（共編著，晃洋書房，2012年）．［第11章］

田《た》中《なか》　滋《しげる》

1951年生まれ．京都大学大学院文学研究科博士後期課程単位取得満期退学．龍谷大学名誉教授．『国家と宗教――宗教から見る近現代日本――』〔上下〕（共編，法藏館，2008年），「近代日本の河川行政史――ナショナリゼーション・近代化から環境の事業化へ――」（牛尾洋也・鈴木龍也編『里山のガバナンス――里山学のひらく地平――』晃洋書房，2012年），"Nationalization, Modernization and Symbolic Media—Towards a Comparative Historical Sociology of the Nation-State," *Historical Social Research*, 13(2), 2013.［第12章］

吉《よし》岡《おか》祥《よし》充《みつ》

1955年生まれ．大阪市立大学大学院法学研究科後期博士課程単位取得退学．現在，龍谷大学法学部教授．「森林法と森林保全の論理」（甲斐道太郎・見上崇洋編『新農基法と21世紀の農地・農村』法律文化社，2000年），「法学的入会権論の「源流」」（鈴木龍也・富野暉一郎編『コモンズ論再考』晃洋書房，2006年），「明治期における社寺境内下戻問題と境内私有説の論理」（鈴木龍也編『宗教法と民事法の交錯』晃洋書房，2008年）．［第13章］

鈴《すず》木《き》龍《たつ》也《や》

1956年生まれ．大阪市立大学大学院法学研究科後期博士課程単位取得退学．現在，龍谷大学法学部教授．『コモンズ論再考』（共編著，晃洋書房，2006年），『里山のガバナンス――里山学のひらく地平――』（共編著，晃洋書房，2012年），「里山をめぐる『公共性』の交錯――紛争がうつしだす地域社会と法の現在――」（間宮陽介・廣川祐司編『コモンズと公共空間――都市と農漁村の再生にむけて――』昭和堂，2013年）．［コラム］

横《よこ》田《た》岳《たけ》人《と》

1967年生まれ．名古屋大学大学院農学研究科博士後期課程単位取得退学．博士（農学）．現在，龍谷大学先端理工学部准教授．「林床からササが消える　稚樹が消える」（湯本貴和・松田裕之編『世界遺産をシカが喰う――シカと森の生態学――』文一総合出版，2006年），「大台ヶ原の植生とその現状」（柴田叡弌・日野輝明編『大台ケ原の自然誌――森の中のシカをめぐる生物間相互作用――』東海大学出版会，2009年），「瀬田丘陵の植生と里山の生物多様性」（丸山徳次・宮浦富保編『里山学のまなざし――〈森のある大学〉から――』〔里山学シリーズ第２巻〕，昭和堂，2009年）．［第６章］

須《す》川《がわ》　恒《ひさし》

1947年生まれ．京都大学大学院理学研究科博士課程単位取得退学．「水鳥類から見た琵琶湖周辺の湿地とその保全」（西野麻知子・浜端悦治編『内湖からのメッセージ――琵琶湖周辺の湿地再生と生物多様性保全――』サンライズ出版，2005年），「里山保全のための道具類」（丸山徳次・宮浦富保編『里山学のすすめ――〈文化としての自然〉再生にむけて――』〔里山学シリーズ第１巻〕，昭和堂，2007年），「東日本大震災の湿地への影響と水鳥」（森本幸裕編『景観の生態史観――攪乱と再生の環境デザイン――』京都通信社，2012年）．［第７章］

江《え》南《なみ》和《かず》幸《ゆき》

1940年生まれ．大阪大学大学院工学研究科修士課程修了．工学博士．龍谷大学名誉教授，『里山百花――滋賀の里山植物歳時記――』（サンライズ出版，2003年），"Origin of the Difference in Papermaking Technologies between those Transferred to the East and the West from the Motherland China," *Journal of the International Association of Paper Historians*, Vol. 14, issue 2, 2010. "Paper Made from Millet and Grass Fibre Found in the Secular Documents of Pre-Tang and Tang Dynasty," *IPH Congress Book 2012*, 2013.［第８章］

*宮《みや》浦《うら》富《とみ》保《やす》

1957年生まれ．名古屋大学大学院農学研究科博士後期課程修了．農学博士．龍谷大学先端理工学部教授．『里山学のすすめ――〈文化としての自然〉再生にむけて――』〔里山学シリーズ第１巻〕（共編著，昭和堂，2007年），『里山学のまなざし――〈森のある大学〉から――』〔里山学シリーズ第２巻〕（共編著，昭和堂，2009年），"Satoyama —A place for preservation of biodiversity and environmental education," *Boden Kultur Journal for Land Management, Food and Environment*, 60, 2009.［第９章］

遊《ゆう》磨《ま》正《まさ》秀《ひで》

1954年生まれ．京都大学大学院理学研究科博士後期課程単位取得退学．理学博士．現在，龍谷大学先端理工学部教授．『水辺遊びの生態学――琵琶湖地域の三世代の語りから――』（共著，農山漁村文化協会，2000年），「俳句にみる自然観の変遷――昆虫にかかわる用法から――」（上田哲行編『トンボと自然観』京都大学出版会，2004年），「蝶の眼からみた里山環境」（丸山徳次・宮浦富保編『里山学のまなざし――〈森のある大学〉から――』〔里山学シリーズ第２巻〕，昭和堂，2009年）．［第10章］

《執筆者紹介》（執筆順，＊は編著者）

＊村澤《むらさわ》真保呂《まほろ》
1968年生まれ．京都大学大学院人間・環境学研究科博士後期課程単位取得退学．現在，龍谷大学社会学部教授．『ポストモラトリアム時代の若者たち』（共著，世界思想社，2012年），『「橋下現象」徹底検証』（共著，インパクト出版，2012年），「都市からの逃走――東京圏と地方をめぐる試論――」（『インパクション』192，2013年）．［序章，あとがき］

丸山《まるやま》徳次《とくじ》
1948年生まれ．龍谷大学大学院文学研究科博士課程単位取得退学．龍谷大学名誉教授．『岩波応用倫理学講義２　環境』（編著，岩波書店，2004年），「公害・正義――環境から切り捨てられたもの／者――」（鬼頭秀一・福永真弓編『環境倫理学』東京大学出版会，2009年），「水俣病の〈責任〉と〈教訓〉――哲学・倫理学からの応答――」（花田昌宣・原田正純編『水俣学講義〔第５集〕』日本評論社，2012年）．［第１章］

谷垣《たにがき》岳人《たけと》
1973年生まれ．京都大学大学院理学研究科博士後期課程単位取得退学．現在，龍谷大学政策学部准教授．「陝西省における生物多様性保全と自然保護区」（北川秀樹編『中国の環境法政策とガバナンス――執行の現状と課題――』晃洋書房，2012年），「植物園の動物たち」（植松千代美編『都市・森・人をつなぐ――森の植物園からの提言――』京都大学学術出版会，2014年），「中国の乾燥地における草原生態系自然保護区の現状と課題」（北川秀樹編『中国乾燥地の環境と開発――自然，生業と環境保全――』成文堂，2015年）．［第２章］

須藤《すどう》　護《まもる》
1945年生まれ．武蔵野美術大学造形学部建築学科卒業．博士（歴史民俗資料学：神奈川大学）．龍谷大学名誉教授．『暮らしの中の木器（日本人の生活と文化５）』（ぎょうせい，1982年），『木の文化の形成――日本の山野利用と木器の文化――』（未来社，2010年），『雲南省ハニ族の生活誌――移住の歴史と自然・民族・共生――』（ミネルヴァ書房，2013年）．［第３章］

林《はやし》　珠乃《たまの》
1975年生まれ．京都大学大学院理学研究科博士課程修了．博士（理学）．現在，龍谷大学先端理工学部実験講師．「虫こぶに含まれるタンニンと文化」（丸山徳次・宮浦富保編『里山学のまなざし――〈森のある大学〉から――』〔里山学シリーズ第２巻〕，昭和堂，2009年），「南大萱の環境史――江戸期以降の土地利用の変遷と生物相の変化――」（牛尾洋也・鈴木龍也編『里山のガバナンス――里山学のひらく地平――』晃洋書房，2012年）．［第４章］

大住《おおすみ》克博《かつひろ》
1955年生まれ．京都大学農学部卒業．博士（農学）．鳥取大学名誉教授．『森の生態史――北上山地の景観とその成り立ち――』（共編著，古今書院，2005年），森林施業研究会編『主張する森林施業論――22世紀を展望する森林管理――』（共著，日本林業調査会，2007年），『林と里の環境史』〔シリーズ日本列島の三万五千年――人と自然の環境史　第３巻〕（共編著，文一総合出版，2011年）．［第５章］

里山学講義

2015年 3 月30日　初版第 1 刷発行
2021年 4 月25日　初版第 2 刷発行

＊定価はカバーに
表示してあります

編著者　村澤真保呂
　　　　牛尾洋也©
　　　　宮浦富保

発行者　萩原淳平

印刷者　藤森英夫

発行所　株式会社　晃洋書房

〒615-0026　京都市右京区西院北矢掛町 7 番地
電話　075（312）0788番(代)
振替口座　01040-6-32280

ISBN978-4-7710-2633-9　　印刷・製本　亜細亜印刷(株)